装配式建筑项目管理

ZHUANGPEISHI JIANZHU XIANGMU GUANLI

主　编　张静晓　长安大学

杜艳华　郑州航空工业管理学院

于竞宇　合肥工业大学

副主编　陈偲苑　郑州航空工业管理学院

孔庆新　山西大学

秦　爽　兰州理工大学

参　编　陈偲勤　郑州航空工业管理学院

徐　茜　山东建筑大学

刘　聪　广联达股份有限公司

令狐延　中建丝路建设投资有限公司

主　审　樊则森　中建科技集团有限公司

重庆大学出版社

内容提要

本书是“高等教育装配式建筑系列教材”之一。全书以装配式建筑项目管理规划、构件生产、物流运输、施工生产为主线，突出装配式建筑的信息化和标准化的基础与动力地位。全书分为5部分共12章，包括概论、装配式建筑项目策划、装配式建筑项目构件生产管理、装配式建筑项目物流运输、装配式建筑项目现场规划管理、装配式建筑项目成本管理、装配式建筑项目进度管理、装配式建筑项目质量管理、装配式建筑项目合同管理、装配式建筑项目安全管理、装配式建筑项目智能化管理、装配式建筑项目管理标准化。

本书注重“立德树人”，配套数字教学资源，适合作为高等教育、高等职业教育装配式建筑、智能建造、工程管理等相关专业的教材使用，也可以作为建筑行业从业人员自学或者培训用书。

图书在版编目(CIP)数据

装配式建筑项目管理 / 张静晓，杜艳华，于竞宇主编. -- 重庆 ：重庆大学出版社，2024.4
高等教育装配式建筑系列教材
ISBN 978-7-5689-3919-5

Ⅰ. ①装… Ⅱ. ①张… ②杜… ③于… Ⅲ. ①装配式构件—建筑施工—项目管理—高等学校—教材 Ⅳ. ①TU712.1

中国国家版本馆 CIP 数据核字(2023)第 099029 号

高等教育装配式建筑系列教材
装配式建筑项目管理
主　编　张静晓　杜艳华　于竞宇
责任编辑:林青山　　版式设计:林青山
责任校对:刘志刚　　责任印制:赵　晟
*
重庆大学出版社出版发行
出版人:陈晓阳
社址:重庆市沙坪坝区大学城西路 21 号
邮编:401331
电话:(023)88617190　88617185(中小学)
传真:(023)88617186　88617166
网址:http://www.cqup.com.cn
邮箱:fxk@cqup.com.cn (营销中心)
全国新华书店经销
重庆正光印务股份有限公司印刷
*
开本:787mm×1092mm　1/16　印张:16　字数:381 千
2024 年 4 月第 1 版　2024 年 4 月第 1 次印刷
ISBN 978-7-5689-3919-5　定价:46.00 元

前　言

Preface

中华人民共和国成立 70 多年来，我国建筑业取得了举世瞩目的成就，已成为全球最大的建筑市场。建筑业总产值比成立初期增加了 4 000 多倍，从业人员占全国就业人口的比重超过 7%，建筑业在国民经济中的支柱产业地位显著增强。然而，目前我国建筑的建造方式大多仍以现场浇筑为主，建筑业能耗巨大，与我国“碳达峰、碳中和”的发展目标相差甚远，与发展绿色建筑的有关要求以及先进建造方式相比还有很大差距。为了实现建筑业转型升级和持续健康发展，装配式建筑引领建筑工业化转型，“标准化、绿色化、工业化、智能化”已成为建筑业未来发展的目标和趋势。

装配式建筑项目管理是以工业化为基础、以智能化和标准化升级为动力的新型项目管理方式，融合现代信息技术，通过精益化、智能化的生产、运输、施工和运维，实现少人甚至无人工厂，全面提升工程项目建造品质，实现高效益、高质量、低消耗、低排放的项目建设目标。目前，装配式建筑项目管理工程实践中，专业人才缺口较大，知识体系碎片化，教材支撑相对薄弱。因此，为了满足装配式建筑工程项目管理实践需求，本书及时补充装配式建筑理论发展、政策导向、行业需求、工程实践和国家标准、专业知识和管理能力，为行业高校人才培养和工程师培训提供参考。

本书以习近平新时代中国特色社会主义思想为指导，融入党的二十大精神，注重课程建设，以装配式建筑构件生产、物流运输、现场项目管理规划、施工生产为主线，突出装配式建筑的信息化和标准化的基础与动力地位，分为五部分共 12 章。

第一部分，装配式建筑项目管理概念篇，包括山西大学孔庆新编写的第 1 章、山东建筑大学徐茜编写的第 2 章。

第二部分，装配式建筑项目生产篇，包括长安大学张静晓编写的第 3 章。

第三部分，装配式建筑项目物流篇，包括山西大学孔庆新编写的第 4 章。

第四部分，装配式建筑项目施工篇，包括长安大学张静晓编写的第 5 章、郑州航空工业管理学院陈偲苑编写的第 6 章、第 8 章，郑州航空工业管理学院陈偲勤编写的第 7 章、兰州理工大学秦爽编写的第 9 章、合肥工业大学于竞宇编写的第 10 章。

第五部分，装配式建筑项目管理的动力篇，包括郑州航空工业管理学院杜艳华编写的第 11 章和第 12 章。

广联达科技股份有限公司刘聪负责教材配套数字资源的制作，中建丝路建设投资有限公司令狐延参与了教材大纲的研讨，以及实际工程案例的收集。杜艳华对全书进行编辑整理，最后由长安大学张静晓统稿。中建科技集团有限公司樊则森教授担任本书主审，中国建筑股份有限公司技术中心黄宁所长、教授级高工对本书的修改完善提出了诸多宝贵意见，在此表示衷心感谢！

本书具有以下5个特点：

①简明性。装配式建筑项目管理涉及设计、生产和运维体系的全过程、全要素、全系统，非常庞大。教材不同于技术手册，需在规定课时内，突出知识系统，传授核心知识点。本书突出构件生产、运输以及施工3个环节的核心内容，从生产工厂化、运输智慧化、施工装配化、管理标准化、信息化及智能化应用入手，简明阐述装配式建筑项目管理全过程，便于学习者快速把握知识要点。

②实践性。装配式建筑项目管理教材数量匮乏，实践要求高，行业呼声高，权威性把握难。本书立足于项目管理知识体系，结合20余部装配式建筑国家标准、规范、指南和规程，将相关的国家标准融入教材，夯实了装配式建筑项目管理知识要点的行业实用性和权威性的基础。本书以重大工程项目案例为载体，将装配式建筑项目管理形成体系化架构、知识化模块和能力化要求，便于学习者高效掌握智能生产、智能施工及建筑工业化的共性标准、关键技术标准、行业应用标准，易于上手从事行业工程实践。

③前沿性。装配式建筑项目管理强化了新一代信息技术及数字化平台的基础地位。本书详细阐述了装配式建筑中新一代信息技术"是什么"和"如何用"的工程管理的前沿性问题，比如BIM技术、大数据技术和物联网技术如何实现信息技术融合发展；数字化平台应以企业资源计划（ERP）平台为基础，加强建筑机器人和智能控制造楼机等一体化施工设备的应用，推动向生产、运输、施工、运维管理系统的延伸，实现一体化集成管理。

④强调环境保护。装配式建筑突出优势之一是节能环保、绿色发展。与同类教材相比，本书率先引入环境管理，进行多学科专业知识交叉融合，强调在工业化、数字化、智能化升级过程中，装配式建筑注重能源资源节约和生态环境保护，严格标准规范，提高能源资源利用效率。通过课程学习，培养工程建设人才可持续发展思维，按照环境科学规律进行工程建设管理，实现项目、企业、社会的可持续发展。

⑤注重工程伦理教育。工程人才培养，工程伦理为基。工程伦理教育已在研究生层面开展，鲜见在本科生层面进行课程内容嵌入。工程伦理重视"让世界变得更加美好"，工程伦理与"立德树人"二者异曲同工。本教材以装配式建筑项目管理为对象，将工程伦理融入教材，在本科生层面补充装配式建筑工程伦理的基本概念和基本理论，以及工程实践过程中的责任伦理与伦理责任、利益分配与公正、环境伦理与环境正义等共性问题。

本书既可用作土木工程类、智能建造、工程管理、工程造价等相关专业本科生教材或教学参考书，也可供研究生和有关技术人员参考使用。

本教材建设，以求精到，挂一漏万，难免不足，方家众多，欢迎多提宝贵意见，以待改进，深表谢意。

编　者

2023年12月

目　录

Contents

第1章　概　论

主要内容:装配式建筑项目管理课程的内容、定位和研究方法、课程任务及如何进行课程学习。内容包括装配式建筑简介、装配式建筑项目管理概述、装配式建筑项目管理伦理问题和规范,以及装配式建筑项目管理课程学习。

重点、难点:重点在于装配式建筑项目管理的内容和特点;难点在于装配式建筑项目管理伦理问题。

学习目标:培养学生的社会责任感,关注国家发展政策和建筑业行业变化趋势,进而主动学习相关知识;在主动学习中,树立正确管理观,学会有担当地成长为有责任感的工程师,把工程伦理的要求落在实处。

1.1　装配式建筑简介

1.1.1　装配式建筑的概念

装配式建筑是指将建筑的构件、部品、材料在工厂中预制,再运输到施工现场进行安装,最后通过浆锚或后浇混凝土的方式连接形成的建筑产品。利用标准化设计、工厂化生产、装配化施工、一体化装修、信息化管理、智能化应用等建造的居住建筑和商业、办公等公共建筑,装配式集成建筑从技术创新到商业模式创新,最终走向产业集群整合创新。装配式建筑包括主体结构系统、外围护系统、设备和管线系统和内装系统。结构形式包括装配式混凝土结构、装配式钢结构、装配式木结构。设计标准化、生产工业化、现场装配化、主体装饰机电一体化、全过程管理信息化是装配式建筑的主要特征。装配式建筑具有工业化生产的优点,缩短施工时间,节约资源,环境明显改善,与传统技术相比,碳排放和噪声污染也明显减少,更符合绿色施工和当前社会标准化的要求。

1.1.2　装配式建筑的分类

(1)按结构材料分类

装配式建筑按结构材料分为装配式钢结构建筑、装配式木结构建筑、装配式混凝土建筑、装配式轻钢结构建筑和装配式复合材料建筑(钢结构、轻钢结构与混凝土结合的装配式建筑)等。

(2)按建筑高度分类

装配式建筑按建筑高度分为低层装配式建筑、多层装配式建筑、高层装配式建筑和超高层装配式建筑。

(3)按结构体系分类

装配式建筑按结构体系分为框架结构、框架-剪力墙结构、筒体结构、剪力墙结构、无梁板结构、空间薄壁结构、悬索结构、预制钢筋混凝土柱单层厂房结构。

(4)按预制率分类

装配式建筑按预制率分为超高预制率(70%以上)、高预制率(50%~70%)、普通预制率(20%~50%)、低预制率(5%~20%)和局部使用预制构件(0%~5%)几种类型。

1.1.3 装配式建筑的特点

国务院办公厅《关于大力发展装配式建筑的指导意见》的指导思想中强调:“坚持标准化设计、工厂化生产、装配化施工、一体化装修、信息化管理、智能化应用,提高技术水平和工程质量,促进建筑产业转型升级。”“标准化设计、工厂化生产、装配化施工、一体化装修、信息化管理、智能化应用”的“六化”,高度概括了装配式建筑的特点以及对产业链的整体要求。首先是强调了部品部件的生产环节体现装配式建筑的优势和保证装配式建筑项目的实施,同时对各环节的特点与要求进行了描述。实施装配式建筑项目,必须从产业链和全寿命周期的角度深刻地理解装配式建筑的“六化”特点。

1)标准化设计

装配式建筑的核心是“集成”,装配式建筑设计的理念为技术前置、管理前移、同步设计、协同合作,体现为标准化、模数化的设计方法(图1.1)。

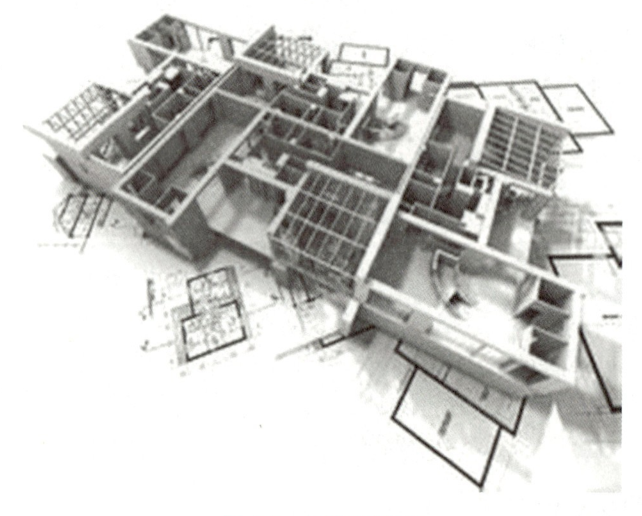

图1.1 标准化设计

①施工图设计标准化。施工图设计需要综合考虑装配式建筑生产和施工阶段的技术要求进行标准化设计,通过标准化的模数、标准化的构配件、合理的节点连接进行模块组装,最后形成多样化及系列化的建筑整体。

②构件拆分设计标准化。根据设计图纸进行预制构件的拆分设计,构件的拆分在保证结构安全的前提下,尽可能减少构件的种类,减少工厂模具的数量。

③节点设计标准化。预制构件与预制构件、预制构件与现浇结构之间节点的设计,可

参考国家规范图集并考虑现场施工的可操作性，保证施工质量，同时避免复杂连接节点造成现场施工困难。

2）工厂化生产

装配式建筑与传统现浇结构不同之处就是建筑生产方式发生了根本性变化，由过去的以现场手工作业为主，向工业化、专业化、信息化生产方式转变。相当数量的建筑承重或非承重的预制构件和部品由施工现场现浇转为工厂化方式提前生产，是专业工厂制造和施工现场建造相结合的新型建造方式（图 1.2）。工厂化生产全面提升了建筑工程的质量保障水平和经济效益，具有以下优点：

①标准化程度高（工艺设置标准化、工序操作标准化）。

②机械化程度高（生产效率高、减少用工量）。

③产品质量有保证（内控体系）。

④受气候影响小（室内作业）。

图 1.2 工厂化生产

工厂化生产带来 5 个方面的转变：手工生产→机械生产；工地生产→工厂生产；现场制作→现场装配；进城务工人员→产业工人；污染施工→环保施工。

3）装配化施工

装配式建筑的装配化施工强调现场施工机械化，施工现场的主要工作是对预制构件进行拼装，与传统现浇相比较，重大区别是施工总平面的布置和吊装施工。

（1）平面布置

①道路布置：现场施工道路需尽量设置为环形道路，其中构件运输道路需根据构件运输车辆载重设置成重载道路；道路尽量考虑永临结合，并采用装配式路面。

②堆场布置：吊装构件堆放场地要以满足 1 天施工需要为宜，同时为以后的装修作业和设备安装预留场地；预制构件堆场构件的排列顺序需提前策划，提前确定预制构件的吊装顺利，按先起吊的构件排布在最外端进行布置。

③大型机械：根据最重预制构件质量及其位置进行塔式起重机选型，使得塔式起重机能够满足最重构件起吊要求。

（2）吊装施工

提前策划单位工程标准层预制构件的吊装顺序，构件出厂顺序与吊装顺序一致，保证现场吊装的有序进行。

预制构件吊装顺序为:预制墙体→叠合梁→叠合板→楼梯→阳台→空调板。

外墙吊装顺序为先吊外立面转角处外墙,将转角处外墙作为其余外墙吊装的定位控制基准,预制装配式外墙板(PCF板)在两侧预制外墙吊装并校正完成之后进行安装。

叠合梁、叠合板等按照预制外墙的吊装顺序分单元进行吊装,以单元为单位进行累积误差的控制(图1.3)。

图1.3　装配化施工

4)一体化装修

装配式建筑强调结构主体与建筑装饰装修、机电管线预埋一体化,实现了高完成度的设计及各专业集成化的设计(图1.4)。外墙门窗及外墙饰面砖随预制外墙同步工厂化生产,避免后期装修;采用夹芯保温外墙板,外墙保温工程不单独施工;现浇部分采用铝模施工,与装配式结构结合,可避免后期抹灰,并可直接进行墙体装饰面的施工;水电等设备专业线盒在预制构件内预埋,避免后期剔凿。

整体厨卫通常会采用集成卫浴和集成厨房系统。集成卫浴是将卫生间内的洗面、沐浴、如厕等功能整合在一个整体的空间内,同时采用工业化柔性整体防水底盘,实现防水密封可靠度100%,并且采用干法作业,提高现场装配效率。集成厨房系统则是将橱柜、台面、排烟等设施进行一体化设计,实现厨房设备的整体化和标准化。

图1.4　一体化装修

5)信息化管理

建造过程信息化,需要在设计建造过程中引入信息化手段,采用 BIM 技术,进行设计、施工、生产、运营与项目管理全产业链整合(图 1.5)。通过 BIM 技术对现场进行建模应用,模拟施工现场。对预制构件进行深化设计,模拟施工进度及构件吊装;对现场进行实时视频监控;预制构件内预埋芯片实时跟踪预制构件在生产、出厂、卸车、安装及验收的状态。

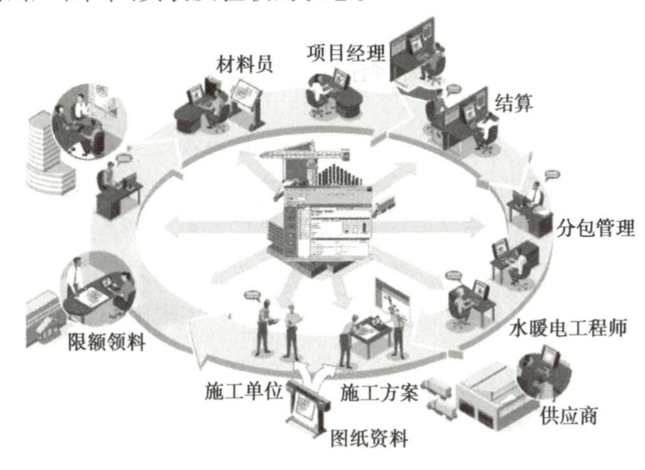

图 1.5 信息化管理

6)智能化应用

装配式建筑设计和传统建筑不同,装配式建筑要进行构件的拆分,在工厂进行制造之前要进行深化设计,如要考虑吊装的要求、构件要进行生产等;装配式建筑构件的生产、库存、配送管理和现场施工管理,与传统建筑也不同。为了使装配式建筑建造过程实现智慧建造,就需要应用相关的智能技术,从而实现感知、传输、计算、记忆、分析等功能。在这些智能技术中,感知有物联网技术、实时定位技术,传输有互联网技术、云计算技术,记忆有 BIM 模型、GIS 数据等。另外,大数据、人工智能、3D 扫描、机器人等也都是一些实现智慧建造所必须具备的技术(图 1.6)。

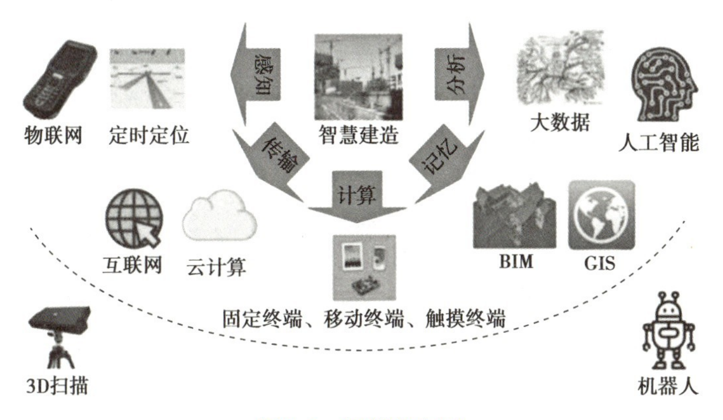

图 1.6 智能化应用

1.1.4 传统建造方式与装配式建造方式的区别

装配式建筑更多是一种理念的推广,而不仅仅是技术方面的推广,可以肯定的是它将彻底改变当前建筑业的建造方式。简单概括装配式建筑和传统建筑的差别:

①装配式建筑必须要做到设计施工的一体化,集约利用资源,前端要考虑后端,后端要考虑前端,把整个建筑产品变成一种最终的产品,而不是一个半成品。

②工业化手段的介入、预制构件,包括现场机械化程度的提高,以替换现场的手工业作业。

③信息化的结合,建筑工程从设计到建造包含了大量数据,用信息化技术把数据系统化,建立数据库,数据的沉淀有助于后续工程项目逐渐完善。

建筑生产方式的转变带来建筑生成流程的调整,由传统现浇混凝土结构环节转为预制构件厂生产,增加了预制构件的运输和堆放流程,最后在施工现场吊装就位,连接后现浇成整体结构。装配式建筑设计阶段是工程项目的起点,对项目成本和整体工期以及质量起到决定性的作用,它比传统建筑设计增加了深化设计环节和预制构件的拆分设计环节(图1.7、图 1.8)。

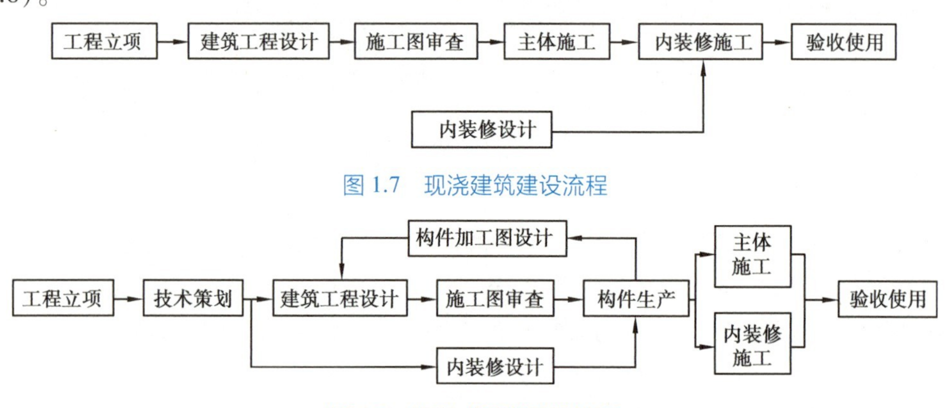

图 1.7 现浇建筑建设流程

图 1.8 装配式建筑建设流程

从建设过程与管理来看,装配式建造方式与传统现浇建造方式对比见表 1.1。

表 1.1 传统现浇建造方式与装配式建造方式的区别

内容	传统现浇建造方式	装配式建造方式
设计阶段	设计与生产、施工脱节	一体化、信息化协同设计
施工阶段	现场湿作业、手工操作	装配化、专业化、精细化
装修阶段	毛坯房、二次装修	装修与主体结构同步
验收阶段	分部、分项抽验	全过程质量控制
管理模式	以建筑工人劳务分包为主,追求各自利益	工程总承包管理,全过程追求整体效益最大化

1.1.5 装配式建筑国内外发展历程

1)国外装配式建筑发展历程

装配式建筑是用预制部品部件在工地装配而成的建筑,是建筑工业化技术集成的营造表现方式,其核心理念的形成由来已久。早在1910年,瓦尔特·格罗皮乌斯(Walter Gropius,1883—1969)出版的《住宅工业化》一书,对住宅单元的标准化预制、装配和应用前提等进行了详尽阐述,主张采用批量化的工厂预制构件,经济、高效地生产住宅,被视为装配式建筑和住宅产业化理念的开拓性著作。

装配式建筑的起源较早,但真正的高速发展是在18—19世纪,工业革命带来的城市人口急速增长以及第二次世界大战后急迫的灾后重建需求,并以住宅产业化为主要表现形式。第二次世界大战中,日本和欧美等国家的城市建筑遭到大规模破坏,导致房屋大量短缺,各国对住宅的需求量都急速增加,住房不足成为当时最严重的社会问题之一。为解决居住问题,欧美等国家率先开始用工业化的生产方式大量建造住宅,这时的工业化主要是指预制装配式,并形成一套完整的住宅建筑体系,大大提高了住宅产品的生产效率,使得装配式建筑快速普及。经历了几十年至上百年的发展,美国、日本、德国等发达国家的装配式建筑占比目前已经达到80%以上。

(1)日本

日本于1968年就提出了装配式住宅的概念。1990年推出采用部件化、工业化生产方式、高生产效率、住宅内部结构可变、适应居民多种不同需求的中高层住宅生产体系。在推进规模化和产业化结构调整进程中,日本住宅产业经历了从标准化、多样化、工业化到集约化、信息化的不断演变和完善过程。日本政府强有力的干预和支持对住宅产业的发展起到了重要作用:通过立法来确保预制混凝土结构的质量,坚持技术创新,制定了一系列住宅建设工业化的方针、政策,建立统一的模数标准,化解了标准化、大批量生产和住宅多样化之间的矛盾。

日本的建筑工业化发展道路与其他国家相比差异较大,除了主体结构工业化之外,借助于其在内装部品方面发达成熟的“产品体系”,日本在内装工业化方面发展同样非常迅速,形成了“主体工业化”与“内装工业化”协调发展格局。日本的主体结构工业化以预制装配式混凝土PC结构为主,同时在多层住宅中也大量采用钢结构集成住宅和木结构住宅。PC结构住宅经历了从WPC(预制混凝土墙板结构)到RPC(预制混凝土框架结构)、WRPC(预制混凝土框架-墙板结构)、HRPC(预制混凝土-钢混合结构)的发展过程。

(2)美国

在劳动力成本高企的因素下,美国开始研究高效低耗的住宅技术。不同于欧洲,美国没有采用大规模预制构件装配式建设方式,而以低层木结构装配式住宅为主,注重住宅的舒适性、多样化、个性化。美国的住宅建筑市场发育比较完善,住宅构件和部件的商品化、集成化较高,各种机械和仪器业也很发达,各种技术服务的专业化、社会化程度很高。一般情况下,房屋构件在工厂制作成型以后,运到工地与其他各种建筑构件组成一个完整的住宅建筑。美国装配式建筑主要分为两大类:整体装配式(integral assembly)和部品打包式

(kit of parts)。

(3)德国

德国的装配式住宅主要采取叠合板、混凝土、剪力墙结构体系,采用构件装配式与混凝土结构,耐久性较好。德国是世界上建筑能耗降低幅度最快的国家,近几年更是提出发展零能耗的被动式建筑。从大幅度的节能到被动式建筑,德国都采取了装配式住宅来实施,装配式住宅与节能标准相互之间充分融合,形成强大的预制装配式建筑产业链:高校、研究机构和企业研发提供技术支持,建筑、结构、水暖电协作配套,施工企业与机械设备供应商合作密切,机械设备、材料和物流先进,摆脱了固定模数尺寸限制。

2)中国装配式建筑发展历程

(1)发展初期(1949—1978年)

我国装配式建筑发展起步同发达国家相比差距不大。自我国第一个五年计划开始,就提出了实现建筑工业化的发展目标。1956年,国务院发布了《关于加强和发展建筑工业的决定》,指出“采用工业化的建筑方法,可以加快建设速度,降低工程造价,保证工程质量和安全施工”,“为了从根本上改善我国的建筑工业,必须积极地有步骤地实行工厂化、机械化施工,逐步完成对建筑工业的技术改造,逐步完成向建筑工业化的过渡”。在此方针政策的指引下,我国预制构件生产技术取得长足进步,预制梁柱、空心楼板、预制屋架等构件大量使用;大型砌块、楼板、墙板等结构构件的施工技术也发展起来;建筑设计标准化成效显著,设计效率极大提高。我国的装配式建筑技术体系确立起来,如大板住宅体系、大模板“内浇外挂”住宅体系和框架轻板住宅体系等逐步得到大量工程应用。尽管当时建筑材料、工艺和机械设备仍较为落后,建筑技术相对初级,住宅建筑样式偏于单一,人均住宅面积较少,但是装配式建筑在新中国现代化建设前期为解决城市居民基本居住需求发挥了至关重要的作用。

(2)发展起伏期(1978—2010年)

1978年十一届三中全会以后,我国进入了改革开放新时期。随着市场经济的发展,原有的定型产品规格逐渐不能满足人们对住宅建筑多样化的需求,并且由于之前经济、技术、材料、工艺的相对落后,前期兴建的大量装配式建筑逐渐暴露出在建筑物理性能方面的缺陷和弊端。随着商品混凝土的兴起、大模板浇筑技术的进步,现浇建设方式开始显露优势,同时大量进城务工人员涌入城市,提供了充足的廉价劳动力来源,使得现浇建设方式逐渐发展到近乎全面占领国内住宅建筑市场,而装配式建筑一度停滞不前。步入21世纪,随着国民经济发展和人民生活水平的提高,居民对于住宅建筑的设计标准和品质要求提高到新的水平,现浇建设方式在大量应用的同时也逐步显现出固有的缺点:手工作业多、劳动强度大、工作条件差、建筑质量通病多、资源能源消耗量大、环境污染严重,加上我国人口红利日渐消退,开始出现劳动力资源紧张、人力成本提高的状况。而装配式建筑在技术革新的基础上,迎来了新的发展机遇。

(3)快速发展期(2010年至今)

2012年党的十八大以后,中国特色社会主义进入新时代,综合国力显著提高,从注重发展速度转向着力提升发展质量,加强生态文明建设,坚持绿色发展理念。建筑业迎来转型升级、实现跨越式发展的新局面。

2013 年住房和城乡建设部《绿色建筑行动方案》提出“加快建立促进建筑工业化的设计、施工、部品生产等环节的标准体系”,“推广适合工业化生产的预制装配式混凝土、钢结构等建筑体系,加快发展建设工程的预制和装配技术,提高建筑工业化技术集成水平”。新时代装配式建筑政策支持体系开始建立。2016 年 2 月国务院《关于进一步加强城市规划建设管理工作的若干意见》提出十年期发展目标,指出“大力推广装配式建筑,力争用 10 年左右的时间,使装配式建筑占新建建筑的比例达到 30%”。

从中央到地方,政府主管部门都在加快推进装配式建筑的步伐。据不完全统计,目前全国已有 30 多个省区市出台了装配式建筑专门的指导意见和相关配套措施,不少地方更是对装配式建筑的发展提出了明确要求。以北京和上海为例,政府部门推出的装配式建筑的实施意见中,都明确提出各类建筑的装配率。从中央到地方如此重视推进装配式建筑发展,是因为装配式建筑可以将建筑业转变为制造业,能实现建筑行业工业化的革命性突破。

1.2 装配式建筑项目管理概述

装配式建筑项目管理是施工企业(承包商)站在自身的角度,从其利益出发,按与业主签订工程承包合同界定的工程范围,对施工全过程进行计划、组织、指挥、协调和控制所进行的管理,能够最优地实现项目的质量、投资/成本、工期、安全四大目标。

1.2.1 装配式建筑项目管理的内容

根据 1.1 节所述,装配式建筑与传统现浇建筑区别很大。因此,装配式建筑项目管理也有别于传统的建筑项目管理。装配式建筑项目管理应根据项目管理规划大纲和项目管理实施规划所明确的管理计划和管理内容进行管理。项目管理内容包括质量管理、进度管理、成本管理、安全文明管理、环境保护与绿色施工管理、合同管理、信息化管理、沟通协调等。装配式建筑项目管理中的施工管理不仅仅是施工现场的管理,还是包括工厂化预制管理在内的整个工程施工的全过程管理和有机衔接。

(1)质量管理

装配式混凝土结构是建筑行业由传统的粗放型生产管理方式向精细化方向转型发展的重要标志,相应的质量精度要求由传统的厘米级提升至毫米级的水平,因此对施工管理人员、施工设备、施工工艺等均提出了较高的要求。

装配式建筑项目施工的质量管理必须涵盖构件生产、构件运输、构件进场、构件堆置、构件吊装就位、节点施工等一系列过程,质量管控人员的监管及纠正措施必须贯穿始终。预制物件生产必须对每个工序进行质量验收,尤其是要对与吊装精度息息相关的预埋件、出筋位置、平面尺寸等严格按照设计图纸及规范要求进行验收。预制构件运输应采用专用运输车辆,构件装车时必须按照设计要求设置搁置点,搁置点应满足运输过程中构件强度的要求。构件进场后,必须对预埋件、出筋位置、外观、平面尺寸等进行逐一验收。构件堆放必须符合相关标准和规范所规定的要求,地面应硬化,硬化标准应按照堆放构件的种类和重量进行设计，并确保具有足够的承载力。对于外墙板，应使用专用堆置架，并对边角、外饰材、防水胶条等加强保护。

竖向受力构件的连接质量与预制建筑结构安全密切相关，是质量管理的重点。竖向受力构件之间的连接一般采用灌浆连接技术，灌浆的质量直接影响整个结构的安全性，因此必须进行重点监控。灌浆应对浆料的物理化学性能、浆液流动性、28 天强度等进行检测，同时对灌浆过程应进行全程旁站式施工质量监管，确保灌浆质量满足设计要求。

精细化质量管理对人员素质、施工机械、施工工艺要求极高，因此施工过程中必须由专业的质量管控人员全程监控，施工操作人员必须为专业化作业人员，施工机械必须满足装配式建筑施工精度要求并具备施工便利性，施工工艺必须先进和可靠。

(2)进度管理

装配式建筑施工进度管理应采用日进度管理，将项目整体施工进度计划分解至日施工计划，以满足精细化进度管理的要求。构件之间装配及预制和现浇之间界面的协调施工直接关系到整体进度，因此必须做好构件吊装次序、界面协调等计划。装配式建筑与传统建筑施工进度管理对垂直运输设备的使用频率相差极大，装配式建筑对垂直运输设备的依赖性非常大，因此必须编制垂直运输设备使用计划。计划编制时应将构件吊装作业作为最关键作业内容，并精确至日、小时，最终以每日垂直运输设备使用计划指导施工。

(3)成本管理

装配式建筑项目的成本管理是一个涉及多个阶段和环节的复杂过程，以下是关于装配式建筑项目成本管理的一些关键方面。

①规划和预测：在项目开始之前，需要进行详细的规划和预测，以估计项目各个阶段所需的材料、劳动力和设备等成本。这包括确定项目目标和范围，并对每个环节进行详细规划。在规划阶段，应考虑到各项资源的使用情况以及可能出现的风险，并据此编制详细的预算。

②设计阶段的成本管理：在装配式建筑的设计阶段，应充分考虑成本因素。例如，通过选择可重复利用或标准化的部件，降低材料采购和加工成本。此外，利用数字化技术(如 BIM 技术)可以提高设计效率，减少错误，从而避免后期的成本增加。

③采购与供应链管理：采购和供应链管理是装配式建筑项目成本管理的关键环节。通过与供应商建立长期合作关系，确保材料供应的稳定性和成本的可控性。同时，优化供应链，选择合适的供应商和材料，以获得最合理的价格。

④施工阶段的成本管理：在施工阶段，应严格控制施工进度，避免资源浪费和时间延误。通过合理调度资源，确保施工计划的顺利执行。此外，加强与设计团队、承包商之间的协作，减少错误和返工，从而降低额外成本。

(4)安全文明管理

起重吊装作业贯穿装配式建筑项目的主体结构施工全过程，作为安全生产的重大危险源，必须重点管控，并结合装配式建筑施工特色引进旁站式安全管理、新型工具式安全防护系统等先进安全管理措施。

装配式建筑所用构件种类繁多、形状各异，质量差异也较大，因此对于一些重量较大的异形构件,应采用专用的平衡吊具进行吊装。由于起重作业受风力影响较大,现场应根据作业层高度设置不同高度范围内的风力传感设备,并制订各种不同构件吊装作业的风力受限范围,在预制构件吊装的规划中应予以明确并实施管理。在施工中应结合装配式建筑的特色合理布置现场堆场、便道和建筑废弃物的分类存放与处置。有条件的尽可能使用新型模板、标准化支撑体系等,以提高施工现场整体文明施工水平,达到资源重复利用的目的。

由于装配式建筑施工的特殊性,相关施工作业人员必须配置完整的个人作业安全防护装备并正确使用。一般的安全防护用品应包括但不限于安全帽、安全带、安全鞋、工作服、工具袋等施工必备的装备。装配式建筑施工管理人员及特殊工种等有关作业人员必须经过专项安全培训,在取得相应的作业资格后方可进入现场从事与作业资格对应的工作。对于从事高空作业的相关人员,应定期进行身体检查,对有心脑血管疾病史、恐高症、低血糖等病症的人员一律严禁从业。

(5)环境保护与绿色建造管理

装配式建筑是绿色、环保、低碳、节能型建筑,是建筑行业可持续发展的必由之路。以人为本、发展绿色建筑,特别是住宅项目把节约资源和保护环境放在突出的位置,大大地推动了绿色建筑的发展。装配式建筑由干式作业取代了湿式作业,与传统施工方法相比,现场施工的作业量和噪声、粉尘等污染排放量明显减少,最大限度地减少了对周边环境的污染,让周边居民享有一个更加安宁、整洁的无干扰环境。

绿色建造管理针对装配式建筑主要体现在现场湿作业减少,木材使用量大幅下降,现场的用水量也大幅降低。通过对预制率和预制构件分布部位的合理选择,以及现场临时设施的重复利用,并采取节能、节水、节材、节地、节时和环保(即“五节一环保”)的技术措施,达到绿色施工的管理要求。

1.2.2 装配式建筑项目管理的特点

装配式建筑是一种现代化的生产方式的转变,装配式建筑项目管理具有明显区别于传统现浇建筑项目管理的特点。

(1)全过程性

装配式建筑的工程项目管理模式不同于传统现浇建筑的管理模式,正在逐步地由单一的专业性管理向综合各个阶段管理的全过程项目管理模式发展,充分体现了项目管理全过程性的特点。装配式建筑项目摒弃原有现浇项目的策划、设计、施工、运营,分别由不同单位各自管理的模式,整合所有相关专业部门积极参与项目策划、设计、施工和运营的整个过程,强调工程系统集成与工程整体优化,凸显了全过程项目管理的优势。

(2)精益建造理念

精益建造对施工企业产生了革命性的影响,现在精益建造也开始在建筑业应用。特别是在装配式建筑工程中,部分预制构件和部品由相关专业生产企业制作,专业生产企业在场区内通过专业设备、专业模具,由经过培训的专业操作工人加工预制构件和部品,并运输到施工现场;在施工现场经过有组织的科学安装,可以最大限度地满足建设方或业主的需求;改进工程质量,减少浪费,保证项目完成预定的目标并实现所有劳动力工程的持续改进。精益建造对提高生产效益是显而易见的,它为避免大量库存造成的浪费,可以按所需及时供料。它是强调施工中的持续改进和零缺陷,不断提高施工效率,从而实现建筑企业利润最大化的系统性的生产管理模式。精益建造更强调面向建筑产品的全生命周期进行动态控制,更好地保证项目完成预定的目标。

(3)信息化管理

装配式建筑"设计、生产、装配一体化"的实现需要设计、生产、装配过程的BIM信息技术应用。基于BIM的一体化信息管理平台,可以实现对装配式建筑设计、生产、装配全过程的采购、成本、进度、合同、物料、质量和安全的信息化管理,最终实现项目资源全过程的有效配置。

(4)协同管理

从建造过程来看,装配式建筑项目区别于传统的"设计+施工"的建造模式,需要利用BIM技术将设计、生产、施工、装修和管理的全过程进行集成,在这个过程中,不但需要实现装配式建筑设计阶段各专业的协同管理,充分考虑建筑、结构、给排水、供暖、通风空调、强电、弱电等专业前期在施工图纸上高度融合,而且还要提升项目设计、生产、施工、装修、运营管理等各环节的协同管理。比如,施工组织管理应提前介入施工图设计、深化设计和构件拆分设计,使设计差错尽可能少,生产的预制构件规格尽可能少,预制构件质量同运输和吊装机械相匹配,施工安装效率高,模板和支撑系统便捷,建造工期适当缩短。从横向来看,项目建设及管理的各个阶段均需要实现进度、成本、质量等的协调管理。

1.2.3 装配式建筑项目管理现状及存在的问题

1)装配式建筑管理的现状

伴随着科学技术的不断发展,以及国家对生态环境保护工作重视程度的不断提高,装配式建筑获得了良好发展。但实际发展当中受到许多因素的制约,因此要加强对装配式建筑的深入研究,冲破传统发展模式的限制,全面发挥出装配式建筑的优势,进而实现建筑行业持续健康发展的目标。

(1)完善产业链

现阶段我国装配式建筑需要完善产业链,把业主、设计单位、构件工厂、施工单位等所有的上下游企业整合成完整的产业链,实现装配式建筑从设计、生产、施工、后期运营与维护一体化,并在项目建造过程中不断整合各企业的优势资源,以提高装配式建筑生产效率,促进装配式建筑的发展。

(2)完善技术标准

相关政府部门应加快研究装配式建筑的标准规范体系建设,逐步完善、统一装配式建筑的技术标准和法律法规,为装配式建筑的发展提供技术支撑和法律依据。

(3)提升技术水平

推行装配式建筑一体化设计,推广通用化、模数化、标准化设计方式,积极应用建筑信息模型技术,提高建筑领域各专业协同设计能力;预制构件生产企业需提高构件制作水平,保证构件制作质量,降低构件制作成本;施工企业需加强装配式建筑施工队伍建设,提高装配式建筑施工水平，创新施工组织方式，推行绿色施工。

(4)提高政策支持

政府应提高装配式建筑的政策支持力度，建立健全相关法律法规体系，加大对装配式建筑的支持力度，对相关企业与相应的技术人才实施土地、财政、税务、金融等方面的优惠政策，扶植培育相关企业的发展。

2)装配式建筑管理存在的问题

由于我国装配式建筑缺乏设计经验的积累、人才储备不足、组织管理机制不健全、传统路径依赖性强，造成装配式建筑的设计能力、构件制作水平、建造效率效益不高，同时也暴露出一些成本、质量、安全等方面的问题。

(1)管理规范缺失

装配式建筑工程项目管理过程中不健全的工程管理体制是较为严重的一个问题。健全的管理体系当中需要有完整的部门、机构以及管理人员。装配式建筑工程也同样如此，要设置好有关的机构，将分工明确好，一同努力协作，提高整体的工程施工效率。安排好专业的管理工作人员，针对施工过程中的每一个细节展开良好的监督，及时找到并解决存在的问题。实际上，装配式建筑工程项目管理者为了节约工程施工成本，将各个方面的经费缩减，导致部门出现合并的现象，管理工作人员缺乏，管理人员存在身兼多职的情况，从而直接影响到管理工作的质量。由于目前我国装配式建筑标准化设计程度很低，构件部品的非标准化、多元化必然引起构件信息价格不完备性和差异性。装配式建筑的发展需要科学的造价管理，其将由现场生产计价方式转向市场竞争计价方式，造价管理的市场化程度将增强。

(2)环节控制缺联

市场机制处于条块分割状态，施工、建设、监理、设计单位习惯于现浇的模式，对质量的预控能力不足。质量责任界面有待进一步理清，装配式建筑施工质量生产综合管理规范缺失，参建各方相关管理职责、制度，管理工作标准、流程不够明确。装配整体式工程对项目的整体性和管理的协调性要求很高，这对相关企业的管理能力和管理手段提出了更高的要求。

装配式混凝土建筑涉及结构安全的关键环节，一定要控制好质量，包括预埋钢筋、套筒或浆锚搭接孔的位置与角度精准；随层灌浆和灌浆作业饱满；夹芯保温板拉结件锚固牢固；避免预埋遗漏和节点拥堵等。这些关键环节主要是管理问题，不是技术缺陷问题。

(3)设计施工缺标

现在许多装配式建筑的设计不符合装配式建筑的特点与规律，按照现浇设计之后再进行拆分，僵化地照搬标准图或规范节点图，没有用活规范、用好规范，没有在优化设计、降低成本、适宜制作和安装、缩短工期方面下足功夫。

目前装配式混凝土建筑行业标准和国家标准比较审慎，这在装配式建筑发展初期是十分必要的，但各地的发展速度却是冒进的。审慎的规范导致成本高，激进的发展速度放大了高成本及其副作用。

设计缺乏系统性、整体性，配套的规范标准体系仍缺失。装配式的组装问题，运输工具、吊装技术、固定连接技术等需要的集成和配套，由于标准化程度不高，影响了配件、配品的标准化和配套技术的集成，阻碍了质量的提高。

(4)运输系统缺效

装配式建筑工程施工时需要经过吊装以及拼装的施工环节，在这些环节当中需要使用非常专业化的设施，所使用到的设施会影响工程实施的质量。吊装当中连接位置不稳固，一旦出现失效，就会直接导致预制构件出现倾斜、将其他物体碰掉产生伤害，严重的会出现人员伤亡事故。整个的拼接施工环节中，为起重机所预留出来的活动空间不大，起重机在进行回转以及行走当中，很可能会给施工人员带来生命威胁。另外，机械设备人员的操作失误，让施工设备出现故障，直接降低了工程施工进度。高效的物流系统可以保证构件及时供应，减少二次搬运，减少预制构件的损坏，降低运输和安装成本，提升安装效率，对提升装配式建筑的最终质量起到相当重要的作用。

(5)现场监管缺位

采用预制构件，要求监理单位采取驻厂监造、巡回监控的方式，但现实中由于构件供应紧张，实际监理很难到预制构件生产单位对构件生产质量进行管控。在混凝土浇筑前，监督人员到现场，对是否符合图纸和规范要求可以"一目了然"，而装配式建筑缺乏这样的质量控制点，比较分散、隐蔽，总体监督检查困难，短时期内监督人员很难适应。

在装配式建筑工程快速发展的情况下，政府的建筑单位有义务把装配式建筑工程施工建设的协调管理工作做到位，积极地参加到装配式建筑工程施工当中来，保证施工以及管理工作人员可以主动地了解自己的工作责任，将施工管理工作做到位。政府监管部门受多种因素的影响，导致政府的专管部门权限出现问题，不能真正履行自己的职责，无法良好地做好装配式建筑工程的监督管理工作。

(6)专业人员缺乏

由于装配式工程项目存在一定的特殊性质，给施工管理工作者提出了较高的要求。施工管理者需要真正地掌握好全新的管理理念和方法，装配式项目与传统建筑项目在管理模式和施工技术上存在非常大的差异。施工管理工作者要及时地更新管理理念，促进装配式建筑工程更好、更快地发展。内行，有经验人员不足，政府、甲方、监理、设计、制作和施工人员都需要掌握装配式建筑基本知识。目前，不少开发商缺乏熟悉装配式管理流程的项目负责人，设计单位缺乏与装配式建筑相适应的系统总体集成的"总设计师"，施工单位缺乏与现场管理相适应的实践经验丰富的项目经理，现场的技术管理人员对施工流程不够熟悉，能熟练操作的技术工人更是紧缺，熟悉装配式问题和流程的监督人员仍非常有限。

(7)利益实现缺口

世界各国装配式建筑都是会带来好处的，或提高了质量，或降低了成本，或缩短了工期，或三者兼而有之。但是中国目前的装配式建筑，尚未给开发商带来直接利益。这是必须也是亟须解决的问题，因为所有问题，最终买单者或承担者并不是开发商，而是消费者。

装配式建筑现场手工作业变为机械装配施工，随着建筑装配率的提高，装配式建筑愈发体现安装工程计价的特点，生产计价方式向安装计价方式转变。工程造价管理由"消耗量定额与价格信息并重"向"价格信息为主、消耗量定额为辅"转变，造价管理的信息化水平需提高、市场化程度需增强。更加需要关注合同交易与市场价格。

1.3 装配式建筑项目管理伦理问题及规范

从装配式建筑项目工程实践来说，好的工程要给社会带来更多的便利，工程师必须要解决社会背景下装配式工程实践中的伦理问题。这些问题仅仅依靠工程方法是无法解决的，在工程中尤其要寻求人文科学的帮助。

1.3.1 伦理问题

1) 概念界定

所谓伦理，就是人与人相处的各种道德规则、行为准则。装配式工程建设是带有特定目的的社会活动，对人类的生产生活有着举足轻重的作用。对于工程师而言，工程设计与建设不仅为他们个人道德品质的形成和完善提供了锻炼的时间，也为其提供了实践的场所。因此，对每一个工程师来说，工程伦理的功效在于改变或进一步提高他们已形成的道德认识，使他们的道德品质逐渐成熟，指导他们在岗位上明确职业义务，形成高尚的职业理想，培养良好的职业习惯。同时对社会而言，使社会拥有一支精良的工程人员队伍，这对社会的稳定、经济的发展所起的作用是不容小觑的。

2) 工程伦理的分类

(1) 按阶段分

按阶段分，工程伦理可以分为前期研究阶段的伦理问题、设计阶段的伦理问题、招投标阶段的伦理问题、施工阶段的伦理问题、运营阶段的伦理问题。

(2) 按内容分

按内容分，工程伦理可以分为道德风险相关的伦理问题、工程风险相关的伦理问题、环境相关的伦理问题、可持续性相关的伦理问题、工程外部性相关的伦理问题、国际化相关的伦理问题。

(3) 按工程的要素分

按工程的要素分，工程伦理可分为工程技术伦理问题、工程利益伦理问题、工程责任伦理问题、工程环境伦理问题。

①工程技术伦理问题。装配式建筑项目管理活动是一种技术活动，更是一种社会活动，这就是工程的社会性。因为工程是人类构思而成，按照人的目标进行设计、建造和生产，工程的全过程都要根据人的标准进行评价，以确保工程符合人的需要。工程社会性的结果是：技术会影响我们的社会关系、行为、工作，甚至影响我们的健康，最可怕的是，工程还影响到了我们的思想。

②工程利益伦理问题。装配式建筑工程涉及利益相关者众多，投入大、价值高，所以工程的建造和生产过程涉及大量的利益协调和再分配问题。宏观方面如长远利益与短期利益、个人利益与集体利益、局部利益与整体利益、直接利益与间接利益；微观如工程中各方面利益的冲突和平衡问题。装配式建筑工程是否能为人类的生存和发展创造福祉，是否能兼顾各方面利益，是否能争取效益最大化，是判断工程是否有利益伦理问题的标准。

③工程责任伦理问题。作为装配式建筑工程的主要完成者,工程师是伦理责任的重要主体。但随着利益相关者对工程的影响逐渐被研究和认知,装配式建筑工程的责任主体范围不断扩大。工程师的责任范围也在发生改变。最初,工程师只需对雇主和上级负责,现在发展到为人类福祉负责、为自然负责、为未来人负责。在这种情况下,工程师责任的履行变得复杂,有很多伦理问题需要审视和解决。

④工程环境伦理问题。装配式建筑工程在改造自然的同时,也给自然造成了巨大破坏。当工程造成的环境负担一直大于环境的自愈能力时,环境问题就产生了。我国环境问题尤为突出,经济发展模式和企业经营方式多是资源超量消耗为代价,这种以环境代价换取经济增长的模式蕴含着突出的伦理问题。

3)分析步骤

装配式建筑工程伦理问题的分析和解决可以分为 3 个步骤:

首先,是发现工程具有伦理意义,分析工程中存在的伦理问题,明确适用什么伦理概念,如贿赂、敲诈、忠诚等。

然后,是确认事实。理清事件和顺序,确认装配式专业技术方面的一致性和最后结果,包括收益和损失。

最后,具体判断装配式工程的伦理性质(是好还是坏,是对还是错,正负价值大小如何),探寻理想的解决措施。

4)关注点

20 世纪上半叶,工程伦理关注的焦点转移到效率上,即通过完善技术、提高效率而取得更大的技术进步。效率工程观念在工程师中非常普遍,与当时流行的技术治理运动紧密相连。技术治理的核心观点之一是要给予工程师以更大的政治和经济权力。

在第二次世界大战之后,工程伦理进入关注工程与工程师社会责任的阶段。反核武器运动、环境保护运动和反战运动等风起云涌,要求工程师投身于公共福利之中,把公众的安全、健康和福利放到首位,让他们逐渐意识到工程的重大社会影响和相应的社会责任。

21 世纪初,工程伦理的社会参与问题受到越来越多的重视。从某种意义上说,之前的工程伦理是一种个人主义的工程师伦理,谨遵社会责任的工程师基于严格的技术分析和风险评估,以专家权威身份决定工程问题,并不主张所有公民或利益相关者参与工程决策。新的参与伦理则强调社会公众对工程实践中的有关伦理问题发表意见,工程师不再是工程的独立决策者,而是在参与式民主治理平台或框架中参与对话和调控的贡献者之一。当然,参与伦理实践还不成熟,尚在发展之中。

1.3.2 处理原则

(1)以人为本的原则

以人为本为首位原则与我国"以人民为中心的发展思想"相一致。要将装配式项目实施可能引起的对人和环境的风险最小化、受益最大化。由于干预措施中受益与风险并存,这一原则要求对项目进行认真细致的伦理审查,对风险与受益比作出评估,审查项目是否体现对人的尊重。这一原则中的人,既包含现在世代的人,也包含未来世代的人,因而包含代际公正问题;由于要求人在社会和环境上都处于良好状态之中,因此也包含保护环境、促进社会发展等内容。

(2)预防为主的原则

要求在设计时做到充分预见装配式工程可能产生的负面影响。工程在设计之初都设定了一些预期的功能,但是在工程的使用中往往会产生一些负面效应。

当工程师所在企业做出违背伦理道德的决策时,当项目存在质量问题并可能对公众的生命财产造成威胁时,装配式建筑工程师作为专业人员,具有专门的工程知识,能比一般人更早更全面、更深刻地了解工程成果可能给人类带来的福利;工程师作为工程活动的直接参与者,比其他人更了解某一工程的基本原理以及所存在的潜在风险。工程师个人的伦理责任在防范工程风险上具有至关重要的作用。

(3)整体主义的原则

任何装配式建筑工程活动都是在一定的社会环境和生态环境中进行的。工程活动的进行一方面要受到社会环境和生态环境的制约,另一方面也会对社会环境和生态环境造成影响。在工程风险的伦理评估中要从社会和生态整体的视角,思考某一具体的工程实践活动所带来的影响。装配式建筑工程活动的社会成本是指除去项目建造成本之外,由于建设项目对社会环境造成的负面影响而产生的成本,主要表现在3个方面:对环境、资源影响所形成的社会成本;对社会影响所形成的社会成本;对经济影响所形成的社会成本。

(4)制度约束的原则

装配式建筑工程质量是决定工程成败的关键。质量决定着工程的投资效益、工程进度和社会信誉。工程质量监理是专门针对工程质量而设置的一项制度,它是保障工程安全,防范工程风险的一道有力防线。为了客观地标明装配式建筑工程风险发生的概率大小,有效的办法是对安全等级进行划分,且必须符合工程实际;健全安全管理的法规体系;建立并落实安全生产问责机制;建立媒体监督制度;风险评估中必须要有公众的参与,否则工程风险的评估就只是形式,起不到真正的效果。如果工程决策已经形成或者出现重大事故后才向社会发布,将引起公众对决策后果不满,导致群体事件。

(5)公正负责的原则

坚持基本的公正,公正包括分配的公正、程序的公正、回报的公正和修复的公正。装配式建筑工程领域里基本的分配公正,要求工程活动不应该危及个人与特定人群的基本生存与发展的需要;不同的利益集团和个体应该合理地分担工程活动所涉及的成本、风险与效益;对于因工程活动而处于相对不利地位的个人与人群,社会应给予适当的帮助和补偿。

公正的伦理原则也包括公平可及这一伦理要求。公正的实现须考虑目标实现的效率,追求效率与公正的统一。

(6)公众参与的原则

公众是装配式建筑工程风险的直接承受者,只有公众参与,才能使企业和政府管理部门知道他们的真实需求。公众参与的方式可以采取现场调查、网上调查、论证会、座谈会、听证会等形式进行。只有信息公开,社会公众才能参与到工程风险评估之中。装配式建筑工程专业人员应将有关工程风险的信息客观地传达给决策者、媒体和公众。工程风险的有效防范必须依靠民主的风险评估机制,使装配式建筑工程决策在公共理性和专家理性之间保持合理的平衡。不断推进科学技术进步,努力降低产品价格,降低使用工程产品的知识技能门槛,为提高公众科学技术素质尽到责任,应从社会伦理角度思考工程活动的目的。

1.3.3 应对思路

(1)全面培养工程师

工程师应该对所在的企业或公司忠诚,更应该承担起社会伦理责任。当公司所进行的工程具有极大的安全风险时,工程师对企业或公司的利益要求不应该是无条件地服从,而应该是有条件地服从。当工程师发现所在的企业或公司进行的装配式建筑工程活动会对环境、社会和公众的人身安全产生危害时,应该及时地给予反映或揭发,使决策部门和公众能够了解到该工程中的潜在威胁。包括工程师在内的工程共同体还需要对自然负责,承担起环境伦理责任,减少工程项目在整个生命周期对环境以及社会的负面影响,尤其是使用阶段。

装配式建筑工程师伦理责任不等同于法律责任,法律责任属于“事后责任”,伦理责任则属于“事先责任”,其基本特征是善良意志不仅是依照责任,而且出于责任而展开的行动。伦理责任也不等同于职业责任。

(2)厘清工程共同体的伦理责任

现代装配式建筑工程在本质上是一项集体活动,工程活动中不仅有设计师、工程师、建设者的分工和协作,还有投资者、决策者、管理者等利益相关者的参与。利益相关者分析的主要内容包括:根据项目单位的要求与项目的主要目标,确定项目的主要利益相关者;明确各利益相关者的利益所在以及与项目的关系;分析各利益相关者之间的相互关系;分析利益相关者参与项目实施的各种可能方式。他们都会在装配式建筑工程活动中努力实现自己的目的和需要,当工程风险发生时,往往不能把全部责任归结于某一个人,而是需要装配式建筑工程共同体共同承担。

(3)建立透明和公开的文化

为保证关于装配式建筑工程环境及其他方面风险的毫无偏见的信息与公众有公平的交流,充分保障人的安全、健康和全面发展,避免狭隘的功利主义,在具体操作中,尤其要做到加强对弱势群体的关注,重视公众对风险信息的及时了解。尊重当事人的“知情同意”权。把握装配式建筑工程未来发展的新趋势,提升新一代装配式建筑工程师的职业能力,培养工程师跨文化协同工作的能力,有效地应对未来的职业挑战。

(4)利益补偿原则与机制

高技术系统各部分之间的紧密结合性和复杂相关性不仅使事故发生成为可能,而且使事故难以预测和控制,无法对可能导致事故的所有问题都进行预测,无法对可能导致事故的所有人为失误都进行预测;由于各种不确定因素的存在,无论工程规范制定得多么完善和严格,仍然不能把风险的概率降为零。

凡是因为装配式建筑工程建设利益受到侵害的集团或个人应该得到有效的补偿,补偿的合理界限是这些人的生活水平只能较装配式建筑工程实施前有所提高,而不能有任何下降。补偿机制可从项目可行性研究引入社会评价、引入项目后评估机制、开展利益相关者分析入手。利益协调机制中强调公众参与，保证公众的知情权，做到知情同意。吸收有关方参加到工程的决策、建设、运营中，采用参与方式与方法有利于提高项目方案的透明度和决策民主化；有助于取得项目所在地各有关利益相关者的理解、支持和合作；有利于提高项目的成功率；有利于维护公正，减少不良社会后果。

1.4 装配式建筑项目管理课程学习

数字项目管理案例

装配式项目管理课程学习中心

装配式建筑项目管理是一门内容交叉、实践性较强的课程，既有装配式建筑不同施工环节的技术标准要求，又有工程项目管理基本知识的具体应用。它是随着建筑业发展的新要求，适应新的施工技术发展的，具有综合性的一门课程。本课程适应建筑产业现代化的发展需要，落实国务院《绿色建筑行动方案》的相关要求，坚持以科学发展观为指导，在发展规划、标准体系、产业链管理、工程质量等多个方面推进装配式建筑项目管理。加快建筑业结构调整和转型升级，大力推进科技进步和技术创新，更加突出建筑经济发展质量，改进经营管理方式，提高产业集中度，把建筑业打造成为技术先进的现代产业、节能减排的绿色产业和带动力强的支柱产业。

在装配式建筑项目的设计生产、现场施工、构件运输、现场安装、竣工验收及交付使用等各个环节中，装配式建筑的工程质量不仅得到整个建筑行业业内人员的高度重视，还受到社会上广大民众的广泛关注。如何确保装配式建筑的工程质量、如何实现建设工程“百年大计，质量第一”的方针，是建设行政管理部门、各参与企业和工程参与者必须共同思考的问题。装配式建筑是由各工厂化预制构件运到施工现场装配建成，要确保装配式建筑的质量必须从加强预制混凝土构件的质量管理做起，提高预制构件的深化设计质量，加强构件生产、堆放、运输、吊装、节点固接、成品保护等各环节的质量控制，分清各个环节的主体责任，才能促进装配式建筑的健康发展。

随着“碳中和”与“碳达峰”发展目标的提出，装配式建筑将成为良好的“绿色建筑”，在带来经济效益、成本节约的同时，产生良好的环境效益、社会效益，成为节能减排的重要措施。装配式建筑与传统建筑相比，其碳排放优势主要体现在建材生产阶段与建筑施工阶段。装配式建筑采用规模化的集约式生产，能够在一定程度上节约耗材、降低能耗并减少建筑废弃物；其在建筑施工过程中采取机械化安装的方式，能够减少空气、噪声、废物、废水排放等污染，降低整个建筑生命周期内的碳排放。

1）课程内容

装配式建筑项目管理的主要流程如图1.9所示，本教材主要涵盖3个环节：在构件生产环节包括构件模具设计、生产计划管理、构件质量管理和厂区堆放管理；物流运输环节包括发货管理和物流运输管理；现场施工环节包括场布管理、施工模拟、质量管理、培训与交底、进度管理、成本管理。本教材的内容设置了12章，章节之间的关系如图1.10所示。

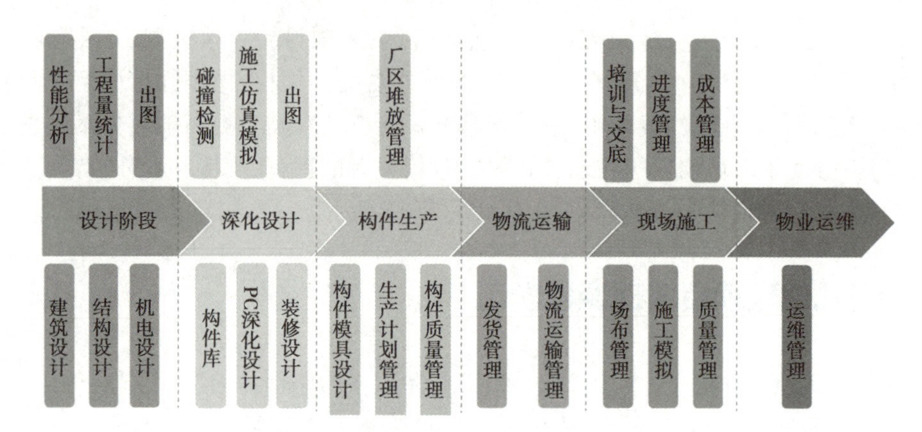

图 1.9　装配式建筑项目管理流程

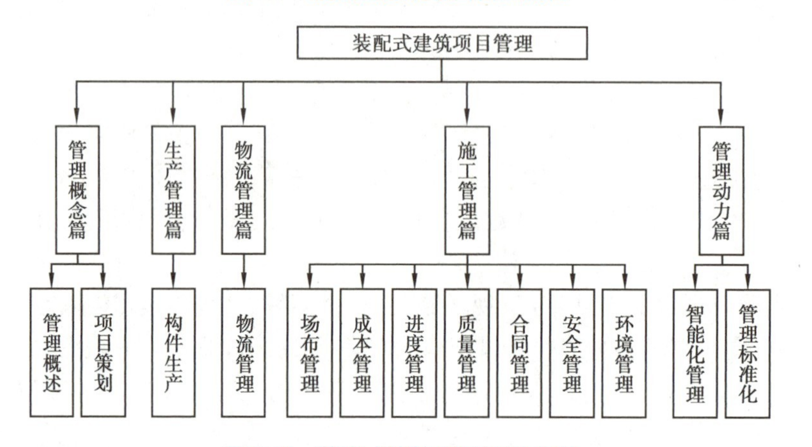

图 1.10　装配式建筑项目管理内容

2）课程联系

（1）课程定位

本课程是在学习了技术和管理方面的专业基础课后进行的一门实践性很强的专业课程，与施工组织和项目管理两门课程联系紧密。

项目管理的发展与应用已经使项目管理的管理模式与理念具有了更为广泛的影响，面对装配式建筑，项目管理的基本内容在新的领域会有更充分的应用。就像系统工程教给我们一种思考问题的方法，项目管理已经变成一种教给我们系统做事的方法。项目管理已经成为一种实现目标的良好方法，也成为一种对管理过程进行有效控制的手段，还是提升组织执行力和个人综合管理能力的有效手段和方法。

施工组织管理侧重在施工的具体实施，装配式建筑项目管理重在施工的标准化和智能化，所以，装配式建筑项目管理给传统项目管理模式带来了变革和挑战，装配式建筑项目管理的基本理论、基本框架、基本流程与核心方法更丰富。

（2）研究方法

在从事装配式项目管理过程中，由于人们认识问题的角度、研究对象的复杂性等因素，所用研究方法处在一个不断地相互影响、相互结合、相互转化的动态发展过程中，发现新现

象、新事物,或提出新理论、新观点,揭示事物内在规律,这是运用智慧进行科学思维的技巧。人们不断总结提炼出以下研究方法:

①调查法:有目的、有计划、有系统地搜集有关研究对象现实状况或历史状况的材料的方法。综合运用历史法、观察法等方法以及谈话、问卷、个案研究、测验等科学方式,对研究对象进行有计划的、周密的和系统的了解,并对调查搜集到的大量资料进行分析、综合、比较、归纳,从而为人们提供规律性的知识。

②观察法:研究者根据一定的研究目的、研究提纲或观察表,用自己的感官和辅助工具去直接观察被研究对象,从而获得资料的一种方法。

③文献研究法:根据一定的研究目的或课题,通过调查文献来获得资料,从而全面地、正确地了解掌握所要研究问题的一种方法。能了解装配式建筑项目管理问题的历史和现状,能得到现实资料的比较资料,有助于了解事物的全貌。

④实证研究法:科学实践研究的一种特殊形式,依据现有的科学理论和实践的需要,提出设计,利用科学仪器和设备,在自然条件下,通过有目的、有步骤地操纵,根据观察、记录、测定与此相伴随的现象的变化来确定条件与现象之间的因果关系的活动。

⑤交叉研究法:运用多学科的理论、方法和成果,从整体上对某一课题进行综合研究的方法。科学发展运动的规律表明,科学在高度分化中又高度综合,形成一个统一的整体。据有关专家统计,学科分化的趋势还在加剧,但同时各学科间的联系愈来愈紧密。

⑥统计分析法:通过对研究对象的规模、速度、范围、程度等数量关系的分析研究,认识和揭示事物间的相互关系、变化规律和发展趋势,借以达到对事物的正确解释和预测的一种研究方法。

⑦模拟方法:先依照原型的主要特征创设一个相似模型,根据模型和原型之间的相似关系进行研究。BIM 技术的应用就是通过模型来间接研究原型的一种方法。

⑧系统科学方法:用系统科学的理论和观点,把研究对象放在系统的形式中,从整体和全局出发,从系统与要素、要素与要素、结构与功能以及系统与环境的对立统一关系中,对研究对象进行考察、分析和研究,以得到最优化地处理与解决问题的一种科学研究方法。

3)课程任务

“装配式建筑项目管理”是用科学的方法探讨装配式建筑项目领域内的各种关系、现象,并揭示其规律,从而提高管理效益的应用性学科,是一门为解决问题、探讨未知、创建理论提供基本思路与方法的应用性学科。

通过本课程的学习,可以了解装配式建筑项目管理的基本过程与环节,掌握装配式建筑项目管理的基本方法和基本技能,培养分析问题和解决问题的意识,进一步提高从事装配式建筑项目管理的能力。

本课程以培养未来的项目管理工程师为目标,装配式建筑工程是科学,但更是社会实践。工程是一种社会实践,离不开人,更离不开社会。提高工程师的实践能力,这是卓越工程师的基本要求,也是“新工科”的基本要求。提高工程师的创新能力。工程创新是一种集成创新,它是运用各种科学方法,不局限于自然科学方法、技术方法,也包括社会科学方法和人文思想,与实际的场景相结合,解决实际问题,从而赋能个人。

4)课程学习

本课程适合各类管理学科及工程技术学科的学生学习,对于管理专业的学生来讲能够更好地了解项目管理的理论、方法与应用,对于工程技术专业的学生来讲可以更好地培养自己系统做事的思维能力,更好地让自己的职业生涯得到转型升级。

新工科教育的目的是培养能快速适应新形势、新变化的创新工科人才,工程思维和设计思维是新工科建设活动中的基本思维。本课程以培养工科生思维能力为目的,探讨工科类课程的学习教学模式。该模式可融合慕课、翻转课堂、任务驱动等多种教学方式,形成工科学生知识思维、理论实践、能力素养相融合的认知体系。体现新工科课程体系的创新性、系统性和实践性;在新工科课程教学活动中应重视对学习者工程设计思维的培养,学会用系统思考的方式,创新性地解决具体工程问题。

本课程的学习可以更深入了解装配式建筑项目管理与其他专业管理之间的相互联系,对装配式建筑项目管理实施过程中的关键问题会有更清晰的认识,对装配式建筑项目管理基本理论会有更深层次的理解,从而进一步掌握装配式建筑项目管理基础知识体系;了解装配式项目管理前沿动态和实践经验,补充相关知识武装自己,巩固提升自己的专业知识理论水平,对项目管理有更深刻的理解,提升项目管理的综合能力。在学习中,系统地思考和大胆地移植是有效的学习方法。

课后思考题

1.什么是装配式建筑?

2.请简述传统建造方式与装配式建造方式的区别。

3.与传统建筑项目相比,装配式建筑项目管理有哪些特点?

4.装配式建筑项目管理中面临哪些问题?

第2章　装配式建筑项目策划

主要内容：主要介绍装配式建设项目的投资估算特征、融资方案计划、项目施工组织策划，以及钢筋、混凝土、模板以及洞口防护工程的方案策划。

重点、难点：重点在于掌握装配式建筑项目施工组织总体策划以及钢筋、混凝土以及模板工程的施工组织策划；难点在于根据实际项目要求做出施工组织总体策划。

学习目标：培养学生的装配式建筑项目策划分析能力。

2.1　项目建设总投资估算

项目投资估算是在对项目的建设规模、产品方案、工艺技术及设备方案、工程方案及项目实施进度等进行研究并基本确定的基础上，估算项目所需资金总额并测算建设期分年资金使用计划。装配式建筑项目从前期的项目信息收集、可行性分析、项目决策到项目的设计、深化到组织各参与方生产再到最后项目的安装，均是十分复杂的活动，需要多个组织共同作用、参与才得以完成投资控制。

2.1.1　投资估算特征

装配式建筑生产的标准化、专业化、规模化程度较低，因而成本高一直是其现阶段发展的一大制约因素。装配式建筑是一种新型的建造方式，运用传统投资估算方法对其进行投资估算控制是不合理的，须结合现代智能技术实现快速、精确估算。

从供应链角度而言，装配式建筑项目建设总投资估算中主要包括甲方单位、总包单位、设计单位、部品构件生产单位、材料设备供应单位、安装单位等节点组织。各节点组织对项目投资估算控制的作用有所不同，有时同一组织可能兼具投资估算控制上的多个职能，如在工程总承包项目中，设计、生产和安装施工可能均由一家企业承揽。

对于装配式混凝土建筑来说，装配式建筑工程投资估算特征指标体系一般包含12个工程特征向量：基础类型、建筑面积、建筑结构、建筑层数、装配式构件类型、预制构件连接方式、屋面及防水工程、装饰工程、安装工程、电气工程及给排水工程、造价指数、装配率，具体如图2.1所示。

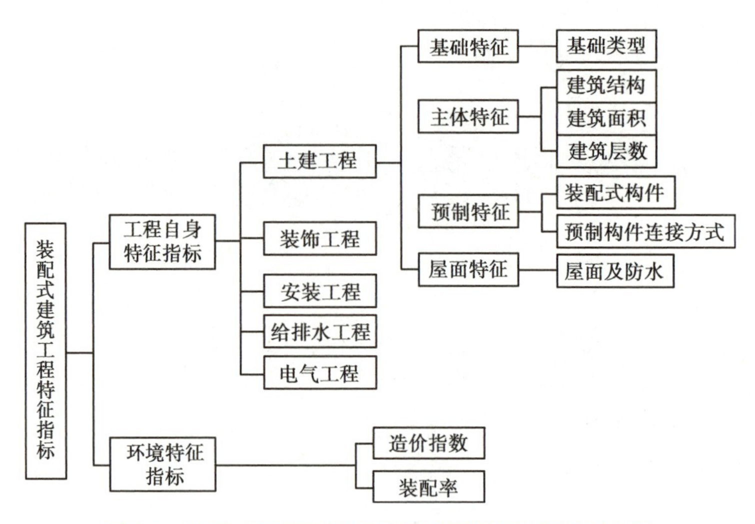

图 2.1 装配式混凝土建筑工程投资估算特征指标体系

表 2.1 土建主要技术指标

传统工艺			装配式		
构件名称	工程量	指标含量	构件名称	工程量	指标含量
钢筋(t)	864.93	37.83	钢筋(t)	615.89	26.94
现浇混凝土(m^3)	7 841.76	0.34	现浇混凝土(m^3)	5 097.6	0.22
预制构件(m^3)	0	0	预制构件(m^3)	2 744.16	0.12
模板(m^2)	73 217	3.2	模板(m^2)	39 383.22	1.72
砌体(m^3)	2 307.17	0.1	砌体(m^3)	883.44	0.04
条板墙(m^2)	0		条板墙(m^2)	9 002.7	0.39

表 2.2 土建主要经济指标

序号	项目名称	装配式 A		传统工艺 B		单方差异(A-B)
		造价(元)	经济单方(元/m^2)	造价(元)	经济单方(元/m^2)	
	建筑面积	22 862.69				
1	砌体	474 196.88	20.74	1 237 996.26	54.15	-33.41
2	条板墙	2 158 564.26	94.41	0.00	0.00	94.41
3	混凝土工程	1 395 122.91	61.02	4 400 440.26	192.47	-131.45
4	后浇混凝土工程	4 805 356.97	210.18	0.00	0.00	210.18
5	模板工程	1 420 083.07	62.11	4 760 315.05	208.21	-146.10
6	钢筋工程(现浇部分)	2 252 201.03	98.51	5 353 182.90	234.14	-135.64
7	金属工程	5 047.30	0.22	5 047.30	0.22	0.00

续表

序号	项目名称	装配式 A		传统工艺 B		单方差异（A-B）
		造价（元）	经济单方（元/m^2）	造价（元）	经济单方（元/m^2）	
8	屋面工程	467 597.19	20.45	467 597.19	20.45	0.00
9	楼地面工程	972 966.60	42.56	972 966.60	42.56	0.00
10	内墙面工程	1 924 675.04	84.18	2 135 983.21	93.43	-9.24
11	外墙面工程	1 794 479.07	78.49	1 794 479.07	78.49	0.00
12	天棚工程	655 049.09	28.65	655 049.09	28.65	0.00
13	室外工程	22 916.65	1.00	22 916.65	1.00	0.00
14	装配式构件（施工费）	2 266 358.39	99.13	0.00	0.00	99.13
15	装配式构件（主材）	9 540 695.92	417.30	0.00	0.00	417.30
16	脚手架及垂直运输	3 718 775.08	162.66	4 331 507.47	189.46	-26.80
17	大型机械	47 108.41	2.06	47 108.41	2.06	0.00
18	合计	33 944 056.55	1 483.69	26 184 589.46	1 145.30	338.39

2.1.2 项目融资方案计划

工程项目融资是以项目预期净现金流量为其债务资金（如银行贷款）的偿还提供保证的，换言之，工程项目融资用来保证项目债务资金偿还的资金来源主要依赖于项目本身的经济强度，即项目未来的可用于偿还债务的净现金流量和项目本身的资产价值。

装配式建筑项目融资方式包括股东直接投资、股票融资、租赁融资、商业信用、发行短期融资券、银行借款融资和债券融资。其中，对于建筑企业而言，股票融资和债券融资都有其难度。但是短期融资券不需要企业保证净资产收益率和盈利水平，所以企业在申请时手续简单、发行快、工作量小、审批快。但是对一般建筑企业来说，通过信用评级是发行短期融资券的先决条件，通过债券融资来满足企业发展对资金的需求。

装配式建筑项目融资方案评估主要涉及融资成本、融资风险、融资质量和融资难易性等因素。融资成本主要考虑资金占用费用、资金筹集费用。融资风险主要考虑利率风险、金融风险、政策风险。融资质量主要考虑最大融资金额、融资速度、所融资金稳定性和融资占用周期。融资难易性主要考虑融资主体融资意愿程度、企业对融资主体的吸引力、融资手续以及融资政策等。

2.1.3 项目经济评价

建设项目经济评价根据分析层次的不同，可分为财务评价和国民经济评价。主要进行以下几方面工作：

①计算基础数据。估算项目投资并制订逐年投入计划，拟订项目融资方案，测算生产

期间各年成本、收入、利润和还本付息额。

②编制财务(经济)报表。编制项目现金流量表、资产负债表和利润分配表,分析项目建成后的财务与经济活动,反映项目在计算期内的财务与经济活动规律,作为计算和分析经济指标的依据。

③财务评价。计算财务内部收益率、财务净现值和投资回收期等盈利能力指标、偿债能力指标和财务生存能力指标,评价建设项目的财务可行性。

④国民经济评价。计算经济内部收益率和经济净现值等指标,评价建设项目的经济合理性。

2.2 项目施工组织策划

2.2.1 劳动力组织计划

BIM工程项目管控电子沙盘

1)项目组织层次

装配式建筑项目管理组织机构由3个层次组成:指挥决策层、项目管理层和施工作业层。

(1)指挥决策层

指挥决策层由企业总工程师和经营、质量、安全、生产、物资、设备等部门领导组成,对施工项目进行计划、组织、监督、控制、协调等全过程、全方位的管理。

(2)项目管理层

装配整体式混凝土结构实行项目法施工,成立项目经理部,经理部领导由项目经理、技术负责人组成,下设施工、质量、安全、资料、预算合同、财务、材料、设备、计量试验等部门,确保工程各项目标的实现。

(3)施工作业层

装配式建筑施工作业层除了测量工、模板工、钢筋工、混凝土工、砌筑工、架子工、抹灰工、电工、通风工、电焊工、弱电工等传统工种外,还需要机械设备安装工、起重工、安装钳工、起重信号工、建筑起重机械安装拆卸工、室内成套设施安装工、移动式起重机司机、塔式起重机司机及特有的钢套筒灌浆或金属波纹管灌浆工等新型工种。

2)装配式建筑项目技术工种

装配式建筑项目技术工种是指利用装配式技术在建筑立项、规划、设计、审图、施工、监理、检测、竣工验收、核准销售、维护、使用等各个环节中从事专业技术工作的技能人才。装配式建筑项目技术工种需要掌握装配式建筑的规划设计、构件生产、物流配送、装配建造、装修装饰的全产业链制造体系等,同时包含了装配式混凝土结构、木竹结构、钢结构、装配式装修、低能耗等建筑技术。

装配式建筑项目技术工种主要包括项目PC技术员、项目预算员、项目施工员等。

(1)项目PC技术员

PC技术员主要针对PC构件的安装工作。PC构件的安装技术包括大型PC构件的整体安装技术、小型PC构件的散装技术、装配式建筑外围集成施工技术和水电安装施工技术。需要拥有相当知识和经验的PC技术员进行工作。

(2)项目预算员

装配式建筑土建工程预算构成除了与传统现浇模式相同的直接工程费之外,还增加了PC构件的生产、运输和现场安装等环节费用。PC构件的生产、运输和现场安装费用是对装配式建筑工程造价起决定作用的关键因素。PC构件生产费用包含建筑材料费、人工水电机械等成本费用、构件模具费、工厂摊销费、PC构件厂利润、税金组成;构件运输费主要是PC构件从工厂运输至工地的运费、短期仓储费和施工场地内的二次搬运费;构件安装费主要是构件场地内垂直运输、安装等费用,此外还有现场脚手架、模板等措施费用。

(3)项目施工员

装配式建筑施工员是在装配式建筑施工过程中从事构件安装、进度控制和项目现场协调的人员。主要工作任务有:编制装配式建筑预制构件现场安装方案;负责预制构件现场堆放;负责现场构件定位放线、标高测定、吊装、安装、调平、校正;负责构件的临时支撑;负责外墙、内墙构件的砂浆密封和套筒灌浆连接;负责构件吊装后的吊点切割和抹平;负责构件表面预埋件凹槽部位的处理;负责施工现场进度的控制和有关单位的沟通协调。

2.2.2 材料准备

装配式建筑预制构件种类主要有外墙板、内墙板、叠合板、阳台、空调板、楼梯、预制梁、预制柱、成品卫浴等。装配式混凝土工程预制构件及材料的准备可分为预制构件及其他材料的采购准备;预制构件及其他材料的市场经济信息收集;预制构件及其他材料的市场采购。

(1)预制构件及其他材料的采购准备

预制构件及其他材料采购,首先要了解装配式混凝土结构工程深化设计要求、施工安装进度等情况。项目部应提前编制预制构件及其他材料采购供应计划,切实掌握工程所需预制构件及其他材料的品种、规格、数量和使用时间。项目部内部施工生产、技术、材料、造价、计划、财务等部门应密切配合,同预制构件及其他材料的生产厂家或经销单位、运输单位密切协作,为现场施工安装做好物资准备。

(2)预制构件及其他材料的市场经济信息收集

装配式建筑项目部应会同材料员及时了解预制构件及其他材料市场商情,掌握预制构件及其他材料供应商、货源、价格等信息。对预制构件及其他材料市场经济信息、供求动态等进行搜集、整理,并进行比较分析和综合研究,制订出预制构件及其他材料经济、合理的采购策略和方案。

(3)预制构件及其他材料的市场采购

订货前,供需双方均需具体落实预制构件及其他材料资源和需用总量。供需双方就供货的品种、质量、供货时间、供货方式等具体事宜进行具体协商,由供需双方签订预制构件及其他材料供货合同。应尽量选择质量符合设计要求、价格低、费用省、交付及时、可以提供技术支持、售后服务好的供应商。

2.2.3 机械设备组织与配置

1）机械设备组织原则

①适应性：施工机械设备与建设项目的实际情况相适应，即施工机械要适应建设项目的施工条件和作业内容。工程项目预制率高低是确定起重吊装机械规格型号的关键。

②高效性：通过对机械功率、技术参数的分析研究，在与项目条件相适应的前提下，尽量选用生产效率高、操作简单方便的机械设备。

③稳定性：选用性能优越稳定、安全可靠、操作简单方便的机械设备，避免因设备经常不能运转而影响工程项目的正常施工。

④经济性：在选择工程施工机械时，必须权衡工程量与机械费用的关系，尽可能选用低能耗、易保养维修的施工机械设备。

⑤安全性：选用的施工机械的各种安全防护装置要齐全、灵敏可靠。此外，在保证施工人员、设备安全的同时，应注意保护自然环境及已有的建筑设施，不因为所采用的施工机械设备及其作业而受到破坏。

⑥综合性：有的工程情况复杂，仅仅选择一种起重机械工作有很大的局限性，可以根据工程实际选用多种起重吊装机械配合使用，充分发挥每种机械的优势，达到经济、适用、高效、综合的目的。

2）主要机械设备的配置

（1）移动式汽车起重机的配置

在装配式建筑施工中，对吊运设备的选择，通常会根据设备造价、合同周期、施工现场环境、建筑高度、构件吊运质量等因素综合考虑确定。一般情况下，在低层、多层装配式建筑施工中，预制构件的吊运安装作业通常采用移动式汽车起重机，当现场构件需二次搬运时，也可采用移动式汽车起重机。移动式汽车起重机的优点是吊机位置可灵活移动，进出场方便。

（2）塔式起重机的配置

塔式起重机选择应考虑工程规模、吊次需求、覆盖面积、起重能力、经济要求等多方面因素。根据最重构件位置、最远构件重量、卸料场区、构件存放场地位置综合考虑，确定塔式起重机的型号及位置，还应考虑群塔作业的影响。根据结构形状、场地情况、施工流水情况进行塔式起重机布置。与全现浇结构施工相比，装配式结构施工前更应注意对塔式起重机型号、位置、回转半径的策划，根据拟建建筑物所在位置与周边道路、卸车区、存放区位置关系，结合最重构件安装位置、存放位置来确定，以满足装配式建筑项目的施工作业需要。

（3）物料提升机和施工升降机的配置

物料提升机和施工升降机是一种安装于建筑物外部，施工期间用于运送施工人员及建筑物器材的垂直运输机械。它是高层建筑施工不可缺少的关键设备之一。在确定物料提升机和施工升降机的位置时，应考虑：便于安装附墙装置，减少砌墙时留槎和以后的修补工作；使地面及楼面上的水平运距最小或运输方便；应避开塔吊搭设，保证施工安全；接近电源，有良好的夜间照明。

2.2.4 作业场地布置

预制装配式建筑项目的施工作业场地,是为施工服务的各种临时建筑、临时设施及材料、施工机械、预制构件运输及堆放场地等施工现场空间。它反映已有建筑与拟建工程之间、临时建筑与临时设施之间的相互空间关系,布置得恰当与否、执行得好坏与否,对现场施工组织、文明施工进度、工程成本、工程质量和安全都将产生直接的影响。作业场地布置内容主要包括:

①装配式建筑施工用地范围内的分布状况。

②施工现场机械设备布置情况(塔吊、人货梯等)。

③施工用地范围内的主次入口、构件堆放区、运输构件车辆装卸点、运输通道设置。

④供电、供水、供热设施与线路,排水排污设施、临时施工道路。

⑤办公用房和生活用房布置。

⑥全部拟建建(构)筑物和其他基础设施的位置关系。

⑦现场常规的建筑材料存放、加工及周转场地。

⑧必备的安全、消防、保卫和环保设施。

⑨相邻的地上、地下既有建(构)筑物的位置关系及相互影响。

2.3 钢筋分项工程安全方案策划

(1)钢筋制作安全要求

①吊送钢筋时,扒杆摆动的范围内严禁站人,以防钢筋滑落伤人。

②绑扎钢筋时,应先检查脚手架或平台栏杆等安全设施是否完善、牢靠。如有缺陷应处理好后方可作业;在钢筋密集处作业时,钢筋绑扎与电焊尽量不要同时作业;确需同时作业时,应有防护措施,以防电弧光击伤眼睛或焊渣烧伤。

③绑扎时,应熟悉绑扎方案和工艺,以及安全操作规定,如果不明确时,可要求交底,不得盲目操作。

④起吊或绑扎钢筋靠近架空高压电线路时,应有隔离防护设施,以防钢筋接触电线而触电伤人。

⑤钢筋为易导电材料,因此,雷雨天气应停止露天作业,以防电击伤人。

⑥在高处进行钢筋绑扎作业时,应搭好作业平台或拴好安全带,安全带应挂在作业人员上方牢靠处。

⑦起吊预制钢筋骨架时,钢筋骨架本身应形成稳定结构,必要时需加临时斜撑、支撑。吊具栓的方向、位置应正确。拴挂牢靠并拴挂溜绳。起吊时,其下方禁止站人。必须待骨架降落到距地面(或底模)1 m以下方准靠近,在骨架就位支撑好后方可摘钩,以防钢筋骨架倾倒伤人。

(2)钢筋工程机械使用安全要求

《建筑施工机械与设备 钢筋加工机械 安全要求》(GB/T 38176—2019)规定了钢筋加

工机械的重大风险清单、安全要求和措施、安全要求和措施的验证和使用信息。该标准不适用于钢筋预应力机械。该标准适用于具有钢筋强化、调直、切断、弯曲、焊接、挤压、螺纹成型、镦粗等单项或多项功能的钢筋加工机械，包括以下钢筋加工机械：钢筋强化机械、钢筋调直机、钢筋切断机、钢筋弯曲机、钢筋螺纹成型机、钢筋笼成型机、钢筋网成型机、钢筋桁架成型机。

2.4 混凝土分项工程安全方案策划

(1)混凝土浇筑与振捣的安全要求

浇筑前应将模板内的垃圾、泥土以及钢筋上的油污等杂物清除干净，并检查钢筋的水泥砂浆垫块、塑料垫块是否垫好。如使用木模板，应浇水使模板湿润。柱子模板的扫除口应在清除杂物及积水后再封闭。

(2)混凝土养护的安全要求

①预制构件浇筑完毕后应进行养护，可根据预制构件的特点选择自然养护、自然养护加养护剂或加热养护方式。加热养护制度应通过试验确定，宜在常温下预养护 2~6 h，升、降温度不应超过 20 ℃/h，最高温度不宜超过 70 ℃，预制构件脱模时的表面温度与环境温度的差值不宜超过 25 ℃。夹芯保温外墙板采取加热养护时，养护温度不宜大于 50 ℃，以防止保温材料变形造成对构件的破坏。

②预制构件脱模后可继续养护，养护可采用水养、洒水、覆盖和喷涂养护剂等一种或几种相结合的方式。水养和洒水养护的养护用水不应使用回收水，水中养护应避免预制构件与养护池水有过大的温差，洒水养护次数以能保持构件处于润湿状态为度，且不宜采用不加覆盖仅靠构件表面洒水的养护方式。当不具备水养或洒水养护条件，或当日平均温度低于 5 ℃时，可采用涂刷养护剂方式，养护剂不得影响预制构件与现浇混凝土面的结合强度。

2.5 脚手架工程施工策划

1)脚手架工程施工部署

脚手架工程施工策划：附着升降脚手架

① 安全防护领导小组。安全生产、文明施工是企业生存与发展的前提条件，是达到无重大伤亡事故的必然保障，也是项目部创建“文明现场”“样板工地”的根本要求。

② 设计总体思路。一架三用，既用于结构施工和装修施工，同时兼作安全防护。

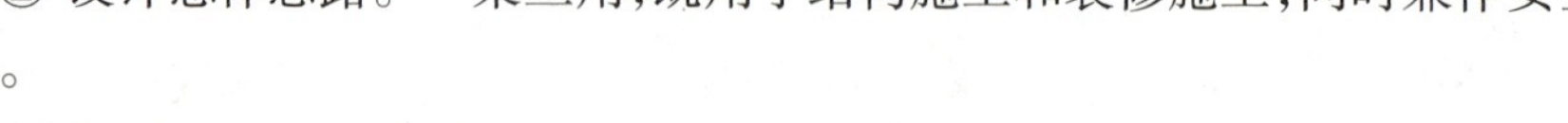

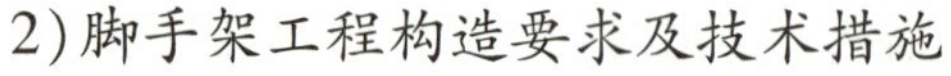

2)脚手架工程构造要求及技术措施

(1)地基处理

基槽回填土密实度采用环刀取样进行试验，表面用 C10 混凝土进行硬化。四周外脚手架以硬化的回填土作为基础，所有的基座必须平整。基础上、底座下设置垫板，其厚度不小于 50 mm，布设必须平稳，不得悬空。脚手架外立杆 50 cm 处设一浅排水沟。

（2）立杆

立杆接头采用对接扣件连接，立杆与大横杆采用直角扣件连接。接头交错布置，两个相邻立柱接头避免出现在同步、同跨内，并在高度方向错开的距离不小于 50 cm；各接头中心距主节点的距离不大于 60 cm。

（3）大横杆

大横杆置于小横杆之下，在立柱的内侧，用直角扣件与立柱扣紧；其长度大于 3 跨、不小于6 m，同一步大横杆四周要交圈。

大横杆采用对接扣件连接，其接头交错布置，不在同步、同跨内。相邻接头水平距离不小于 50 cm，各接头距立柱的距离不大于 50 cm。

（4）小横杆

每一立杆与大横杆相交处（即主节点）都必须设置一根小横杆，并采用直角扣件扣紧在大横杆上，该杆轴线偏离主节点的距离不大于 15 cm。小横杆间距应与立杆柱距相同，且根据作业层脚手板搭设的需要，可在两立柱之间等间距设置增设 1 或 2 根小横杆，其最大间距不大于 75 cm。

（5）剪刀撑

脚手架采用剪刀撑与横向斜撑相结合的方式，随立柱、纵横向水平杆同步搭设，用通长剪刀撑沿架高连续布置。双立杆部位采用双杆通长剪刀撑，单立杆部位则采用单杆通长剪刀撑。

（6）脚手板

脚手板宜采用松木，厚 5 cm、宽 35～45 cm、长度不少于 3.5 m 的硬木板。在作业层下部架设一道水平兜网，随作业层上升，同时作业不超过两层。

（7）连墙件

连墙件采用刚性连接，垂直间距为 3.60 m、水平间距为 4.05 m。连墙杆用 $\phi48\times3.5$ 的钢管，它与脚手架、建筑物的连接采用直角扣件。

（8）防护设施

脚手架要满挂全封闭式的密目安全网。密目网采用 1.8 m×6.0 m 的规格，用网绳绑扎在大横杆外立杆里侧。

3）脚手架工程的搭设及拆除施工工艺

（1）落地式钢管脚手架搭设施工工艺

落地式钢管脚手架搭设施工工艺流程为：场地平整、夯实→基础承载试验、材料配备→定位设置通长脚手板、钢底座→纵向扫地杆→立杆→横向扫地杆→小横杆→大横杆（搁栅）→剪刀撑→连墙杆→铺脚手板→扎防护栏杆→扎安全网。

（2）悬挑式钢管脚手架的搭设施工工艺

悬挑式钢管脚手架的搭设顺序为：水平挑杆→纵向扫地杆→立杆→横向扫地杆→小横杆→大横杆（搁栅）→剪刀撑→连墙杆→铺脚手板→扎防护栏杆→扎安全网。

（3）卸料平台的施工工艺

卸料平台加工制作完毕，经验收合格后方可吊装。吊装时，先挂好四角的吊钩，传发初次信号，保证平台在起吊过程中平稳。吊装至预定位置后，先将平台工字钢与预埋件固定，再将钢丝绳固定，紧固螺母及钢丝绳卡子，完毕后方可松塔吊吊钩，卸料平台安装完毕后经验收合格后方可使用，卸料平台的限重牌应挂在该平台附近的明显位置。

（4）脚手架的拆除施工工艺

拆架程序应遵守由上而下、先搭后拆的原则，即先拆栏杆、脚手板、剪刀撑、斜撑，而后拆小横杆、大横杆、立杆等（一般的拆除顺序为：安全网→栏杆→脚手板→剪刀撑→小横杆→大横杆→立杆）。

不准分立面拆架或在上下两步同时进行拆架。所有连墙杆等必须随脚手架拆除同步下降，严禁先将连墙件整层或数层拆除后再拆脚手架，分段拆除高差不应大于 2 步，如高差大于 2 步，应增设连墙件加固。

4）脚手架工程安全施工技术措施

（1）材质及其使用的安全技术措施

扣件的紧固程度应在 40～50 N · m，并不大于 65 N · m，对接扣件的抗拉承载力为 3 kN。扣件上螺栓保持适当的拧紧程度。外脚手架严禁钢竹、钢木混搭，禁止扣件、绳索、铁丝、竹篾、塑料混用。

（2）脚手架搭设的安全技术措施

搭设过程中划出工作标志区，禁止行人进入、统一指挥、上下呼应、动作协调，严禁在无人指挥下作业。当解开与另一人有关的扣件时必先告诉对方，并得到允许，以防坠落伤人。脚手架及时与结构拉结或采用临时支顶，以保证搭设过程安全。未完成脚手架在每日收工前，一定要确保架子稳定。脚手架必须配合施工进度搭设，一次搭设高度不得超过相邻连墙件两步。在搭设过程中，应由安全员、架子班长等进行检查、验收和签证。每两步验收一次，达到设计施工要求后挂合格牌一块。

（3）脚手架上施工作业的安全技术措施

结构外脚手架每支搭一层，支搭完毕后经项目部安全员验收合格后方可使用。任何班组长和个人，未经同意不得任意拆除脚手架部件。结构施工时，不允许多层同时作业，装修施工时同时作业层数不超过两层，临时性用的悬挑架的同时作业层数不超过一层。各作业层之间设置可靠的防护栅栏，防止坠落物体伤人。定期检查脚手架，及时发现问题和隐患，确保施工安全。

（4）脚手架拆除的安全技术措施

拆架前，全面检查待拆脚手架，根据检查结果拟订作业计划，报请批准，进行技术交底后才准工作。架体拆除前，必须查看施工现场环境，包括架空线路、外脚手架、地面设施等各类障碍物、地锚、缆风绳、连墙杆及被拆架体各吊点、附件、电气装置情况，凡能提前拆除的尽量拆除。拆架时，应划分作业区，周围设绳绑围栏或竖立警戒标志，地面应设专人指挥，禁止非作业人员进入。

2.6　模板工程施工策划

2.6.1　模板施工方法及措施

1) 模板加工

(1) 模板加工要求

柱、梁的模板加工必须满足截面尺寸，两对角线误差小于 1 mm，尺寸过大的模板须进行刨边，否则禁止使用。次龙骨必须双面刨光，主龙骨至少要单面刨光，翘曲、变形的方木不得作为龙骨使用。

大钢模板表面平整度控制在 1 mm 以内，拼缝小于 1 mm。模板必须具备足够的刚度、强度、稳定性，并做抛光和防锈处理，重点检查面板、龙骨及吊环的焊缝牢固性及加工尺寸，模板背面喷刷两遍防锈漆。模板进入现场后，进行模板支腿及防护架的组装，并预先拼装模板，校对模板的平整度、尺寸、拼缝等。

(2) 模板加工管理

模板加工完毕后，必须经过项目经理部技术人员、质检人员验收合格后方可使用。对于周转使用的多层板，如果有飞边、破损模板，必须切掉破损部分，然后刷封边漆加以利用。

2) 模板安装

模板安装的一般要求：竖向结构钢筋等隐蔽工程验收完毕、施工缝处理完毕后，准备模板安装。安装柱模前，要清除杂物，焊接或修整模板的定位预埋件，做好测量放线工作，抹好模板下的找平砂浆。

模板的搭设要求：

a.模板的搭设必须准确掌握构件的几何尺寸，保证轴线位置准确；

b.模板应具有足够的强度、刚度和稳定性，能可靠地承受新浇混凝土的质量、侧压力以及施工荷载。浇筑前应检查承重架及加固支撑扣件是否拧紧；

c.模板的安装误差应严格控制在允许范围内。

3) 模板的拆除

为保证后续工作能迅速插入，采取在混凝土浇筑过程中加入外加剂，以利拆模工作的提早进行。模板拆除应以同期试块的试压强度作为依据。拆模时不得用铁锹撬开模板，还要保护模板边角和混凝土边角，拆下的模板要及时清理，并刷隔离剂，以保证下次浇筑质量。

4) 模板的维护及维修

(1) 模板使用的注意事项

吊装模板时轻起轻放，不准碰撞已安装好的模板或其他硬物；大模板吊运就位时要平稳、准确，不得兜挂钢筋，用撬棍调整大模板时，要注意保护模板下口海绵条，严格控制拆模时间，拆模时按程序进行，禁止用大锤敲击或撬棍硬撬，以免损伤混凝土表面和棱角；模板与墙面黏结时，禁止用塔吊吊拉模板，防止将墙面拉裂；拆下的钢模板，如发现不平或肋边损坏变形，应及时修理、平整；定型模板在使用过程中应加强管理，分规格堆放，及时修理，保证编号的清晰。拆模时要注意对成品加以保护，严禁破坏。

（2）多层板维修

覆膜多层板运输、堆放应防止雨淋水浸；覆膜多层板严禁与硬物碰撞、撬棍敲打、在其上拖拉钢筋、振捣器振捣、任意抛掷等，以保证板面覆膜不受损坏；切割或钻孔后的模板侧边要涂刷，防止水浸后引起覆膜多层板起层和变形；覆膜多层板模板使用后应及时用清洁剂清理，严禁用坚硬物敲刮板面及裁口方木阳角；对操作面的模板要及时维修，当板面有划痕、碰伤或其他较轻缺陷时，应用专用腻子嵌平、磨光，并刷 BD-01 环氧木模保护剂；多层板一般周转次数为 6 次，当拆下的模板四周破坏、四边板开裂分层时，将模板破损部分切掉四周刷封边漆，然后重复利用。

（3）大钢模板角模维修

阴阳角模、异型角模存放于专用插放架里，存放地点硬化、平稳且下垫 100 mm×100 mm 方木。角模拆除后如有扭曲变形，在平整场地进行校正、标识。

2.6.2 模板的安全生产、文明施工与环保措施

1）模板的安全生产、文明施工

①大钢模板落地或周转至另一工作面时，必须一次安放稳固，倾斜角符合 75°～80° 自稳角的要求。模板堆放时码放整齐，堆放在施工现场平整场地上或堆放在施工层上。

②操作工人在现场支设墙柱模板时，由于模板均为大钢模，单块模板的重量很大，塔吊吊起模板就位时，必须设专业信号工指挥，小心平稳地就位在墙柱位置线处，支撑好模板的斜撑后方可卸钩。避免大钢模板碰撞钢筋，以防止钢筋的偏位和模板面出现划痕。

③在支设梁板模板时，碗扣脚手架搭设必须稳固，并按照规定的立杆间距搭设，不得在未经技术人员允许的情况下擅自更改立杆间距。搭设时，必须设置临时斜撑，以防整体偏移。

④要随时检查大模板上的螺栓等配件的连接情况，发现有松动现象应及时拧紧或撤换。

⑤保证大模板落地处无任何杂物，当大模板压住任何物体时，不得人工取出，必须用塔吊使之位移后再取出。

⑥模板拆除时，应遵循按照模板支设的逆顺序进行的基本原则，并严格按照上述技术措施的有关要求进行。

⑦拆除模板时，由专人指挥且必须拥有切实可靠的安全措施，并在下面标出作业区，严禁非操作人员进入作业区；操作人员佩挂好安全带，禁止站在模板的横杆上操作；拆下的模板集中吊运，并多点捆牢，不准向下乱扔。拆模间歇时，将活动的模板、拉杆、支撑等固定牢固，严防突然掉落、倒塌伤人。模板起吊前，复查拆墙螺栓是否拆净，再确定无遗漏且模板与墙体完全脱离方可吊起。雨、雪及五级大风等天气情况下禁止施工。基础及地下工程模板安装时，先检查基坑土壁、壁边坡的稳定情况，发现有滑坡、塌方危险时，必须先采取有效

加固措施后方可施工；操作人员上下基坑要设扶梯。基坑上口边缘1 m以内不允许堆放模板构件和材料，模板支在护壁上时，必须在支点上加垫板。

⑧大模板堆放要求。平模立放满足75°~80°自稳角要求，采用两块大模板，板面对板面堆放，中间留出50 cm宽作业通道，模板上方用拉杆固定；没有支撑或自稳角不足的大模板，要存放在专用的堆放架内或卧倒平放，不应靠在其他模板或构件上；大模板按编号分类码放；存放于施工层上的大模板必须有可靠的防倾倒措施，不得沿建筑物周边放置，要垂直于建筑物外边线存放；平模叠放时，垫木必须上下对齐，绑扎牢固；大模板拆除后在涂刷隔离剂时要临时固定；大模板堆放处严禁坐人或逗留；大模板上操作平台应有护身栏杆，脚手板固定牢固，备好临时上人梯道。

2）环境保护措施

①在支拆模板时，必须轻拿轻放，上下、左右有人传递，模板的拆除和修理时，禁止使用大锤敲打模板，以降低噪声。

②模板面涂刷水性绿色环保隔离剂，严禁使用废机油，防止污染土地，装隔离剂的塑料桶设置在专用仓库内。

③模板拆除后，清除模板上的黏结物如混凝土等，现场要及时清理收集，堆放在固定堆放场地，待够一车后集中运到垃圾集中堆放场。

④梁板模板内锯末、灰尘等不得用高压机吹，而用大型吸尘器吸，然后将垃圾装袋送入垃圾场分类处理。

2.7 洞口及临边防护工程方案策划

（1）预留洞口的防护要求

板和墙的洞口必须设置牢固的盖板、防护栏杆、安全网或其他坠落的防护设施。电梯井道口设置钢筋焊接的临时电梯门，电梯井内不超过二层设置一道安全平网，并定期做好检查与清理。在主体施工阶段可用木楞、九夹板全封闭防护。

（2）临边防护的要求与措施

①基坑周边，尚未安装栏杆或栏板的阳台、料台及挑梁和挑平台周边，雨篷与挑檐边，无外脚手架的屋面与楼层周边，以及水箱与脚手架搭设的顶面等处都必须设置防护栏杆。

②楼面周边必须在其外围内侧搭设栏杆，并用密目网或竹笆绑扎。

③楼梯口等外围没有脚手架等防护设施的临边，必须安装临时护栏。

④施工电梯和脚手架通道的两侧边必须设置防护栏杆，其地面通道的上部应搭设安全防护栅。

⑤各种垂直运输接料平台除两侧设防护栏杆外，还应标明载重限额。

⑥防护栏杆应由上、下两道横杆及栏杆柱组成，并张挂安全立网。

⑦当在基坑四周固定时，可采用钢管并打入地面50~70 cm深，钢管离边口的距离不应小于50 cm；当在混凝土楼面、屋面或墙面固定时，可用预埋件与钢管或钢筋焊接牢固。横杆长度大于2 m时，必须加设栏杆柱。

课后思考题

1.装配式建筑项目投资估算特征是什么?
2 装配式建筑项目作业场地布置要求是什么?
3.模板工程施工策划的要点是什么?
4.脚手架工程施工策划的要点是什么?

延伸阅读

[1] Newton, Richard. Project management step by step: how to plan and manage a highly successful project(Second edition)[M].Pearson,2017.
[2] James P.Lewis, Project Planning, Scheduling & Control[M].McGraw-Hill,2011.
[3] Prasanna Chandra, PROJECTS: Planning, Analysis, Selection, Financing, Implementation, and Review[M].McGraw-Hill Education,2019.

第3章　装配式建筑项目构件生产管理

主要内容：主要介绍装配式建筑的生产管理，包括构件工厂/生产基地的规划、构件生产的前期准备、构件的深化设计以及构件的生产和运输。

重点、难点：重点在于熟悉装配式建筑预制构件生产基地规划的内涵、要素以及基本要求，掌握装配式建筑构件质量管理、构件起吊以及堆放的要求；难点在于结合实际进行生产基地规划，做好生产组织管理。

学习目标：主要培养学生的装配式建筑预制构件生产基地规划能力以及质量管理能力。

3.1　装配式建筑构件生产基地规划

3.1.1　预制构件生产基地规划的内涵

预制构件生产是装配式建筑不同于传统建造方式的核心环节，如何系统性、科学性地制订预制构件生产计划，保证预制构件的生产质量，直接影响装配式建筑的施工和运维。装配式建筑预制构件生产基地的基本概念，是指直接为建筑安装施工生产各类制品、半成品和材料以及为其提供服务的各种生产与服务性企业或单位的总称。装配式建筑预制构件生产基地按照服务的范围，分为地区型或城市型生产基地与现场型生产基地两种类型；按照服务时间的长短，还可以分为永久性生产基地和临时性生产基地这两种形式。永久性生产基地可以在一段相对较长的时间内为项目提供稳定的建筑项目生产服务；临时性生产基地通常在单个项目周边，服务短时段的供需需求。预制构件生产基地的产品针对性极强，往往针对具体项目，做订单化生产，并且产品或者半成品往往只能在制定项目中使用。

预制构件生产基地往往借鉴流水车间生产调度原理，在厂房规划时考虑整个构件生产流程和生产工艺。预制构件生产基地的规划设计中需要具备的功能有：自动化的生产流水线、固定的模台、钢筋加工区域、混凝土搅拌站、办公区等（图3.1）。厂房功能区域划分为：

①厂房的总体规划。生产基地的总体规划需要考虑经济、环境、成本、政策、市场需求、交通、发展空间、运输等多种因素，确定厂址，最后进行相关规划。供电方面的规划需要考虑生产、生活以及办公3个方面。依据实际生产情况设计总功率，通常生产用电需要在800 kV·A以上，也不可设计过大容量以免造成浪费。供气和供暖方面的设计规划要以绿色环保和可持续发展为原则，满足相关的节能要求，选择成本较低的能源供应方式，如使用市政供暖管道。生产基地规模在目前情况下用地面积通常在15亩（1亩≈666.67 m^2）左右，需

要结合企业实际情况，留有发展空间。

②依据生产基地的功能区域，需要重视堆放空间和厂房的具体设计。堆场是预制构件生产基地的重要功能区域，其规划面积的大小、位置等对于后期生产有着重要影响和作用。常用的有两种布置方式，即侧方和环绕两种。侧方堆场指的是堆场在生产车间一侧，环绕堆场指的是依据实际生产基地的地形将堆场分成两部分，环绕着生产车间进行设置。进行堆场规划设计时需要注意的是功能区要设置分明，生产和堆场不能存在干扰，而且在生产车间和堆场的面积设计方面，堆场不得小于生产车间面积。环绕堆场设计过程中可以选择不规则侧作为堆场，以确保生产区域的完整性，同样堆场总面积不得小于生产车间面积。

当前，自动化生产线规划布局主要有 3 种：第 1 种是由 1 条自动化的生产流水线和 1 条模台生产流水线加钢筋生产区组成，适用于狭长形的厂房。该布局可以更好地确保自动化生产流水线的产能，削弱固定模台产能。第 2 种是由 1 条自动化生产流水线和 1 条模台生产流水线加钢筋生产区组成，适用于规模较大的厂房。使自动化生产流水线和模台的产能都可得到保障，更具生产灵活性。第 3 种是由 1 条自动化生产流水线和 1 条模台及 1 条备用生产流水线加钢筋生产区组成，适合厂房用地宽裕的情况，可生产的产品种类多、产能高，具有较强的市场适应力，有利于规模化发展和品牌形象建设。

图 3.1　标准构件厂规划建设图

3.1.2　预制构件厂房规划的要素

(1)市场条件

预制构件厂房规划建设的最终目的是满足城市建设的需求。为了避免出现供大于求或供不应求的市场不平衡现象，应对预制构件的市场需求进行准确的判断。随着构件预制率的提高，预制构件需求量呈正比例增长；相对城市建设迅猛发展的地区，一些二、三线城市新增建筑面积增量小，预制率要求低，年需预制构件的量应因地制宜相应缩小。

(2)土地条件

土地具有稀缺资源的特性，在进行预制构件厂房规划时，首先要考虑土地需求与投资成本。然而，城市中不同区域位置的土地储备和价格各有不同，生产基地的规划对最终所需土地面积有很大影响。

(3)原材料影响

预制构件厂房需在外采购水泥、砂石等原材料进行生产并最终运输至施工现场,并且城市巨大的建设量也使其对预制构件的需求更为迫切。预制构件基地地域性强,受服务半径制约。砂、石是主要的原料,运输量大,若运输距离太远,则运输成本会大幅度提高。这些都会导致预制构件生产基地在规划选址时应考虑上游原材料运输的便利等条件。

(4)交通运输条件

预制构件需从生产厂房运输到施工现场才能进行吊、安装,但由于预制构件相比其他材料在大小、重量等方面都属于超大型产品,从而其运输要求也大大提高。就目前城市的道路情况来说,许多干道、高架桥、桥梁存在限高、限重情况,更有许多城市对工业运输车进入某些城市道路的时间给出了限制。为避免后期运输上的阻碍,在进行预制构件生产基地规划选址中需提前考虑交通条件问题。

3.1.3 预制构件厂房规划的基本要求

(1)厂址选择

厂址的确定,需要综合考虑工厂的服务半径、地理位置、地质水位条件、气象条件、交通条件、土地利用现状、基础设施状况、运输距离、企业协作条件和公众意见等因素。应有满足生产所需的原材料、燃料来源,应有满足生产所需的水源和电源;与厂址之间的管线连接应尽量短捷;应有便利和经济的交通运输条件,与厂外公路的连接应便捷。临近江、河、湖、海的厂址,通航条件满足运输要求时,应尽量利用水运,且厂址宜靠近适合建设码头的地段。桥涵、隧道、车辆、码头等外部运输条件及运输方式,应符合运输大件或超大件设备的要求。厂址应远离居住区、学校、医院、风景游览区和自然保护区等,并符合相关文件及技术要求,且应位于全年最大频率风向的下风侧。工厂不应建在受洪水、潮水或内涝威胁的地区。选址应在市区边缘,靠近高速、铁路等公共交通线,宜和水泥、钢筋等相关建材产业统筹布置。在设计过程中应考虑多种可能性,经多方案比选后确定。

(2)总平面设计

总平面设计应根据厂址所在地区的自然条件,在保证生产流程、操作要求和使用功能优先级前提下,各个单体功能建筑应遵循联合、集中、多层布置的原则。应该规则划分厂区功能分区,生产功能区域宜包括以下几个主要功能:原材料仓储、混凝土生产、钢筋堆料加工、构件生产线、构件堆场和成品试验检测。在总平面布局方面,应以符合生产流程要求为优先条件,以构件生产车间和成品堆场为主进行布置。构件流水线生产车间宜采用2~3跨大跨度单层钢结构厂房的形式。应根据工厂生产产能配置满足使用要求的成品堆场。生产附属设施和生活服务设施可以按照传统工业厂房考虑。整个厂区内的耐火要求,各栋楼防火间距、防火分区要求、消防环道等均应符合现行《建筑设计防火规范》(GB 50016)等有关的规定。原材料物流的接收、贮存、转运、使用场所等应与办公和生活服务设施分离,易产生污染的设施应远离办公区和生活区。人流和物流的出入口设置以城市交通有关要求为准,一般要求实现人流和物流分离。出入口的设置应方便原材料、大型成品运输车进出。建筑物的朝向、采光和自然通风条件应与当地的自然条件相结合。如考虑分期建设,分期建设应统一规划，考虑近期与远期工程合理衔接。

(3)生产车间设计满足生产工艺的要求

应根据生产工艺确定合理的流程，这直接影响各工段、各部门平面的次序和相互关系。厂房的平面、结构类型和经济效果密切相关，根据流水线传送生产工艺，生产车间的跨度一般不小于24 m，长度不小于120 m。构件成型车间应与辅助车间生产线分开布置。车间内应设置起重设备，吊钩起吊高度不小于8 m。功能分区设置应满足生产流程的各个步骤的要求，例如构件养护、钢筋制作、混凝土处理。

(4)功能配套用房设计

配套用房包括行政办公楼、研发实验室、产品展示中心、职工宿舍、食堂。行政办公楼和职工宿舍、食堂的设置应该满足生产基地的目前人员配备和远期发展规划。研发实验室应根据生产产能的要求，确定实验室等级。产品展示中心作为生产基地对外展示的一个窗口，对生产基地的销售业务起着至关重要的作用，应具有一定的特点，能反映生产基地的特色。

3.2 装配式建筑预制构件生产组织管理

3.2.1 预制构件生产方案

生产方案是为完成装配式建筑预制构件的预制任务，制订的组织、技术、机械、资金、进度、安全及环保等一系列措施的系统性集成方法的文案表述。预制构件的生产应制订详细的生产计划，确保其制作、供应、安装。生产计划一般包括以下内容：图纸准备、生产时间计划、构件在工厂的堆放场地、供货计划、运输方案等。作为预制构件预制生产的工作方案，它将有效指导预制构件质量控制、安全控制、进度计划，确保预制构件按照既定的工期高效完成。构件生产方案控制要点如下：

①预制构件制作前，制作单位应仔细审核预制构件制作详图。

②预制构件制作前，制作单位应编制预制构件制作方案，并经预制构件制作单位技术负责人签字后实施。

③构件尺寸、构件配筋、吊装点应符合设计要求。

④质量监管应规范，混凝土、钢筋、预埋件相关参数应符合要求，构件堆放、运输应科学组织。

⑤生产能力应满足供货要求。

⑥构件质量验收应满足要求。

3.2.2 预制构件生产工艺

数字装配生产管理系统

1)预制构件生产工艺设计须注意的问题

预制构件的生产流程展现了构件生产的全过程。混凝土构件在生产时主要步骤包括划线、支模、安装钢筋骨架、安装预应力筋、张拉预应力筋、安装预埋件、浇筑混凝土、养护以及拆模出槽等过程，构件出槽后运送至现场用于建筑施工。目前，预制构件生产工艺设计仍存在一些问题。

(1)生产工艺的选择有一定的盲目性

预制混凝土构件的生产工艺可以概括为 3 大类，即机组流水法、流水传送法、台座法。流水传送法工艺自动化程度较高，应用较广泛。生产工艺的选择应根据市场情况，针对不同体型、特性的构件，采用有针对性的生产工艺；或者以一种工艺为主，另一种工艺为辅，采用两种生产工艺相结合的方式进行车间布置。例如：江苏某厂，其车间选用流水传送法工艺，3 条生产线，生产的异型构件和体型较为规整的构件比例相当，每日的产量为 80 m^3，生产效率为 0.8~1.2 m^3/人，仅为设计产能的 40%，投入产出比很低，造成了很大的资金浪费；广东某构件厂，使用台座法生产，构件产品以凸窗、阳台、楼梯为主，生产效率为 2.0~2.5 m^3/人，目前这样的生产效率是比较高的。

(2)成品堆放场地过小

很多构件厂的成品堆放场地较小，经常会因为堆场无法堆放构件而导致车间生产滞后，甚至间歇性停产。从目前市场销售的特点及结构吊装的进度来看，一般需要厂内能够堆放一定数量的构件，因此，设计时应根据构件的日产量、存储天数以及不同构件的堆存占地面积来设计堆场的面积。同时，考虑到堆场间隙，根据构件尺寸扩大堆场面积。预留运输设备通道的，要根据不同的运输设备的通道系数，堆场实际面积要扩大 1.3~1.7 倍，这样便于销售和生产管理。

(3)工艺设计对生产组织考虑不周

部分工厂进行工艺设计时，对工艺的自动化程度认识不清，生产工人定员考虑不足，常出现生产工人定员偏多或偏少的情况。劳动力分工不合理，只是简单地把施工工地的生产搬到工厂。构件被从结构中拆分出来，但生产操作没有被拆分。无论采用哪种生产工艺，统统按台座进行作业区划分，几个工人完成从拆模、清模到合模、浇筑混凝土等多个工序。这样的生产组织方式专业化程度低、生产效率低，工厂的产能不能充分发挥。因此，需要在工艺设计时采取一定的措施使各设计工序的延续时间基本相等或为流水节拍的整数倍。在生产工艺设计时，尽量合理地选择、布置和使用设备，减少手工操作、提高自动化程度，将某些工序合并、分解或者采用几个平行的工作位置等。例如，模具的安装、脱模剂的涂抹和安放钢筋，必要时可合并为一个设计工序。

2)预制构件生产工艺应考虑的因素

①要用系统观点和方法去解决工艺选择问题，满足系统化作业需求，做到性价比最优，实现系统配置最合理，提高企业资源的利用率，与项目产品设计方案相适应，与实际需要和发展规划相统一，充分发挥各个设备的优势，通过工作的质量和效率的提高，降低材料消耗，从而节约造价。

②采用先进和成熟的技术，在保证产品质量和成本合理的前提下，尽量采购生产设备。

③成本是衡量装备的重要标志和依据，各工艺技术方案须在满足使用的前提下对技术先进与经济上的耗费进行全面考虑和权衡，要体现投资小、成本低、利润高的效果。

④在设计时充分考虑结构、装修装饰和机电一体化发展。要实现集成化、一体化，必须

做到技术前置、管理前移,这也是装配式建筑推荐采用 EPC 方式的重要原因。在前期构件设计时就要把建筑、结构、水电、暖通、装修等各个专业组织起来,提前介入并完成相关专业的设计,最后由设计单位将各专业的要求集成到构件上去,这是装配式建筑与传统现浇建筑的一个重大区别,也是建设单位和设计单位面临的新挑战。

⑤提倡在设计时采用 BIM 技术。由于装配式建筑在设计过程中具有的复杂性和提前预制批量化生产的特殊性特征,设计中应加强 BIM 技术的应用,重点解决构件在集成化设计、复杂节点设计、生产和安装工序上的难点等实际问题。

⑥装配式建筑方案准备,由建设单位委托设计院提供,设计院应充分征求建设单位意见,有必要的话可以联合有经验的施工单位,设计出既满足设计理念、结构安全又方便施工的装配式结构建筑。构件深化图纸深度要满足开模生产要求。

⑦装配式建筑的工期安排要紧凑,资源要集中布置,这与现场和预制场同时作业的特点有关。预制工期应与安装工期匹配,安装工期依据工程总工期关键线路反推。安装工期制定后,安装进度应与现场安装构件的工艺和技术结合来优化施工组织,制订满足该工期和功效的人力、物资、机械和设备。预制工期完全服务于安装工期,依据安装工期合理制定预制规模,如预制工位、人力、生产设备的投入规模。

3.2.3 构件成型和养护

1) 构件成型

①浇筑混凝土前,对模板、钢筋、预埋件进行检查,符合设计要求后方可浇筑。构件生产车间见图 3.2。

图 3.2 构件生产车间

②混凝土搅拌机采用挂牌制,如前一盘搅拌的不是清水混凝土,则搅拌清水混凝土前必须清洗搅拌机并将罐内积水排完。搅拌清水混凝土的搅拌时间比搅拌普通混凝土增加 15 s。混凝土坍落度控制在 10 cm 左右,水灰比控制在 0.35 左右。

③使用插入式振捣器振捣密实成型。振捣按顺序进行,插棒采取快插慢拔、均匀对称的方法,振捣器移动间距约 300 mm,严防漏振。每一振动部位必须振动到该部位混凝土密

实为止。密实的标志是混凝土停止下沉,气泡明显减少,表面呈现平坦、泛浆。成型的标志是在密实的基础上使混凝土充满模板内每一个角落。混凝土振动时间为 30 s 左右。不应过振,避免水泥浆体流失产生蜂窝、孔洞缺陷而影响预制清水混凝土构件的外观质量。振动时应避免碰撞模板、钢筋和预埋件。

④预制构件混凝土浇筑完成后,其表面采用机械抹平。混凝土活面平整度要求:2 m 长度范围内高差<3 mm。

⑤混凝土终凝后,涂刷混凝土养护剂,无须浇水养护。

2)构件养护

①预制构件的养护方法有自然养护、蒸汽养护、热拌混凝土热模养护、太阳能养护、远红外线养护等,以自然养护和蒸汽养护为主,如图 3.3 所示。

图 3.3　构件养护

②自然养护成本低、简单易行,但养护时间长、模板周转率低、占用场地大。我国南方地区的台座法生产多用自然养护。

③蒸汽养护可缩短养护时间,模板周转率相应提高,占用场地大大减少。

④蒸汽养护是将构件放置在有饱和蒸汽或蒸汽与空气混合物的养护室(或窑)内,在较高温度和湿度的环境中进行养护,以加速混凝土的硬化,使之在较短的时间内达到规定的强度标准值(见图 3.4)。

图 3.4　蒸汽养护缩短脱模功效

⑤蒸汽养护效果与蒸汽养护制度有关,它包括养护前静置时间、升温和降温速度、养护温度、恒温养护时间、相对湿度等。

⑥蒸汽养护的过程可分为静停、升温、恒温、降温等 4 个阶段。蒸汽养护时,混凝土表面

最高温度不宜高于 65 ℃,升温幅度不宜高于 20 ℃/h,否则混凝土表面会产生细微裂纹。

3.2.4 构件脱模

①预制构件蒸汽养护后,蒸养罩内外温差小于 20 ℃时方可进行脱罩作业。

②预制构件拆模起吊前应检验其同条件养护的混凝土试块强度,达到设计强度要求时方可拆模起吊。

③应根据模具结构按序拆除模具,不得使用振动构件方式拆模。

④预制构件起吊前,应确认构件与模具间的连接部分完全拆除后方可起吊。

⑤预制构件起吊的吊点设置除符合强度和设计要求外,应满足预制构件平稳起吊的要求,构件起吊宜以 4~6 点吊进行。

⑥拆模过程中,应防止因重击导致模具变形。

⑦拆卸模板时要避免产品崩角。

⑧预制构件待混凝土达到一定强度、保持棱角不被破坏时,方可进行拆模。拆模时要小心,避免外力过大损坏构件。拆模后构件若有少许不光滑,边角不齐,可及时进行适当修整。

⑨脱模后需再次按规定进行养护,使其达到设计强度。避免因养护不到位造成浇筑后的混凝土表面出现干缩、裂纹,影响预制件外观。当气温低于 5 ℃时,应采取覆盖保温措施,不得向混凝土表面洒水。

3.3 装配式建筑构件质量管理

3.3.1 预制构件生产过程监造

预制构件是构成装配式建筑的基础单元,其质量管理对整个装配式建筑的质量起着决定性作用。但目前预制构件生产管理不完善,质量管理仍依靠经验,导致构件生产安排不合理、质量不达标等问题频繁发生。因此,需要对预制构件生产过程进行监造,对预制构件生产的质量进行控制。其中,质量控制的要点有:

(1)原材料

按照施工现场的程序,对原材料进行见证取样。其中,砂石、水泥、混凝土、钢筋、面砖等原材料需要试验与检验。

(2)灌浆套筒

①灌浆套筒生产应符合产品设计要求。

②全灌浆套筒中部与半灌浆套筒(图 3.5)的排浆孔位置的抗压强度和抗拉承载力的设计应符合现行《钢筋机械连接技术规程》(JGJ 107)的规定。

③灌浆套筒长度应根据试验确定,且灌浆连接端长度不宜小于 8 倍钢筋直径,灌浆套筒中间轴向定位点两侧应预留钢筋安装调整长度,预制段不应小于 10 mm,现场装配端不应小于 20 mm。

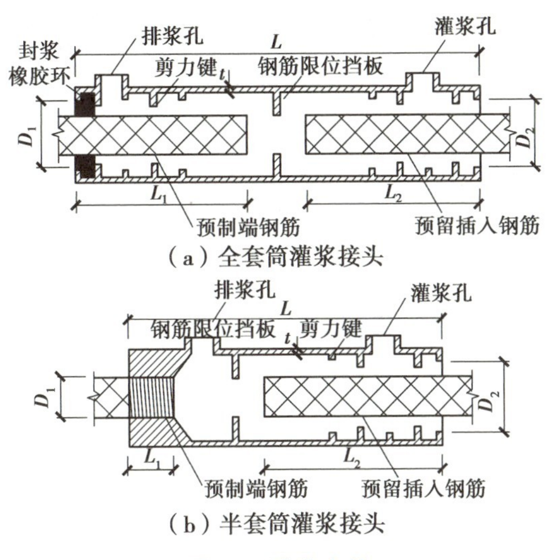

图3.5　灌浆套筒

④机械加工灌浆套筒壁厚不应小于3 mm；铸造灌浆套筒的壁厚不应小于4 mm。

⑤半灌浆套筒螺纹端与灌浆端连接处的通孔直径设计不宜过大，螺纹小径与通孔直径差不应小于2 mm，通孔的长度不应小于3 mm。

⑥灌浆套筒进厂（场）时，应抽取灌浆套筒检验外观质量、标识和尺寸偏差。

（3）灌浆料

①套筒灌浆料应与灌浆套筒匹配使用，钢筋套筒灌浆连接接头应符合JGJ 107中Ⅰ级的规定。

②套筒灌浆料应按产品设计要求的用水量进行配制，拌和用水应符合现行《混凝土用水标准》（JGJ 63）的规定。

③套筒灌浆料使用温度不宜低于5 ℃。

（4）模具

对模台清理、脱模剂的喷涂、模具尺寸等做一般性检查；对模具各部件连接、预留孔洞及埋件的定位固定等做重点检查。

（5）混凝土

对混凝土的制备、浇筑、振捣、养护等做一般检查；对混凝土抗压强度检测及试件制作、脱模及起吊强度等进行重点检查。

（6）监造环节

建设单位、监理单位、施工单位应根据各地规定和需求配置驻厂监造人员。驻厂监造人员应履行相关责任，对关键工序进行生产过程监督，并在相关质量证明文件上签字。除有专门设计要求外，有驻厂监造人员的构件可不做结构性能检验。驻厂监造人员应根据工程特点编制监造方案（细则）。监造方案（细则）中应明确监造的重点内容及相应的检验、验收程序。驻厂监造可按“三控、二管、一协调”的相关要求开展工作，其中重点是质量安全的管控，并参与进度控制和协调。驻厂监造人员应加强对原材料验收、检测、隐蔽工程验收和检验批验收，加强对预制构件生产的监理。实施预制构件生产驻场监理时，应加强对原材料和实验室的监理。

预制构件生产宜建立首件验收制度。首件验收制度是指结构复杂的预制构件或新型构件首次生产或间隔较长时间重新生产时，生产单位须会同建设单位、设计单位、施工单位、监理单位共同进行首件验收制度，重点检验模具、构件、预埋件、混凝土浇筑成型中存在的问题，确认该批预制构件生产工艺是否合理，质量能否得到保证，共同验收合格之后方可批量生产。

3.3.2 预制构件出厂质量控制

预制构件出厂时，驻厂监造人员应对所有待出厂构件进行详细检验，并在相关证明文件上签字。没有驻厂监造人员签字的，不得列为合格产品。构件外观质量不应有缺陷，对已经出现的严重缺陷应按技术处理方案进行处理并重新检验，对出现的一般缺陷应进行修整并达到合格。驻厂监造人员应将上述过程认真记录并备案。预制构件经检查合格后，要及时标记工程名称、构件部位、构件型号及编号、制作日期、合格状态、生产单位等信息。预制构件交付的产品质量证明文件应包括以下内容：

预制构件尺寸与孔洞位置检验方法

①出厂合格证。

②混凝土强度检验报告。

③钢筋套筒等其他构件钢筋连接类型的工艺检验报告。

④合同要求的其他质量证明文件。

3.4 构件起吊及堆放

3.4.1 构件起吊

1）吊装前的技术准备工作

施工前必须切实做好各项准备工作。准备工作的内容包括场地检查、基础准备、构件准备和机具准备等。

（1）场地检查

场地检查包括起重机开行道路是否平整坚实、运输是否方便、构件堆放场地是否平整坚实、起重机回转范围内有无障碍物、电源是否接通等。

（2）基础准备

装配式钢筋混凝土柱基础一般设计成杯形基础，且在施工现场就地浇筑。在浇筑杯形基础时，应保持定位轴线及杯口尺寸准确，做到基础杯口底表面找平，基础面中心标记清晰，钢楔准备充足，柱四面中心线标记清晰。柱插入杯口部分应清洗干净，不得有泥土、油污等；柱上绑扎好高空用临时爬梯、操作挂篮。

在吊装前应在基础杯口面上弹出建筑物的纵、横定位线和柱的吊装准线，作为柱对位、校正的依据。如吊装时发生不便于下道工序的较大误差，应进行纠正。基础杯底标高，在吊装前应根据柱子制作的实际长度(从牛腿面或柱顶至柱脚尺寸)进行一次调整。

(3)构件准备

连梁、屋面板等由预制厂生产;柱、吊车梁、预应力屋架为现场预制;构件准备包括检查与清理、弹线与编号、运输与堆放、拼装与加固等。

(4)人员和机具准备

吊装施工期间,劳动力及有关机具满足施工要求,有常用的起重机供选择。

2)吊装机械设备的选择

预制构件吊装是装配式建筑施工的关键环节。起重设备的选型、数量确定、规划布置是否合理关系整个工程的施工安全、质量与进度。应依据工程预制构件的形式、尺寸、所处楼层位置、重量、数量等分别汇总列表,作为所选择起重设备能力的核算依据。

在制定装配式建筑施工分区与施工流程的基础上,施工单位应建立装配式建筑施工定时定量施工分析制度,将未来近期每日的详细施工计划,按照当日的时段、所使用的起重设备编号、所吊装的构件数量及编号、所需工人数量等信息,通过定时定量分析表的形式列出,按表施工。如遇施工变更,应及时对分析表进行调整。

预制构件往往自重较大,因此对塔吊等起重设备的附着措施要求十分严格。建设单位与施工单位应于预制构件工厂生产阶段之前,将附墙杆件与结构连接点所处的位置向预制工厂交底,在构件预制过程中便将其连接螺栓预埋到位,以便施工阶段塔吊附着措施的精确安装。附墙杆件与结构的连接应采用竖向位移限制、水平向转动自由的铰接形式(图3.6、图3.7)。

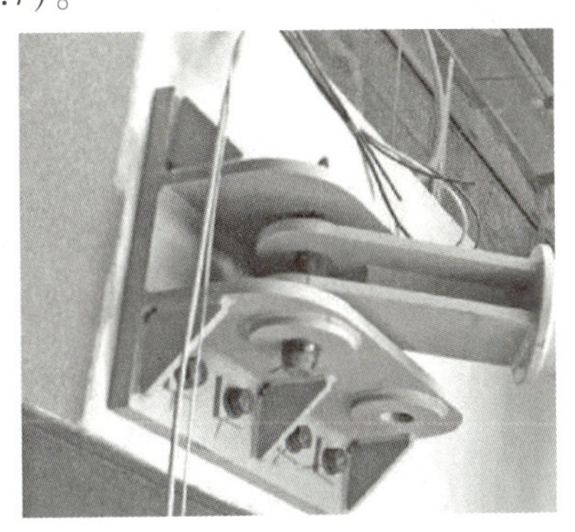

图3.6 装配式施工塔吊附着措施

图3.7 附墙杆件与结构的铰接点

附墙措施的所有构件宜采用与塔吊型号一致的原厂设计加工的标准构件,并依照说明书进行安装。因特殊原因无法采用上述标准构件时,施工单位应提供非标附墙构件的设计方案、图纸、计算书,经施工单位审批合格后组织专家进行论证,论证合格后方可制造、安装、使用。

预制构件如采用传统的吊运建筑材料的方式起吊,可能会导致吊点破坏、构件开裂,严重的甚至会引发生产安全事故。应根据预制构件的外形、尺寸、重量,采用专用吊架(平衡梁)来配合吊装的开展。图3.8为采用专用吊架对预制外墙、楼梯进行吊装的现场情况;图3.9为吊装预制楼板的专用吊架。采用专用吊架协助预制构件起吊,一方面构件在吊装工况下处于正常受力状态,另一方面工人安装操作方便、高效、安全。

图 3.8　专用吊架吊装预制墙板与楼梯

图 3.9　预制楼板专用吊架

3) 吊装安全保证

对于国家实施的《建筑起重机械安全监督管理规定》和《建筑机械使用安全技术规程》条例,各企业应该积极响应并落实,完成施工过程中的硬性要求并对建筑起重机械使用进行严格管理。起重机械设备被列入特种作业范围,操作人员必须持有上岗合格证,形成人机一体化,严格抵触和禁止挂靠现象的出现。

安装单位按要求完成安装工作,在结束后进行拆卸和运输工作,这一阶段的重点是对安装和拆卸工作过程的技术控制;对于所有参与建筑工程起重机械使用的工作人员要采取监管措施,避免对机械造成损害;起重机械设备完成工作后要对其进行全方位检查,并对检查结果以报告的形式做出合格证明;在安拆机械设备工作完成后,应对机械进行维护保养工作。

起重机械
与吊具安装

3.4.2　构件堆放

1) 堆放类型

在施工安装之前,预制构件一般会在工厂或施工现场的堆放场存放一段时间。虽然存在着对建筑构件造成损坏的危险，如不平坦的地面、恶劣的天气和机械设备的碰撞等，但很多情况下仍需要将构件暂时堆放在施工现场或附近的临时堆场。

预制构件应按照规格、品种、使用部位、吊装顺序分类设置堆放场地。构件堆放场有专用堆放场、临时堆放场、现场堆放场 3 种类型。

专用堆放场是指设在构件工厂内的存储场地，一般设在靠近预制构件的生产线及起重机能达到的范围内。当预制构件的生产量很大、专用堆放场容纳不下全部构件时，就需在施工现场附近设置临时堆放场供构件临时储存。

现场堆放场是指构件在施工现场预制成型、就位堆放及拼装的场地。构件的现场预制分为一次就位预制（如柱子按吊装方案布置图一次就位预制）和二次倒运预制（如屋架或外围护结构施工时，在现场将小尺寸构件二次吊运，拼装成大尺寸构件之后整体吊装）。现场堆放场内构件存储布置方式应根据施工组织设计确定。

施工现场构件堆放布局问题需要在空间（如场地尺寸、道路宽度和存储区尺寸）和非空间（如构件存储的周期和材料特性）方面进行深入的计算和分析。不同种类构件的存储方式不同，其存放场地也有不同的要求。因此，在现场布局规划时需要细化至构件要素级别。根据构件清单可以确定构件堆场的面积、临时设施之间的运输方式以及运输道路的布置。存放区位置的选定，应便于起重设备对构件的一次起吊就位，要尽量避免构件在现场的二次转运；存放区的地面应平整、排水通畅，并具有足够的地基承载能力；预制构件应放置于专用存放架上，以避免构件倾覆；应严禁工人非工作原因在存放区长时间逗留、休息，工人在预制外墙板之间的间隙中休息，如遇扰动等原因引起墙板倾覆，易造成人体挤压伤害；严禁将预制构件以不稳定状态放置于边坡上；严禁采用未加任何侧向支撑的方式放置预制墙板、楼梯等构件（图 3.10）。

图 3.10　预制构件正确存放

2）存放单元

根据构件的类型和存放方法的不同，需要将存放区域划分成不同的存放单元。一般来说，混凝土构件堆放有平式和立式两种方式：叠合板、预制柱和预制梁均采用平式叠放储存方式，构件之间加放垫木防止接触造成构件缺损；墙板采用立式存放，并用专用竖向存放支架或临时支撑架防止墙板倾倒。存放同类型构件时，应按照不同工程项目、楼号、楼层分类存放。

①预制构件堆放场地宜为混凝土硬化地面或经人工处理的自然地坪，满足平整度和地

基承载力要求,并有排水措施。

②构件的存放架应有足够的刚度和稳定性。

③预制构件存放区应按构件种类、型号、生产日期合理分区分类存放。

④对于不合格的预制构件,应分区、单独存放,并集中处理。

⑤预埋吊件应朝上,标识宜朝向堆垛间的通道,垫块在构件下的位置宜与脱模、吊装时的起吊位置一致。

⑥存放构件时,每层构件间的垫块应上下对齐,堆垛层数应根据构件、垫块的承载力确定,并根据需要采取防止堆垛倾覆的措施。

⑦堆放用的临时辅助设施应满足使用要求。辅助设施包括堆放架和垫块。其中,堆放架要满足强度、刚度和稳定性,并设防磕碰、下沉措施,注意有序堆放,以便起吊。预制墙板,一般设计为两侧插放堆放架。垫块存放一般选用木材,同时用塑料膜保护,避免污染构件,有时也采用软塑料等材料。

3)临时支撑体系

预制剪力墙、柱在吊装就位、吊钩脱钩前,需设置工具式钢管斜撑等形式的临时支撑,以维持构件自身稳定。斜撑与地面的夹角宜呈45°~60°,上支撑点宜设置在不低于构件高度的2/3位置处;为避免高大剪力墙等构件底部发生面外滑动,还可以在构件下部再增设一道短斜撑。

预制梁、楼板在吊装就位、吊钩脱钩前,根据后期受力状态与临时架设稳定性考虑,可设置工具式钢管立柱、盘扣式支撑架等形式的临时支撑。临时支撑体系的拆除应严格依照安全专项施工方案实施。对于预制剪力墙、柱的斜撑,在同层结构施工完毕、现浇段混凝土强度达到规定要求后方可拆除;对于预制梁、楼板的临时支撑体系,应根据同层及上层结构施工过程中的受力要求确定拆除时间,在相应结构层施工完毕、现浇段混凝土强度达到规定要求后方可拆除。

4)高空作业

对于装配式框架结构尤其是钢框架结构的施工而言,工人个体高处作业的坠落隐患凸显。高空作业除了强化防高坠安全教育培训、监管等,还可通过设置安全母索和防坠安全平网的方式对高坠事故进行主动防御。在框架梁上设置安全母索能达到防高坠的效果,安全母索能为工人在高处作业提供可靠的系挂点,且便于移动性的操作。

通过在框架结构的钢梁翼缘设置专用夹具或在预制混凝土梁上预埋挂点,可将防坠安全平网简便地挂设在挂点具有防脱设计的挂钩上,可起到对梁上作业工人意外高坠的拦截保护的作用。

课后思考题

1.预制构件厂房规划的要素有哪些?

2.结合实际案例,谈谈如何做好装配式建筑构件质量管理。

3.构件吊装前的技术准备工作有哪些?

4.构件堆放的类型有哪些？

延伸阅读

[1] BIMBOX.智能化装配式建筑[M].北京:机械工业出版社,2020.
[2] 栾海明.装配式建筑技术标准条文链接与解读(GB/T 51231—2016、GB/T 51232—2016、GB/T 51233—2016)[M].北京:机械工业出版社,2017.

第4章　装配式建筑项目物流运输

主要内容:装配式建筑项目物流运输的概念、核心要素和特征;发货管理、运输组织安排、进场工作,在这三个环节中不同的构件有不同的运输要求和堆放标准;物流系统及发展趋势;装配式建筑供应链与传统建筑供应链的比较。

重点、难点:重点是装配式建筑项目运输组织安排;难点是装配式建筑项目物流系统及供应链。

学习目标:培养学生的大局观,在装配式建筑项目物流运输过程中,企业是在社会范围内整合相关资源,进而从社会层面实现成本的降低;关注自我约束的管理,通过标准的设定实现,把管理效益落在具体环节上。

4.1　工程项目物流

装配式建筑工程项目物流是具有高度专业性要求的定制化专属物流服务。需要根据项目客户不同的需求定制物流方案、实施运输计划、单证制作、仓储、通关、装卸等综合物流服务。据统计,工程中所消耗的物资占总成本的60%~70%,物流费用占物资成本的17%左右。由此可见,工程项目中的物流费用占总费用的10%~12%。不仅物流费用在工程项目的造价中占有很高比重,而且物流效率的高低还会影响物流成本,对于降低工程项目的造价至关重要。工程项目物流较为复杂,需要原材料供应商、制造商、供应商、业主、设计商、承包商、分包商等各企业间的高度协同。提供客户满意的物流服务,是装配式建筑项目物流运输管理的最终目的和根本任务。

4.1.1　概念

《物流术语》(GB/T 18354—2021)定义中指出:物流是物品从供应地到接收地的实体流动中,根据实际需要,将运输、贮存、装卸、搬运、包装、流通加工、配送、信息处置等基本功能实施有机结合来实现用户要求的过程。

工程项目物流指施工现场所有物料、构配件、设备等的采购、运输、仓储、装卸、搬运、包装、配送、信息处理等全过程。包括从原材料供应商向生产商提供原材料,生产商向供应商提供建筑材料,供应商向工程承包商提供订购的材料以及材料在现场被运送到施工地点等过程。

装配式建筑项目物流是一个集成资金、技术、管理等多种因素的一项高端的专业物流服务,它是现代物流的重要组成部分。一般需要多种特殊设备、多种运输方式,多行业、多领域的专家及设备协作进行,因而具有一定的第三方物流特征;每批次配货和发运时间受工程进度和采购合同签署进展的影响,不同种类和运输要求的货物同时运输,运输安排组织难度大,有重大件货物,运输技术要求高;环节多,流程复杂。

装配式建筑物流体系核心要素包括信息流、资金流、商业流、人流、物流(图 4.1),其中劳动者要素是物流系统的核心要素,提高劳动者的素质,是建立一个现代化的物流系统,开始它高效运转的根本。物流服务的实质是提供和创造客户所需要的价值。价值的具体形式可以表现为空间价值、时间价值、效用价值、金融价值、形象价值等。支撑价值实现的是物流运作过程,从价值的角度可以将物流运作过程看作价值链。

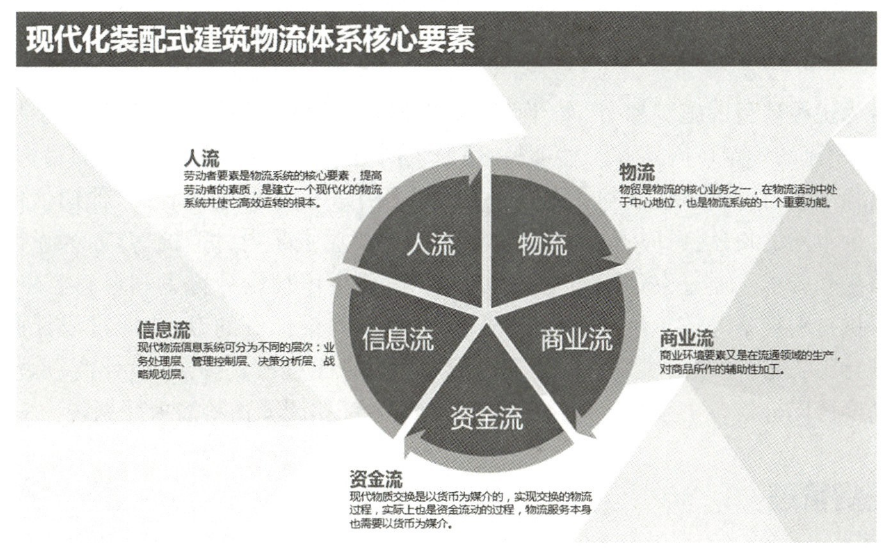

图 4.1 装配式建筑物流体系核心要素

4.1.2 特征

装配式工程建设物流和其他物流相比,其采购与运输的量都相当大,而且技术复杂,操作中又会遇到一些骤变的情况,影响操作的不确定因素也很多。总的来说,装配式工程建设物流具有如下方面的特点:

(1)目标性

这个特点主要指的是成果要求与时间目标。其中,成果要求指的是当预期的物流服务结束之后,工程建设指定的物资在相关拟定的合同要求下,安全、顺利达到工程建设目的地;而时间目标指的是不管何种工程建设物流,它都有自己明确要求的开始与完成时间。

(2)时效性

工程建设物流与工程建设项目共存亡,在工程建设项目开始的时候,其物流便开始了,一旦结束那么其物流也就结束。从这里可以看出,工程建设物流其实属于短期工作,有时效性。PC 构件的物流时效性直接影响施工装配的实际进度。

(3)风险性

我国工程建设项目往往都会涉及一些大型的设施与设备,在具体的运输及装卸过程中不仅存在很大的难度而且风险性很高,但是这些设施和设备往往对整个工程建设都有着决定性的影响,因此往往得冒着很大的风险去完成。

(4)综合性

工程建设物流管理中的综合性主要指的是在具体的工作中操作的复杂性及关系的广泛性,其中涉及的部分主要有规划、运输、环境等,而一些国际工程建设项目还涉及国际运输代理及海关等。

(5)独特性

由于工程建设项目物流管理工作有着自身的独特性,表现为具体的操作方案的差异性和定制性,因而所需的物流服务也是独特的。

4.1.3 组织实施

物流为工程项目的施工服务,始于设计,终于工程现场安装。工程设计处于物流流程的开端,是物流的确定性因素。工程项目管理贯穿物流管理,同时也是物流的目标。因此,在物流过程中,设计商、承包商和业主具有重要的作用。在建设全过程中,他们任何一方都扮演着3个不同的角色:供应者、过程处理者和客户。业主是设计商的客户,为设计商提供必要的信息和要求。通过设计商为他提供的服务,业主审核设计方案和材料需求计划,为承包商提供材料规格等信息。在此过程中,承包商成为设计商的客户,通过设计商的计划和要求进行施工,为业主提供满意的建筑设施。为保证工程按期完成,设计商、承包商和业主必须高度协同分析各个环节上的物流信息,合理制订和调节物料需求计划。

4.2 发货管理

物流过程是材料从供应商处进入组织范围,通过在各个组织内部的流通运作,最后交付于用户。对于一个建设工程项目,施工现场可以看作一个外部用户,原材料供应商是物流链中的外部供应商。利用原材料进行的生产和成品的存储,就是组织内部的材料管理。当多个供应商和工程项目同时处于物流系统中时,它们便形成了工程供应链物流网络。

物料占工程成本的50%~70%,物料的质量与分配会给施工技术的实施带来重大影响。通过软硬件结合、借助互联网技术和物联网技术,实现物料进、出现场数据的自动采集,全方位管控材料进场、验收各环节,堵塞验收管理漏洞,监察供应商供货偏差情况,以及预防虚报进场材料等,实现物料数字化管理,提高施工技术实施效率的同时,规范施工物料使用,提高企业效益。

场内物流水平高低的判断标准:一是用人多少,二是工人移动量多少。用人越少越好,工人移动量越少越好。要解决这两大问题,必须从工厂生产线设计源头解决。目前市场上设备厂家提供的生产线大多只能解决能否生产的问题,不能解决生产效率高低的问题。所以,仅单纯地采购生产线是不够的,必须事先考虑生产线的协同设计,提前做好不同生产线的协同,生产线与场内原材料、模具预埋件的协同等。设计生产线时,必须严格设计好工位,争取将工位数量减到最低。同时,工位的工作幅度要尽可能偏小,让工人在工作时来回活动的范围尽可能小,这样可极大地降低每个工作的操作难度,提升效率。同样重要的是设计好工位之间的物流衔接,PC工厂在工位之间一定要做到无缝衔接,将有动力装置与无动力装置紧密配合好，让各种模具、预埋件、成品钢筋等自动运送到各工位，从而尽可能消除工位之间的手工搬运。这种场内物流方式就是集成必要数量的部品在必要的时间供给到必要地点的一种物流方式，这是未来的发展方向。如果能做到这一点，PC工厂的单方人工费很有可能大幅度地降低，形成极大的市场竞争力。场内物流的设计，在工厂建设初期就要设计好、规划清晰，若等到工厂建成之后才发现问题，再去技改的话，难度会很大，也会极大地影响生产。

场外物流相比场内物流，场外物流水平高低更显性一些，一旦产生差错，矛盾会立即爆发。

现在市场上的装配式建筑项目大多数设计、制造与总包都是分割的，在PC构件物流上，很容易产生矛盾，产生纠纷，从而极大地降低效率。其实要解决好场外物流矛盾，其核心只有一个：一切以现场PC构件的吊装顺序来安排生产和运输，先吊装的先生产、先装车。因为PC工厂只能按现场的要求进行生产，对于构件之间的逻辑顺序是不清楚的，所以现场总包单位在下达生产订单时，一定要下达生产顺序和PC构件的装车顺序，确保运到现场的PC构件是按照吊装顺序装车的。目前施工总承包企业对PC构件的管理水平不够，习惯于按其他材料来进行管理。而PC构件不同于其他部件，它的体积大、自重大，一般机具无法移动它，一旦顺序不对，就会产生错乱。

在装配式建筑项目物流的订单管理中，包含采购订单、采购单入库、生产订单、生产、成品入库、销售订单、成品出库和发货环节，如图4.2所示。装配式项目的物流运输从发货管理开始。

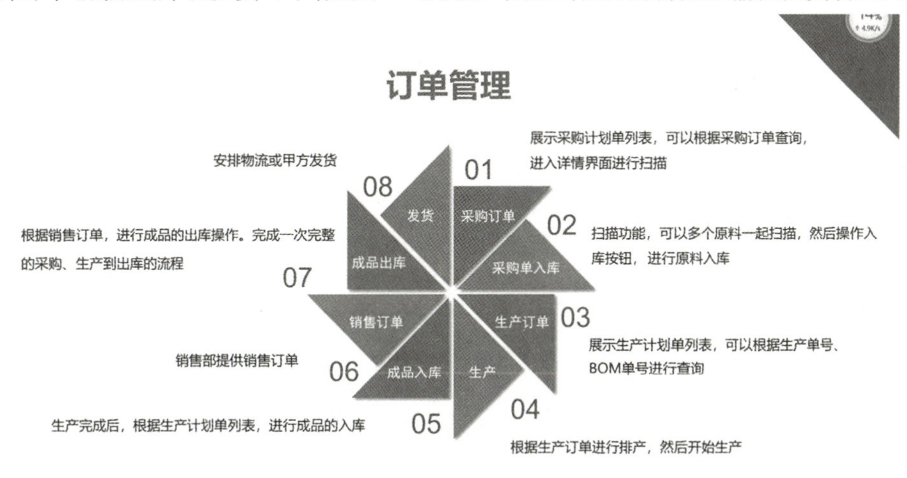

图4.2　订单管理环节

4.3　运输组织安排

装配式建筑工程分场外运输和场内运输。场外运输重点考虑构件运输时间、运距、路线、限高等；场内运输重点考虑转弯半径、道路承载力、卸料点、循环道路等。规划场内道路应满足构件运输车辆、吊装车辆通行，如果运输车辆、吊装车辆在车库顶板通行时，还应考虑车库顶板承载力是否满足，并与设计单位进行确认；预制构件堆场应满足人、机、料、法、环保及安全、消防要求，如果预制构件堆放在车库顶板上，还应考虑车库顶板承载力是否满足,并与设计单位进行确认,重大构件需要采用吊装车辆时,还应考虑车辆占位。

4.3.1 运输准备

(1)技术准备

①根据施工总包单位需求计划,安排构件的装车计划,编制构件的装车计划。

②根据构件的重量和外形尺寸,设计并制作好运输支架,以通用型为主。

③应编制构件装卸方案,包括构件装车时起吊点及起吊方法、构件最不利截面的抗裂计算等。

④质检员应确定构件的质量、工程名称、构件名称、生产日期及合格的标记等构件信息,并确定装车日期。

⑤构件装车前应对装车人员进行技术交底,并由交底双方签字确认。

(2)施工机具

①厂地内机具:行车(龙门吊)、叉车、汽车起重机。

②安全防护机具:运输支架、抗弯拉索、捆绳、葫芦架、花篮螺丝、收紧器等。

(3)作业条件

①装车前应保证吊运机具行车道路地面平整,并已进行硬化处理,确保吊运机具的行车宽度和转弯半径。

②吊运机具应进行功能检查、调试;运输车辆应进行车况检查。

③装车吊运工应持有操作证资格,并做好安全防护。

4.3.2 装车操作基本要求

凡需现场拼装的构件应尽量将构件成套装车或按安装顺序装车运至安装现场。构件起吊时应拆除与相邻构件的连接,并将相邻构件支撑牢固。对大型构件(如外墙板),宜采用龙门吊或行车吊运。对带阳台或飘窗造型构件,宜采用“C”形卡平衡吊梁。对小型预制构件,宜采用叉车、汽车起重机转运。当构件采用龙门吊装车时,起吊前应检查吊钩是否挂好、构件中螺丝是否拆除等,避免影响构件起吊安全。构件从成品堆放区吊出前,应根据设计要求或强度验算结果,在运输车辆上支设好运输架。外墙板宜采用竖直立放方式运输,应采用专用支架运输,支架应与车身连接牢固,墙板饰面层应朝外,构件与支架应连接牢固(图4.3)。

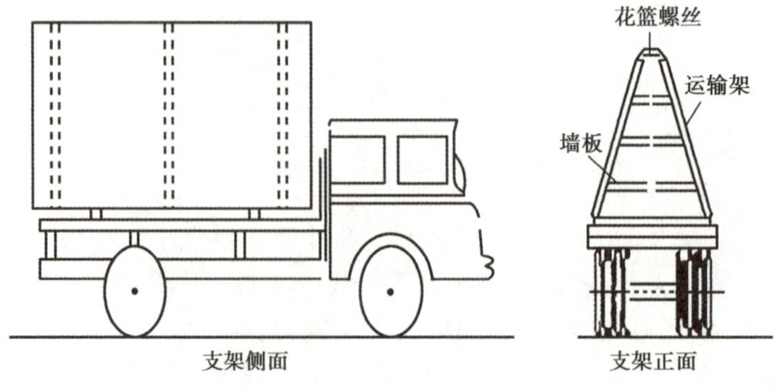

图4.3　构件直立运输支架

楼梯、阳台、预制楼板、短柱、预制梁等小型构件宜采用平运方式(图 4.4),装车时支点搁置要正确,位置和数量应按设计要求进行。根据构件形状及构件重心位置分布,合理设定预制构件吊点位置。预埋吊具宜选用预埋吊钩(环)或可拆卸的埋置式接驳器。构件装车时的吊点和起吊方法,不论上车运输还是卸车堆放,都应按设计要求和施工方案确定。吊点的位置还应符合下列规定:

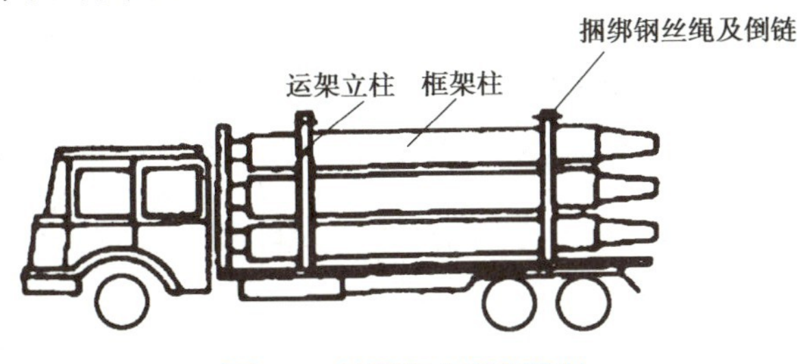

图 4.4　载重汽车运框架柱

①两点起吊的构件,其吊点位置应高于构件的重心或起吊千斤顶与构件的上端锁定点高于构件的重心。

②细长的和薄型的构件起吊可采用多吊点或特制起吊工具,吊点和起吊方法按设计要求进行,必要时由施工技术人员计算确定。

③变截面的构件起吊时,应平起平放,否则截面面积小的一端应先起升。

运输构件的搁置点:等截面构件在长度 1/5 处,板的搁置点在距端部 200~300 mm 处。其他构件视受力情况确定,搁置点宜靠近节点处。构件起吊时应保持水平,慢速起吊并注意观察。下落时平缓,落架时应防止摇摆碰撞,损伤货品棱角或表面瓷砖。构件装车时应轻起轻落、左右对称放置车上,保持车上荷载分布均匀;卸车时按后装的先卸的顺序进行,使车身和构件稳定。构件装车编排应尽量将重量大的构件放在运输车辆前端中央部位,重量小的构件放在运输车辆两侧,并降低构件重心,使运输车辆平稳,行驶安全。采用平运叠放方式运输时,叠放在车上的构件之间应采用垫木,垫木在同一条垂直线上,且厚度相等。有吊环的构件叠放时,垫木的厚度应高于吊环的高度,且支点垫木上下对齐,并应与车身绑扎牢固。构件与车身、构件与构件之间应设有板条、草袋等隔离体,避免运输时构件滑动、碰撞。预制构件固定在装车架后,应用专用帆布带或夹具或斜撑夹紧固定,帆布带压在货品的棱角前应用角铁隔离,构件边角位置或角铁与构件之间接触部位应用橡胶材料或其他柔性材料衬垫等缓冲。对于不容易调头和又重又长的构件,应根据其安装方向确定装车方向,以利于卸车就位。临时加长车身,在车身上排列数根(数量由计算确定)超过车身长度的型钢(如工字钢、槽钢等)或大木方(截面 200 mm×300 mm),使之与车身连接牢固;装车时将构件支点置于其上,使支点超出车身,超出的长度由计算确定。构件抗弯能力较差时,应设抗弯拉索(图 4.5),拉索和捆扎点应计算确定。采用拖车装运方法运输,若需在公路行驶,须经交通管理部门批准方可实施。

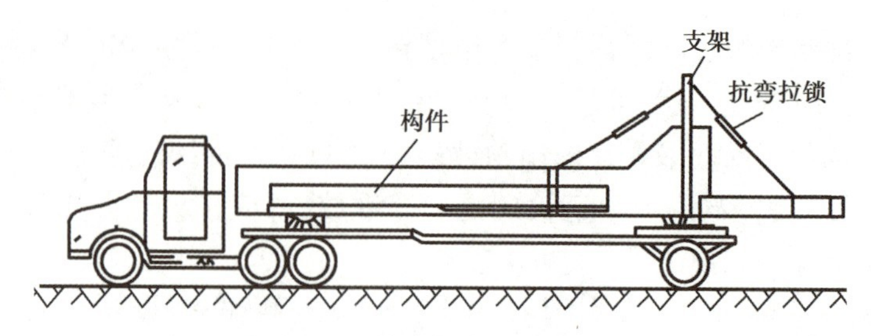

图 4.5　设抗弯拉索的运输方法

4.3.3　构件的运输

1)运输准备

(1)技术准备

①应组织有司机参加的有关人员进行运输道路的情况查勘,包括沿途上空有无障碍物、公路桥的允许负荷量、通过的涵洞净空尺寸等。如沿途横穿铁道,应查清火车通过道口的时间。

②对司机进行交底。运输超高、超宽、超长构件时,应在指定路线上行驶。牵引车上应悬挂安全标志,超高的部件应由专人照看,并配备适当器具,保证在有障碍物情况下能够安全通过。

(2)运载机具(载重汽车、平板拖车)

(3)作业条件

①运输车辆应车况良好,刹车装置性能可靠;使用拖挂车或两平板车连接运输超长构件时,前车上应设转向装置,后车上设纵向活动装置,且有同步刹车装置。

②运输道路畅通,无交通事故或事故不影响通行。

③混凝土预制构件装车完成后,应再次检查装车后的构件质量。对于在装车过程中造成的构件碰损部位,应立即安排专业人员修补处理,保证装车的预制构件合格。

2)运输基本要求

①场内运输道路必须平整坚实,经常维修,并有足够的路面宽度和转弯半径。载重汽车的单行道宽度不得小于 3.5 m,拖车的单行道宽度不得小于 4 m,双行道宽度不得小于 6 m;采用单行道时,要有适当的会车点。载重汽车的转弯半径不得小于 10 m,半拖式拖车的转弯半径不宜小于 15 m,全拖式拖车的转弯半径不宜小于 20 m。

②构件在运输时应固定牢靠,以防在运输中途倾倒,或在道路转弯时车速过高被甩出。

③根据路面情况掌握行车速度,道路拐弯必须降低车速。采用公路运输时,若通过桥涵或隧道,则装载高度对二级以上公路不应超过 5 m,对三、四级公路不应超过 4.5 m。

④装有构件的车辆在行驶时,应根据构件类别、行车路况控制车辆的行车速度,保持车身平稳,注意行车动向,严禁急刹车,避免事故发生。构件的行车速度应不大于表 4.1 规定的数值。构件宜集中运输,避免边吊边运。

表4.1 行车速度参考表

单位:km/h

构件分类	运输车辆	人车稀少道路平坦视线清晰	道路较平坦	道路高低不平坑坑洼洼
一般构件	汽车	50	35	15
长、重构件	汽车	40	30	15
	平板(拖)车	35	25	10

⑤评估装车后车辆安全运行状况,通知司机试运行一小段距离确保安全后,签署货物放行条、随车产品品质质量控制资料及产品合格证,顺利送抵安装现场。

4.4 进场工作

进场工作分为进场检验和进场堆放。进场检验前要查看现场是否平整坚实,并有排水措施;卸放、吊装工作范围内不应有障碍物。做好安装准备:选择起重设备、吊具和吊索;测量放线后,标出安装定位标志,必要时应提前安装限位装置;预制构件搁置的底面应清理干净。进场堆放涉及堆放前准备及不同部件堆放要求。

4.4.1 进场检验

(1)构件进场检查

预制构件进场前,应对构件生产单位设置的构件编号、构件标识进行验收;预制构件进场时,混凝土强度应符合设计要求。当设计无具体要求时,混凝土同条件立方体抗压强度不应小于混凝土强度等级值的75%。预制构件尺寸偏差应符合规范的规定。预制构件有粗糙面时,与预制构件粗糙面相关的尺寸允许偏差可放宽1.5倍。装饰、保温一体化等技术体系生产的预制部品、构件应符合国家相关标准和规范的规定。

(2)预制构件进场验收

①对预制混凝土构件的外观质量进行检验,并留技术资料。

②对预制构件尺寸偏差进行检查。

③对预制构件灌浆套筒、电气预埋管、盒、吊装预留吊环等预留预埋件进行检查。

(3)材料进场验收

①螺栓及连接件进场验收。

②灌浆材料及坐浆材料进场验收。

③外墙密封胶进场验收。

④钢筋定位钢板进场验收。

(4)提交主要文件和记录

装配式混凝土结构验收时,除应按现行国家标准《混凝土结构工程施工质量验收规范》(GB 50204)的要求提供文件和记录外,尚应提供下列文件和记录:

①工程设计文件、预制构件制作和安装的深化设计图。

②预制构件、主要材料及配件的质量证明文件、进场验收记录、抽样复试报告。

③预制构件安装施工记录。

④钢筋套筒灌浆连接的施工检验记录。

⑤后浇混凝土部分的隐蔽工程检查验收文件。

⑥后浇混凝土、灌浆料、坐浆材料强度检测报告。外墙防水施工质量检验记录。

⑦装配式结构分项工程质量验收文件。

⑧装配式工程的重大质量问题的处理方案和验收记录,装配式工程的其他文件和记录。

4.4.2 进场堆放

1)卸货堆放前准备

(1)技术准备

①构件运进施工现场前,应对堆放场地占地面积进行计算,根据施工组织设计编制现场堆放场内构件堆放的平面布置图。

②混凝土构件卸货堆放区应按构件型号、类别进行合理分区,集中堆放,吊装时可进行二次搬运。

(2)作业条件

①堆放场地应平整坚实,基础四周松散土应分层夯实,堆放应满足地基承载力要求。

②混凝土构件存放区域应在起重机械工作范围内。

2)构件场内卸货

(1)堆放基本要求

①堆放构件的地面必须平整坚实,进出道路应畅通,排水良好,以防构件因地面不均匀下沉而倾倒。

②构件应按型号、吊装顺序依次堆放,先吊装的构件应堆放在外侧或上层,并将有编号或有标志的一面朝向通道一侧。堆放位置应尽可能在安装起重机械回转半径范围内,并考虑到吊装方向,避免吊装时转向和再次搬运。

③构件的堆放高度,应考虑堆放处地面的承压力和构件的总重量以及构件的刚度及稳定性的要求。柱子不得超过2层,梁不得超过3层,楼板不得超过6层。

④构件堆放要保持平稳,底部应放置垫木。成堆堆放的构件应以垫木隔开,垫木厚度应高于吊环高度,构件之间的垫木要在同一条垂直线上,且厚度要相等。

⑤堆放构件的垫木应能承受上部构件的重量。

⑥构件堆放应有一定的挂钩绑扎间距,堆放时,相邻构件之间的间距不小于200 mm。

⑦对侧向刚度差、重心较高、支承面较窄的构件,应立放就位,除两端垫垫木外,还应搭设支架或用支撑将其临时固定,支撑件本身应坚固,支撑后不得左右摆动和松动。

⑧数量较多的小型构件堆放应符合下列要求:堆放场地须平整,进出道路应畅通,且有排水沟槽;不同规格、不同类别的构件分别堆放,以易找、易取、易运为宜;如采用人工搬运,堆放时尚应留有搬运通道。

⑨对于特殊和不规则形状构件的堆放,应制订堆放方案并严格执行。

⑩采用靠放架立放的构件，必须对称靠放和吊运，其倾斜角度应保持大于 80°，构件上部宜用木块隔开。靠放架宜用金属材料制作，使用前要认真检查和验收，靠放架的高度应为构件的 2/3 以上。

(2)安全施工

①构件应堆放整齐牢固，防止构件失稳伤人。

②严禁超载装运。

③装运作业时必须统一号令，明确指挥，密切配合。

④绑扎构件的索具应定期进行检查，对有损坏的索具应做出鉴定。

⑤起重机安全操作应满足相关要求。

起重机安全操作要求

3)预制构件装卸

装卸位置应在塔吊吊运半径范围内，周边不应有障碍物，并应有满足预制构件周转使用的场地。控制要点有：

①预制阳台板(预制阳台堆垛见图 4.6)、空调板等预制构件吊装至安装位置后，需设置水平抗滑移的连接措施，必要时与现浇部位的梁板构件附加必要的焊接连接。

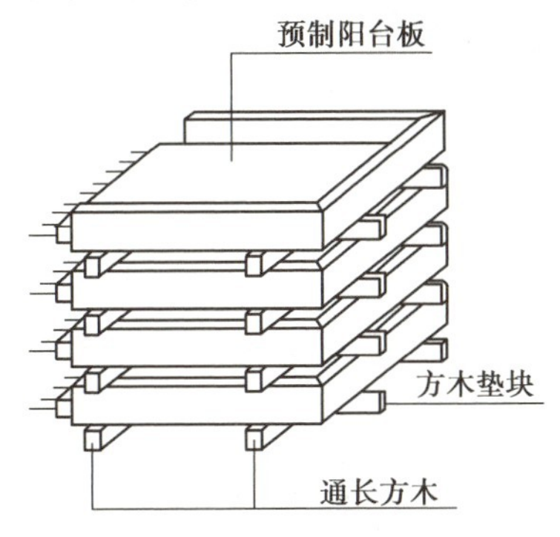

图 4.6　预制阳台堆垛图

②阳台板、空调板安装时应根据图纸尺寸确定挑出长度，阳台板、空调板的外边缘应与已施工完成层阳台板、空调板外边缘在同一直线上。

③预制阳台板、空调板外侧须有安全可靠的临边防护措施，确保预制阳台板、空调板上部施工人员操作安全。

④预制构件的堆放应考虑便于吊升及吊升后的就位，应做好构件堆放的布置图(预制板式楼梯堆垛见图 4.7)，以便一次吊升就位，减少起重设备负荷开行。施工现场预制构件堆放区场地应整平压实，不积水，设置排水措施。构件堆放应按规格、类型、所用部位、吊装顺序分别设置，堆放场地布置应能满足构件堆放数量以及塔吊吊运半径范围，以免预制构件吊装时相互影响同时避免构件二次吊运，堆垛之间宜设置通道。

⑤施工现场各种材料分类堆放、码放整齐并悬挂标识牌，严禁乱堆乱放，不得占用临时道路和施工便道。

⑥施工现场要设置废弃物临时置放点，并指定专人管理，专人管理负责废弃物的分类、放置及管理工作，废弃物清运应符合有关规定。应设置环保降尘设备，便于构件堆场扬尘环保管理，同时设置专项人员进行全周期管理。

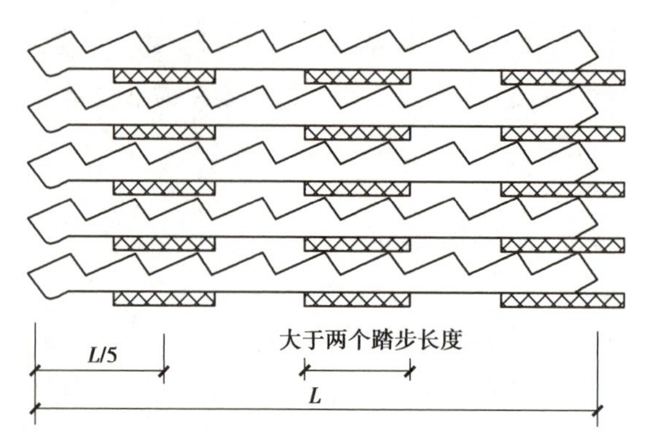

图 4.7　预制板式楼梯堆垛图

4）构件存放要求

（1）混凝土预制构件存放方案

构件的存储方案主要包括：确定预制构件的存储方式、设计制作存储货架、计算构件的存储场地和相应辅助物料需求。

①确定预制构件的存储方式：根据预制构件（叠合板、墙板、楼梯、梁、柱、飘窗、阳台等）的外形尺寸，可以把预制构件的存储方式分成叠合板、墙板专用存放架存放和楼梯、梁、柱、飘窗、阳台叠放。

②设计制作存储货架：根据预制构件的重量和外形尺寸进行设计制作，且尽量考虑运输架的通用性。

③计算构件的存储场地：根据项目包含构件的大小、方量、存储方式、调板、装车便捷及场地的扩容性情况，划定构件存储场地和计算存储场地面积需求。

④计算相应辅助物料需求：根据构件的大小、方量、存储方式计算出相应辅助物料需求（存放架、木方、槽钢等）数量。

⑤构件一般储放工装、治具见表 4.2。

表 4.2　构件一般储放工装、治具配置

序号	工装/治具	工作内容
1	龙门吊	构件起吊、装卸，调板
2	外雇汽车吊	构件起吊、装卸，调板
3	叉车	构件装卸
4	吊具	叠合楼板构件起吊、装卸，调板
5	钢丝绳	构件（除叠合板）起吊、装卸，调板
6	存放架	墙板专用存储
7	转运车	构件从车间向堆场转运
8	专用运输架	墙板转运专用
9	木方（100 mm×100 mm×250 mm）	构件存储支撑
10	工字钢（110 mm×110 mm×3 000 mm）	叠合板存储支撑

(2)预制构件主要存放方式

①叠合楼板的放置。叠合板应放在指定的区域存放,存放区域地面应保证水平。叠合板须分型号码放、水平放置。第一层叠合楼板应放置在"H"型钢(型钢长度根据通用性一般为 3 m)上,保证桁架筋与型钢垂直,型钢距构件边 500~800 mm。层间用 4 块 100 mm×100 mm×250 mm 的木方隔开,四角的 4 个木方平行于型钢放置,存放层数不超过 8 层(6 层),高度不超过 1.5 m。

②墙板立方专用存放架存储。墙板采用立方专用存放架存储,墙板宽度小于 4 m 时,墙板下部垫 2 块 100 mm×100 mm×250 mm木方,两端距墙边 30 mm 处各一块木方;墙板宽度大于 4 m 或带门口洞时,墙板下部垫 3 块 100 mm×100 mm×250 mm 木方,两端距墙边 300 mm 处各一块木方,墙体中心位置处一块(图 4.8)。

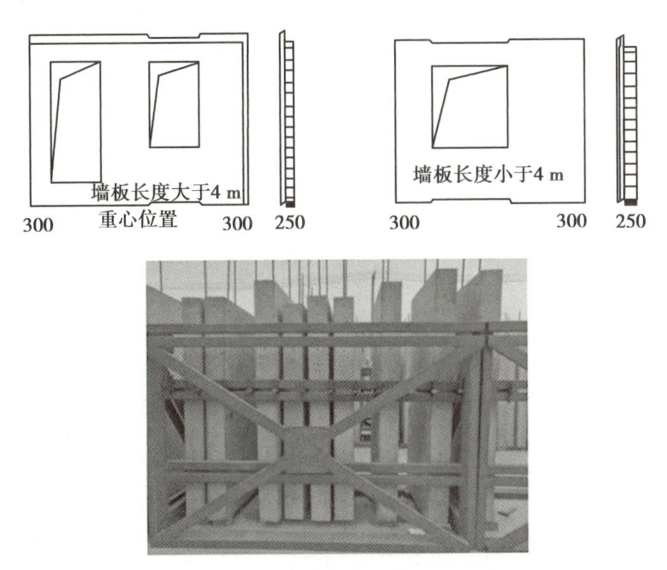

图 4.8　墙板的放置

③楼梯的储存。楼梯应放在指定的存放区域,存放区域地面应保证水平。楼梯应分型号码放。折跑梯左右两端第二个、第三个踏步位置应垫 4 块 100 mm×100 mm×500 mm 木方,距离前后两侧为250 mm,保证各层间木方水平投影重合,存放层数不超过 6 层(图 4.9)。

④梁的储存。梁应放在指定的存放区域,存放区域地面应保证水平,须分型号码放、水平放置。第一层梁应放置在"H"型钢(型钢长度根据通用性一般为 3 m)上,保证长度方向与型钢垂直,型钢距构件边 500~800 mm,长度过长时应在中间间距 4 m 放置一个"H"型钢,根据构件长度和重量最高叠放 2 层。层间用 100 mm×100 mm×500 mm 的木方隔开,保证各层间木方水平投影重合于"H"型钢(图 4.10)。

⑤柱的储存。柱应放在指定的存放区域,存放区域地面应保证水平。柱须分型号码放、水平放置。第一层柱应放置在"H"型钢(型钢长度根据通用性一般为 3 m)上,保证长度方向与型钢垂直,型钢距构件边 500~800 mm,长度过长时应在中间间距 4 m 放置一个"H"型钢,根据构件长度和重量最高叠放 3 层。层间用 100 mm×100 mm×500 mm 的木方隔开,保证各层间木方水平投影重合于"H"型钢(图 4.11)。

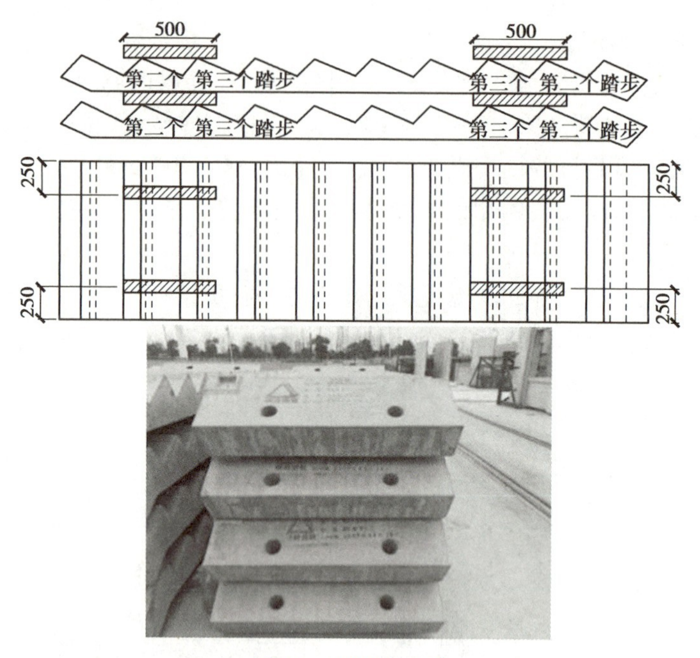

图 4.9　楼梯的放置

图 4.10　梁的放置

图 4.11　柱的放置

⑥飘窗的储存。飘窗采用立方专用存放架存储，飘窗下部垫 3 块 100 mm×100 mm×250 mm 木方，两端距墙边 300 mm 处各一块木方，墙体中心位置处一块(图 4.12)。

图 4.12　飘窗的放置

(3)安全防护措施

①应制订预制构件的运输与堆放方案,包括运输时间、次序、堆放场地、运输路线、固定要求、堆放支垫及成品保护措施等。对于超高、超宽、形状特殊的大型构件的运输和堆放应有专门的质量安全保证措施。

②预制构件的运输车辆应满足构件尺寸和载重的要求,装卸构件时应采取保证车体平衡的措施;构件运输时应采取防止构件移动、倾倒、变形等固定措施。

③预制构件堆放时,构件支垫应坚实,垫块在构件下的位置宜与脱模、吊装时的起吊位置一致;重叠堆放构件时,每层构件间的垫块应上下对齐,堆垛层数应根据构件、垫块的承载力确定,并应根据需要采取防止堆垛倾覆的措施。

④当采用靠放架堆放或运输构件时,靠放架应具有足够的承载力和刚度,与地面倾斜角度宜大于 80°;运输构件时应采取固定措施。当采用插放架直立堆放或运输构件时,宜采取直立运输方式;插放架应有足够的承载力和刚度,并应支垫稳固。

4.5　成品保护

PC 结构在运输、堆放和吊装的过程必须要注意成[illegible]的过程中采用钢架辅助运输,运输墙板时,车启动慢,车速应匀,转弯[illegible]倾覆,在 PC 结构与钢架结合处采用棉纱或者橡胶块等,保证在运[illegible]钢架不因碰撞而破损。堆放的过程中采用钢扁担将 PC 结构在吊装过程[illegible]稳和轻放,在轻放前也要在 PC 结构堆放的位置放置棉纱或者橡胶块或者枕木等,[illegible]结构的下部保持柔性结构;楼梯、阳台等 PC 结构必须单块堆放,叠放时用四块尺寸大小统一的木块衬垫,木块高度必须大于叠合板外露马镫筋和棱角等的高度,以免 PC 结构受损,同时衬垫上适度放置棉纱或者橡胶块,保持 PC 结构下部为柔性结构。在吊装施工的过程中更要注意成品保护的方法,在保证安全的前提下,要使 PC 结构轻吊轻放,同时安装前先将塑料垫片放在 PC 结构微调的位置,塑料垫片为柔性结构,这样可以有效地降低 PC 结构的受损。施工过程中楼梯、阳台等 PC 结构须用木板覆盖保护。浇筑前套筒连接锚固钢筋采用 PVC 管成品保护,防止在混凝土浇捣过程中污染连接筋,影响后期 PC 吊装施工。具体可总结如下:

①预制构件在运输、堆放、安装施工过程中及装配后应做好成品保护。

②预制构件在运输过程中,宜在构件与刚性搁置点处填塞柔性垫片。

③现场预制构件堆放处 2 m 内不应进行电焊、气焊作业。

④预制外墙板饰面涂刷表面可采用贴膜或用其他专业材料保护。

⑤预制构件暴露在空气中的预埋铁件应涂抹防锈漆,防止产生锈蚀。预埋螺栓孔应采用海绵棒进行填塞,防止混凝土浇捣时将其堵塞。

⑥预制楼梯安装后,踏步口宜铺设木条或采取其他覆盖形式保护。

4.6 装配式项目物流管理发展趋势

4.6.1 建立新型关系

施工单位应有意识地在供应商之间引入竞争机制,这样可以促进供应商在产品和服务质量及价格水平上进行优化,从而获得施工单位的青睐。同时,供应商为了能获取长期合作机会,就必然会对自身的产品及供应过程负责,这样也能有效控制某些短期行为的发生。相关单位领导负责人也应加入具体的业务谈判、交流及信息传递环节中,对于服务质量、态度及效益良好的供应商而言,可以建立一种长期合作关系。此外,还可以建立一种长期合作信息评估机制,单位及各个项目的负责人都应参与到同供应商的协商与沟通中,从而建立一种长效的互通及资源共享机制,做好全员共同参与,共创良好的双赢合作局面。

4.6.2 统筹降低成本

供应商为了自身利益,能与建设单位长期合作,便会把好自身产品的质量关,除了按照相关的材料图纸来制作之外,同时也会保证产品达到国家规定的相关标准,这样才能更好地达到合同的需求。采用这样的方式,能最大化地减少退货的发生,同时也会减少交通、通信、检验试验等环节的重复操作费用,从而降低了工程项目的成本。此外,供应商满足了建设单位的需求,并且获得建设单位的认可之后,也能避免自身信誉受到影响,巩固了与建设单位之间的长期合作关系,间接地节约了建设单位的采购流程及物流管理成本。为了减少工程项目中的重复操作增加的成本开支,建设单位便可以将这几个项目联合起来进行招标。一般应选择那些长期合作的对象作为理想对象,但也不是绝对化的,而应在具体的协商中寻求最好的合作关系,确保供应商的信誉良好,保证服务态度及质量的同时,还要使得采购单价尽量低,这样才能降低总的采购成本。

把供应链管理论应用到装配式建筑的建造过程当中,可以有效缩短建设工期和提高工程质量,降低工程成本。建筑供应链是指以业主需求为目标,建筑项目从项目规划(包括项目总体规划、可行性研究等工作)、项目的设计(方案设计、初步设计、施工图设计)、项目的实施(主要是现场施工)到项目后期的运营维护整个建设过程中的相关活动和所有组织机构形成的建设网络。装配式建筑供应链区别于传统建筑供应链的最重要的一点是:供应链的参与主体中出现了预制构件生产商和供应商,供应商一般由第三方物流承担。传统建筑供应链中,采购商将原材料采购完成后,送到施工现场供施工单位使用,而在装配式建筑中构件生产商完成材料采购后还进行预制件、部品的生产制造，构件制作完成后由第三方物流运送至现场进行装配式施工（见表4.3）。

表4.3　装配式建筑供应链与传统建筑供应链的区别对比

对比项目	装配式建筑供应链	传统建筑供应链
生产方式	按订单制造	按订单制造
生产特点	具有规模化，可重复生产制造	一次性生产，不可复制
生产地点	构件生产，现场装配	现场现浇施工
设计	设计变化少	设计变更多
供应商的选择	谈判或者招标	招标
供应链企业间关系性质	可以建立长期的合作关系	大多为临时合作
企业间关系程度	标准化使得企业联系紧密	企业间关系松散
标准化程度	标准化程度高可以复制	标准化程度低

4.6.3　共享互助信息

供应商得到了建设单位的材料信息之后，在生产材料的时候就会有目的性地进行，同时也能根据进货要求来生产，从而提高了产品的符合度，有效避免了盲目生产而造成的货物不足或者堆积。准确的货物需求计划，能让供应商及早做好准备，从而保障交货时可以保质保量，同时也是降低供货成本及协助供应商管理产品的一种有效手段。BIM技术在物流管理中的实际应用有：场地选择与运输路线优化、准确采购计划的制订与物流成本实时监控、预制构件采购与长效供应机制的实现等。BIM技术改变了传统二维存储方式中信息割裂的问题，以其卓越的信息集成功能，可以快速调用场地周围环境信息，生成3D地形基础数据，继而进行场地环境分析，通过环境的模拟分析，结合路径优化的算法，迅速模拟生成适应于场地环境的运输路线，为施工顺利开展创造一个良好的开端。

4.6.4　精准物流管理

精准物流管理是以共享工程项目数据库为基础，动态实现物资库存状况监控和物资现场管理监控，精准预测和计划物资，选择最佳供应商和租赁公司，实现物资的精准、均衡供应。精准物流管理是一项系统性强、涉及范围广的系列活动。包括4个方面的工作：

①预测物资用量、编制物资供应计划。

②组织、采购或者调剂物资。

③物资的验收、储备、领用和配送。

④物资的统计、核算和盘点。供应渠道的选择是精准物流管理的核心业务之一，在整个供应链管理中地位非常突出。

4.6.5　重组物流平台

基于精准建造的建筑施工企业流程重组打破了原有部门界限，加快了建筑施工企业内外各职能部门之间的信息流通和反馈速度，节省了潜在的时间、节约了潜在的成本，为建筑施工企业精准物流管理提供了组织环境基础。

围绕发展战略，引入现代生产物流管理思想，把施工现有的材料管理体系按照现代物流管理理念的原则进行重新整合、规划，并建立符合现代物流管理要求的业务流程。

装配式建筑施工首先要从优化施工物流管理入手，要建立合理的物流管理机制，把施工现有的物资管理体系按照物流管理的原则进行重新整合，规划并建立符合物流管理要求的业务流程、组织构架、物资采购、加工整理、联合配送等系统，将单纯的采购、供应业务，全方位转化为面向工程项目部、面向施工现场的综合服务功能上来。企业在权衡运输成本及固定成本之下，将各个分散的作业流程集合起来，招用社会上已成熟的物流管理公司，利用社会资源整合现代物流中心的储位管理系统，借由适当的储位规划，凭借物流管理公司进行仓储管理可发挥延迟装配功能，以协助产业增加弹性、缩短交期及降低整体存货成本。并使企业能够快速回应供应商、顾客及季节性需求。工程一旦结束，工程建设单位将剩余回收的物资统一归到一处，缩小仓储规模。政府发挥宏观调控作用，在预制构件生产厂选址方面给予合理规划布局，积极在行业内推行构件标准化、模数化；企业根据市场需求，积极调整自有设备配置结构，并根据预制构件运输特点，对现有设备进行改造或研发，提高运输、装配的效率。区域性装配式建筑物流平台建成前后的物流系统对比如图 4.13 所示。

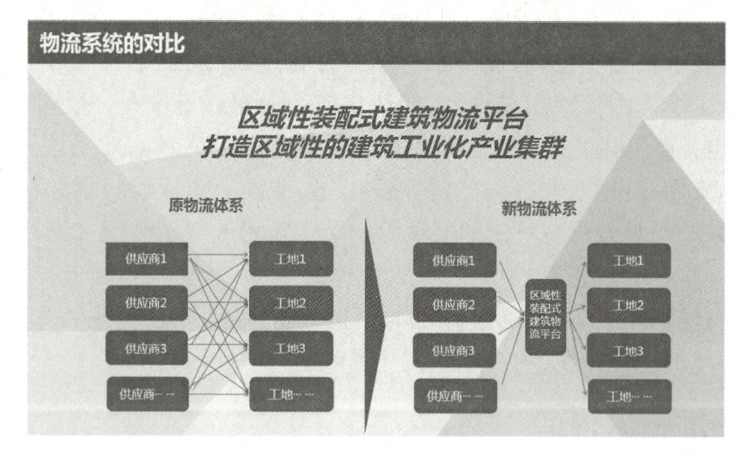

图 4.13　物流系统的对比

4.6.6　实施数字孪生

“数字孪生建筑”就是利用物理建筑模型，使用各种传感器全方位获取数据的仿真过程，在虚拟空间完成映射，以反映相对应的实体建筑的全生命周期过程，具有“精准映射、虚实交互、软件定义、智能干预”四大特点。数字孪生建筑通过各层面的传感器布设，实现对建筑的全面数字化建模，以及对建筑运行状态的充分感知、动态监测，形成虚拟建筑在信息维度上对实体建筑的精准信息表达和映射。未来数字孪生建筑中，在建筑实体空间可观察各类痕迹，在建筑虚拟空间可搜索各类信息，建筑规划、建设以及民众的各类活动，不仅在实体空间，而且在虚拟空间得到极大扩充，虚实融合、虚实协同将定义建筑未来发展新模式。数字孪生技术将带有三维数字模型的信息拓展到整个生命周期中去，最终实现虚拟与物理数据同步和一致。基于数字孪生的智慧建筑典型应用场景如图 4.14 所示。

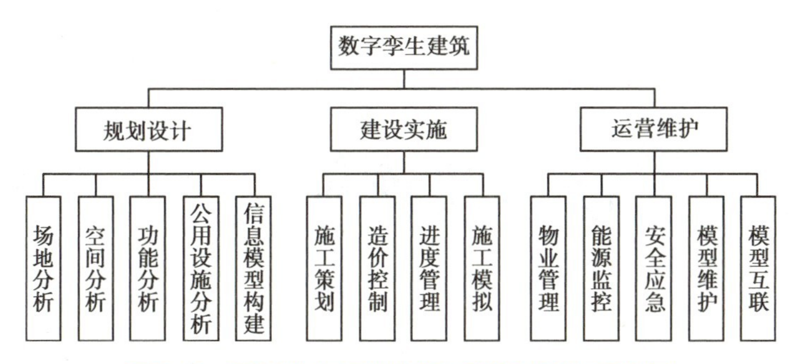

图 4.14　基于数字孪生的智慧建筑典型应用场景

基于数字孪生技术实现智慧建造的三维数字模型仿真、建造工艺流程仿真、人工智能深度融合、智慧建造。未来,随着以物联网、人工智能、虚拟现实、城市仿真等为代表的数字孪生体使能技术不断进步,大数据、云雾计算等基础设施的不断完善,"数字孪生建筑"应用成熟度的稳步提升,提供的智慧化应用越来越丰富。

所以,装配式项目物流管理发展趋势表现为物流服务产业化、社会化、竞争主体多元化;物流服务的大规模定制化;供应链物流一体化;物流信息化、标准化与高技术化;物流服务运作与管理模式不断创新化。

课后思考题

1.数字孪生对装配式建筑项目物流的作用体现在哪些方面?

2.装车操作基本要求有哪些?

3.如何理解装配式建筑工程物流特征?

延伸阅读

[1] 方媛.装配式建筑物流管理及成本分析[M].北京:中国建筑工业出版社,2018.

[2] 王子腾,朱屠昊,许明亮,等.装配式建筑部品部件运送方法的研究[J].物流工程与管理,2019,41(6):55-57.

[3] 丁少华.基于 BIM 的装配式建筑全产业链项目管理模式研究[J].建筑经济,2021,42(8):67-71.

第5章 装配式建筑项目现场规划管理

主要内容：学习装配式建筑项目现场规划管理，涵盖施工现场规划、大型施工机械设施规划、现场物流规划以及现场人流规划，特别是对于装配式建筑项目应用率较高的垂直运输设施做了更详细的阐述。

重难点：施工现场总平面图的要素，大型施工机械特别是垂直运输机械的布置要点。

学习目标：通过学习，使学生基本掌握现场规划的要点，能独立完成施工现场平面图的布置。

施工现场合理规划与管理是安全生产、文明施工的基本保障，是建筑施工企业展示良好企业管理水平的重要窗口。合理规划施工现场布局、优化现场物料管理工作流程也是建筑施工企业实现精细化成本管理的重要手段之一。施工企业合理规划场地布置，实现施工现场井然有序，避免大型机械和临时设置反复调整，减少构件二次搬运。本章节将结合装配式混凝土建筑的特点，梳理施工现场规划、施工现场物料管理的管理要点。

5.1 施工现场规划概述

装配式项目施工场景漫游

施工现场平面布置是在施工用地范围内，对各项生产、生活设施及其他辅助设施等进行规划和布置。现场规划主要体现在拟建预制装配式项目的建筑总平面上（包括周围环境），布置为施工服务的道路交通、临时设施、材料、施工机械、预制构件运输及堆放场地，各种临时建筑和水电管线等，是具体施工方案在现场的空间体现，即为施工现场总平面图设计布置。它反映已有建筑与拟建工程之间、临时建筑与临时设施之间的相互空间关系，布置得恰当与否、执行得好坏与否，对现场施工组织、文明施工、施工进度、工程成本、工程质量和安全都将产生直接影响。

1）施工阶段现场总平面图布置内容

①装配式建筑施工用地范围内的分布状况。

②施工现场机械设备布置情况（塔吊、人货梯等）。

③施工用地范围内的主次入口、构件堆放区、运输构件车辆装卸点、运输通道设置。

④供电、供水、供热设施与线路、排水排污设施、临时施工道路。

⑤办公用房和生活用房布置。

⑥全部拟建建（构）筑物和其他基础设施的位置关系。

⑦现场常规的建筑材料存放、加工及周转场地。

⑧必备的安全、消防、保卫和环保设施。

⑨相邻的地上、地下既有建(构)筑物的位置关系及相互影响。

2)施工阶段现场总平面图设计原则

①平面布置科学合理,减少施工场地占用面积。

②合理规划预制构件堆放区域,减少二次搬运,并将构件堆放区域单独隔离设置,禁止无关人员进入。

③施工区域的划分和场地的临时占用应符合总体施工部署施工流程的要求,减少相互干扰。

④充分利用既有建(构)筑物和既有设施为项目施工服务,降低临时设施的建造费用。

⑤临时设施应方便生产和生活,办公区、生活区、生产区宜分离设置。

⑥符合节能、环保、安全和消防等要求。

⑦遵守当地主管部门和建设单位关于施工现场安全文明施工的相关规定。

3)装配式建筑项目现场布置设计步骤

装配化建造方式布置施工总平面,宜规划主体装配区、构件堆放区、材料堆放区和运输通道。各个区域宜统筹规划布置,满足高效吊装、安装的要求,通道宜满足构件运输车辆平稳、高效、节能的行驶要求。

(1)设置大门,引入场外道路

施工现场宜考虑设置主次入口两个以上大门,引入场外道路。大门应考虑周边路网情况、道路转弯半径和坡度限制,大门的高度和宽度应满足大型运输构件车辆的通行要求。

施工现场必须采用封闭围挡,围挡高度郊区不得小于 1.8 m,市区不得小于 2.2 m。

(2)布置大型机械设备

根据最重预制构件重量及其位置进行塔式起重机选型,使得塔式起重机能够满足最重构件起吊要求。布置塔吊时,应充分考虑其塔臂覆盖范围、塔吊末端起吊能力、单体预制构件的重量与分布情况,以及预制构件的起卸、堆放和构件装配施工,还应考虑标准层施工进度要求。

(3)布置构件堆场等

设置原材料堆场、加工厂、成品材料堆场、预制构件堆场、材料周转区。

构件堆场应满足施工流水段的装配要求,且应满足大型运输构件车辆、汽车起重机的通行、装卸要求。吊装构件堆放场地要以满足 1 天施工需要为宜,同时为以后的装修作业和设备安装预留场地。预制构件堆场构件的排列顺序需提前策划,提前确定预制构件的吊装顺序,按先起吊的构件排布在最外端进行布置。为保证现场施工安全,构件堆场应设围挡,防止无关人员进入。

(4)布置运输构件车辆装卸点

装配式建筑施工构件采用大型车辆运输,运输构件多、装卸时间长,因此,应合理布置运输构件车辆构件装卸点,以免因车辆长时间停留影响现场内道路的畅通,妨碍现场其他工序的正常作业施工。装卸点应在塔式起重机或起重设备的塔臂覆盖范围内,且不宜设置在道路上。

(5)布置内部临时运输道路

施工现场道路应按照永久道路和临时道路相结合的原则布置。现场施工道路需尽量设置为环形道路,减少道路占用土地,其中构件运输道路需根据构件运输车辆载重设置成重载道路。道路尽量考虑永临结合并采用装配式路面,主干道应有排水措施。临时道路要把仓库、加工厂、构件堆场和施工点贯穿起来，按货运量大小设计双行干道或单行循环道以满足运输和消防要求，主干道宽度不小于 6 m。构件堆场端头处应有 12 m×12 m 的车场，消防车道宽度不小于 4 m，构件运输车辆转弯半径不宜小于 15 m。

(6)布置临时房屋

充分利用已建的永久性房屋，临时房屋用可装拆重复利用的活动房屋。生活办公区和施工区要相对独立。

①宿舍。宿舍室内净高不得小于 2.4 m，通道宽度不得小于 0.9 m，每间宿舍居住人员不得超过 16 人。施工现场宿舍必须设置开启式窗户。

②办公用房。办公用房包括办公室、会议室、资料室、档案室等。办公用房室内均高不应低于 2.5 m。办公室的人均使用面积不应小于 4 m^2，会议室使用面积不应小于 30 m^2。

(7)布置临时水电管网和其他动力设施

临时总变电站应设在高压线进入工地处，尽量避免高压线穿过工地。临时水池、水塔应设在用水中心和地势较高处。管网一般沿道路布置，供电线路应避免与其他管道设在同侧，同时支线应引到所有用电设备使用地点。

(8)规划清晰的人流、物流路线

图 5.1 是某装配式建筑项目的施工现场布置总平面图，其布置方案说明如下：

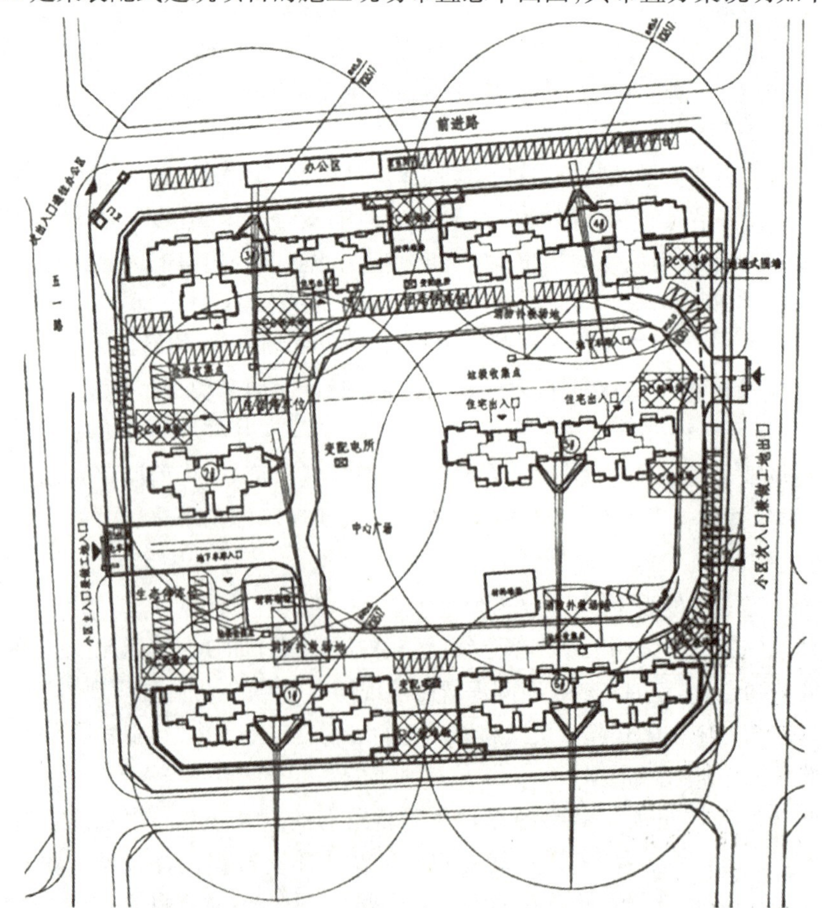

图 5.1　某施工现场总平面图

①将四周围墙外移，占用人行道，将地下室外墙边线与围墙之间的原状土压实，在其上浇筑混凝土，形成整个施工现场的环形通道。

②施工现场环形通道宽度6 m，考虑到预制构件运输车及混凝土罐车等建筑施工车辆的错车需求，在通道局部位置设置错车平台，同时将通道转弯处加宽，东面道路再格外拓宽至7 m。

③考虑预制构件的供应需求，沿施工现场环形通道，在各栋建筑周边均设置两个预制构件堆放场地，同时在合适位置设置相应材料加工场地。

④在施工现场西侧设置办公区与生活区，并单独设置办公区与生活区的出入口。

⑤将小区规划的主出入口与次出入口分别作为施工现场的主、次出入口，为了方便交通及运输，将主出入口设置在西侧，同时设置洗车池。

5.2　大型施工机械设施规划

5.2.1　垂直运输设施

1）垂直运输设施分类

由于凡具有垂直（竖向）提升（或降落）物料、设备和人员功能的设备（施）均可用于垂直运输作业，种类较多，可大致分以下5类：

（1）塔式起重机

塔式起重机具有提升、回转、水平输送（通过滑轮车移动和臂杆仰俯）等功能，是重要的吊装设备，也是重要的垂直运输设备，用其垂直和水平吊运长、大、重的物料，仍是其他垂直运输设备（施）所不及。

（2）施工电梯

多数施工电梯为人货两用，少数仅供货用。电梯按其驱动方式可分为齿条驱动和绳轮驱动两种：齿条驱动电梯又有单吊箱（笼）式和双吊箱（笼）式两种，并装有可靠的限速装置，适合20层以上建筑工程使用；绳轮驱动电梯为单吊箱（笼），无限速装置，轻巧便宜，适合20层以下建筑工程使用。

（3）物料提升架

物料提升架包括井式提升架（简称"井架"）、龙门式提升架（简称"龙门架"）、塔式提升架（简称"塔架"）和独杆升降台等。

（4）混凝土泵

它是水平和垂直输送混凝土的专用设备，用于超高层建筑工程时则更显示出它的优越性。混凝土泵按工作方式分为固定式和移动式两种；按泵的工作原理则分为挤压式和柱塞式两种。目前，我国已使用混凝土泵施工高度超过300 m的电视塔。

2）垂直运输设施的设置要求

①覆盖面和供应面。塔吊的覆盖面是指以塔吊的起重幅度为半径的圆形吊运覆盖面积；垂直运输设施的供应面是指借助于水平运输手段（手推车等）所能达到的供应范围，其

水平运输距离一般不宜超过 80 m。建筑工程的全部作业面应处于垂直运输设施的覆盖面和供应面的范围之内。

②供应能力。塔吊的供应能力等于吊次乘以吊量(每次吊运材料的体积、质量或件数);其他垂直运输设施的供应能力等于运次乘以运量,运次应取垂直运输设施和与其配合的水平运输机具中的低值。另外,还需乘以一个数值为 0.5~0.75 的折减系数,以考虑难以避免的因素对供应能力的影响(如机械设备故障、人为的耽搁等)。垂直运输设备的供应能力应能满足高峰工作量的需要。

③提升高度。设备的提升高度能力应比实际需要的升运高度高出不少于 3 m,以确保安全。

④水平运输手段。在考虑垂直运输设施时,必须同时考虑与其配合的水平运输手段。当使用塔式起重机作垂直和水平运输时,要解决好料笼和料斗等材料容器的问题。由于外脚手架(包括桥式脚手架和吊篮)承受集中荷载的能力有限,因此一般不使用塔吊直接向外脚手架供料;当必须用其供料时,则需视具体条件分别采取以下措施:

a.在脚手架外增设受料台,受料台则悬挂在结构上(准备 2~3 层用量,用塔吊安装);

b.使用组联小容器,整体起吊,分别卸至各作业地点;

c.在脚手架上设置小受料斗(需加设适当的拉撑),将砂浆分别卸注于小料斗中。

当使用其他垂直运输设施时,一般使用手推车(单轮车、双轮车和各种专用手推车)作水平运输。其运载量取决于可同时装入几部车子以及单位时间内的提升次数。

⑤装设条件。垂直设施装设的位置应具有相适应的装设条件,如具有可靠的基础、与结构拉结和水平运输通道条件等。

⑥设备效能的发挥。必须同时考虑满足施工需要和充分发挥设备效能的问题。当各施工阶段的垂直运输量相差悬殊时,应分阶段设置和调整垂直运输设备,及时拆除已不需要的设备。

5.2.2 垂直运输机械的布置

垂直运输机械的位置直接影响仓库、搅拌站、各种材料固件等的位置及道路和水电线的布置,因此它是施工现场布置的核心,需要首先确定。

(1)塔式起重机的布置

塔式起重机又称塔吊,既可以进行垂直运输也可进行现场的水平运输,它分为固定式、轨道式、内爬式、附着式 4 种。

布置塔式起重机的轨道时,要结合建(构)筑物的平面形状和四周的场地条件综合考虑,要使建(构)筑物平面尽量处于塔臂的活动范围之内,避免出现“死角”,要使构件、成品及半成品、堆放位置及搅拌站前台尽量处于塔臂的活动范围之内,同时做好轨道四周的排水工作。布置塔吊时还要注意安塔、拆塔是否有足够的场地,尤其是拆塔。同时,还应注意塔基是否坚实可靠,双塔回转时是否有重合碰撞的可能等。

固定式塔式起重机不需铺设轨道,但其作业范围比有轨式塔式起重机小。附着式塔式起重机占地面积小,且起重高度大,可自升高,但对建(构)筑物作用有附着力。其塔基多为桩基或厚大体积的钢筋混凝土塔基，塔基的施工与结构基础施工尽量同步进行。内爬式塔式起重机布置在建（构）筑物内侧，且作用有效范围大，适用高层建（构）筑物的施工。两种机械的布置均应在满足起重高度和起重量的前提下进行，使拟建建（构）筑物在塔吊半径的回转范围之内。

（2）固定式垂直运输设备的布置

固定式垂直运输设备包括井架、门架、桅杆式起重机等，它们的布置主要根据其机械性能、建（构）筑物的平面形状和大小、施工段的划分情况、起重高度、材料和构件的重量、运输道路等情况而定。其目的是充分发挥起重机械的能力，做到使用安全、方便，便于组织流水施工，并使地面与楼面上的水平运输距离最短。固定式起重运输设备中卷扬机的位置与井架、门架等距离要适中，以使司机能够看到整个升降过程。井架、龙门架的数量要根据施工进度、垂直提升的构件和材料数量、台班的工作效率等因素确定，其服务范围一般为 50～60 m。井架应立在外脚手架之外，并有一定距离为宜，一般为 5～6 m。

（3）自行杆式起重机的布置

布置自行杆式起重机时，要考虑其起重高度、构件的重量、回转半径、吊装方法、建（构）筑物的平面形状等。对于装饰工程，一般只考虑固定式垂直运输设备最小起重臂长的影响，避免臂杆与已建构件相碰撞。自行杆式起重机的开行路线要尽量短，尤其是对汽车式或轮胎式起重机，尽量使其停机一次能吊足够多的构件，避免反复打支腿影响吊装速度。

5.3　现场物流规划

按计划保质、保量、及时地供应材料，进而降低工程成本、加速资金周转，是物料管理的重要目的，而科学编制并切实执行材料的需用计划、供应计划、采购计划、节约计划，以及相应的年度计划、季度计划、月度计划等，又是实现该目的的重要手段。从深化设计模型中获取的材料清单，经过处理形成材料采购信息，进入实际生产施工环节。在这个过程中，编制采购计划、管理材料仓储、材料使用管理、信息追溯管理等，进行对外工程质量数据的接收和交付工作，并配合投资方以及其他参与方对工程质量的检验工作。

（1）制订物料供需计划与采购

材料需用计划是根据工程项目有关合同、设计文件、材料消耗定额、施工组织设计及其施工方案、进度计划编制的，用以反映完成工程项目及相应计划期内所需材料品种、规格、数量和时间要求的文件。它是材料计划管理的基础。通常按如下程序进行：根据施工预算、分部（项）工程施工方法和施工进度的安排，拟订材料、统配材料、地方材料、构（配）件及制品、施工机具和工艺设备等物资的需要量计划，根据各种物资需要量计划，组织货源，确定加工、供应地点和供应方式，签订物资供应合同；根据各种物资的需要量计划和合同，拟订运输计划和运输方案；按照施工总平面图的要求，组织物资按计划时间进场，在指定地点，按规定方式进行储存或堆放。

适宜的材料采购数量不仅可以避免资金大量积压、享受价格优惠，而且可以保证工程建设的需要。其有定量订购法、定期订购法可供选择。

由于安全库存量对于材料采购具有重要影响，因此应综合考虑仓库保管费用和缺货损失费用而科学确定。例如，当安全库存量大时，缺货概率小、缺货损失费用小，但仓库保管费用增加；反之亦然。而且，当缺货损失费用期望值与仓库保管费用之和最小时，即为最优安全库存量。在材料的实际采购过程中，通常按以下程序开展工作：

①明确材料采购的基本要求、采购分工及有关责任；

②进行采购策划，编制采购计划；

③进行市场调查，选择合格的产品供应单位，建立名录；

④通过招标或协商议标等方式，进行评审并确定供应商；

⑤签订采购合同；

⑥运输、验收、移交采购材料；

⑦处置不合格产品；

⑧采购资料归档。

其中，材料采购计划应当包括采购工作范围、内容及管理要求，产品的数量、技术标准和质量要求等采购信息，检验方式和标准，采购控制目标及措施等。在评审时，应进行有关材料技术和商务部分的综合评审。在签订采购合同（订单）时，应注明采购物资的名称、规格型号、单位和数量、进场日期、质量标准、验收方式，以及发生质量问题时双方承担的责任、仲裁方式等。

（2）物料验收进场管理

系统需要统筹分配不同类型的物料，重点管理和检验钢筋、水泥等关键性材料，施工现场要记录好材料的出入情况，只有检验合格的材料方可进入施工现场。

物料进场必须明确材料本身的信息，材料本身信息包含：

①制造商的名称；

②产品标识（如品牌、规格、库存编号等）；

③任何其他有必要的标识信息。

进行材料验收时，要严格遵守质量验收规范和计量检测规定，严格执行验品种、验型号、验质量、验数量、验证件等制度。计量、检验设备必须经过具有资格的机构定期检验，确保满足计量所需要的精确度，不合格的设备不允许使用。

不合格的材料应更换、退货或让步接收（降级使用），严禁使用不合格的材料。在材料质量、数量验收无误后，应及时办理验收以及入库、登账、立卡等手续。

（3）物料使用管理

①材料使用的监督管理。应实施材料使用监督管理制度，对材料使用情况进行有效的检查、监督，做到工完、料净、场清。其检查、监督的主要内容包括：是否认真执行领发料手续，记录好材料使用台账；是否按施工场地平面图堆料，按要求的防护措施保护材料；是否按规定进行用料交底和工序交接；是否严格执行材料配合比，合理用料等。而且，每次检查都要做到情况有记录，原因有分析，明确责任，及时处理。

对于预制混凝土构件等质量控制关键构件，可采用物联网技术以实现智能化识别、定位、跟踪、监控和管理，可以在施工现场与供应商之间建立更准确、更时效的信息流，减少工厂和施工现场的缓冲库存量，同时有利于跟踪构件去向并实现实际进度随时更新。

②周转材料的管理。项目经理部应根据工程进展情况、施工方案等编制周转材料的需用计划，提交企业相关部门或租赁单位，以便进行加工、购置，并及时签订合同、提供租赁。

周转材料进场后，须按规格分别码放整齐，垛间留有通道，并做好标识。露天堆放的周转材料应按规定限制高度，并有防水等措施。零配件要装入容器，按合同发放。

项目经理部须建立保管使用维修制度。对连续使用的周转材料，每次用完后应及时清理，在使用阶段管理人员需要录入各种物料使用数量、时间、用处等相关信息，对物料库存状况有全面的了解，同时要注意管理物料使用、设备检验等相关数据信息。

高效的施工现场（和施工过程）要求物流得到良好的管理和控制；物料流必须平稳运行，并尽量减少物料等待时间，尽可能降低错误交付的风险。此外，当每次交付的材料数量与使用量相匹配时，工作场所中阻碍、损坏和浪费的材料要少得多。现场物流管理应遵循“3R”（the right material at the right location at the right time）原则，即在正确的时间、正确的地点配送正确的材料。

5.4　现场人流规划

现场总平面人流规划需要考虑现场正常的安全通道和应急时的逃生通道、施工现场和生活区之间的通道连接等主要部分。在施工现场又分为平面和竖向，生活区主要是平面。在生活区需要按照总体策划的人数规划好办公区、宿舍、食堂等生活区域设施之间的人流。在施工区要考虑进出办公区通道、生活区通道、安全区通道设施、现场人流安全设施等，以及随着不同施工阶段工况的改变相应地调整安全通道及设施。

1）施工现场人流规划平面设计要求

办公区、生活区、施工现场区 3 个区域既要有明显隔离，又要确保连通 3 个区域的道路安全、方便。如果因场区条件限制，进入办公区须经过施工区时，必须设安全防护通道。

办公区应设置在施工出入口。办公区应充分考虑施工管理人员的分工特性来分配办公室，要考虑提供给业主、监理单位和各专业分包施工队伍的办公场所。

生活区要根据总劳动力动态计划，设计生活区的宿舍、食堂、浴室、厕所、洗衣水池等设施，配套供水、供电、卫生、排污等设施。

办公用房宜设在工地入口处，食堂宜布置在生活区。

2）施工现场人流规划竖向设计要求

竖向人流通道设置在施工各阶段均不相同，需考虑人员的上下通道，并与总平面水平通道布局相衔接。考虑到正常通行的安全，应急时人员疏散通行的距离和速度、竖向通道位置均应与总平面的水平通道协调，考虑与水平通道口距离、吊机回转半径的安全范围、结构施工空间影响、物流的协调等。通过 BIM 模拟施工各阶段上下通道的状况，模拟出竖向交通人流的合理性、可靠性和安全性，满足项目施工各阶段进展的人员通行要求。模型深度主要要求反映通道体型大小、构件基本形状和尺寸。与主体模型结合后，反映出空间位置的合理性、结构安全的可靠性，以及与结构的连接方式。

人流模拟可利用 Navisworks 中的漫游功能，实现图形仿真（漫游中的真实人类模型），在宿舍区、生活区、办公区等处，采取对个体运动进行图形化的虚拟演练（3D 人流模型在实际场景中的行走），从而可以准确确定个体在各处行走时是否会出现碰头、绊脚、临边坠落等硬碰撞，与碰撞处理相结合控制人员运动，并调整模型。

同时，模拟行走的人员观察各种楼梯、升降梯等的宽度、高度，各场地可能存在的不适合人行走的硬件隐患，并且模仿方案设计在灾难发生时的最佳逃生路径。在人流模拟时，应考虑群体性的规划，模拟从单人到多人在所需规划道路中的行走情况。如果人员之间的距离和最近点的路径超过正常范围（按照消防规范及建筑设计规范），必须重新设计新的路径，修改模型。

（1）基础施工阶段

基础施工阶段的交通规制主要是上下基坑和地下室的通道，并与地面通道接通。挖土阶段基础施工时，一般采用临时的上下基坑通道，有临时性的和标准化工具式的。

标准化工具式多用于开挖较深的基坑，如多层地下室基坑、地铁车站基坑。临时性的坡道或脚手架通道用于较浅的基坑。临时上下基坑通道根据维护形式各不相同。放坡开挖的基坑一般采用斜坡形成踏步式的人行通道，通道宽度满足上行、下行人员同时行走及人员搬运货物时足够通过的宽度。在坡度较大时，一般采用临时钢管脚手架搭设踏步式通道（图 5.2）。通道位置一般设置在平面人员安全通行的出入口处，避开吊装回转半径之外为宜，否则应搭设安全防护棚。上下通道的两侧均应设置防护栏杆，坡道的坡度应满足舒适性和安全性要求。在采用支护维护的深基坑施工，人员安全通道通常采用脚手架搭设楼梯式的上下通道（图 5.3）。在更深的基坑中通常采用工具式的钢结构通道。

图 5.2　钢管脚手架搭设踏步式通道

图 5.3　脚手架搭设楼梯式的上下通道

（2）主体施工阶段

主体施工阶段的人流主要是到已完成的结构楼层和作业面，人流通道主要利用脚手架、人货梯和永久结构楼梯。

多层建筑的人流通道一般采用斜坡式通道或楼梯踏步式通道等形式。楼梯是通向各楼层、作业面及地面的安全通道，必须注意其自身的安全性及与其他结构的连接可靠性。高层建筑一般采用人货电梯作为主要通道，通往结构楼层。若要从结构楼层再到达作业面，可能还有一段距离，一般可采用脚手架安全通道（图 5.4）。BIM 模型要反映出竖向人流到结构楼层,再从结构楼层到作业面的流向。在已完成结构楼层的结构内部,利用永久结构的楼梯上下通行。通过建立结构施工人流演示模型图,反映人流与结构施工通道关系。在高层结构施工部位,整体提升的脚手架是常用的安全作业维护平台。人流从已完工的结构楼层到结构施工作业面时,可用整体提升的脚手架作为人流通道。在建构脚手架模型时,不仅要反映出竖向人流,还要考虑通道个数、大小、人数、上下流向、通道出入口距离、作业点距离等与人流安全疏散的关系。超高层钢框架建筑,在其结构施工楼层到其结构施工部位不仅需要明确人流通道,还要着重考虑人流通道到作业点的安全性。

图 5.4　脚手架安全通道

(3)装饰施工阶段

装饰施工进行的内容有外墙面(幕墙)和内部砌体、隔断、装饰等内容,如果内部楼梯已全部完工,竖向人流通道主要是内部的楼梯、人货电梯。

外部人货梯拆除后,竖向人流通道主要是内部的楼梯、永久电梯(一般为货梯)。

对超高层建筑,结构施工时,低层的幕墙和内部隔断已开始施工,货运量增加。

装饰阶段,通过电梯的货流量加大。人货梯的流量可以通过 BIM 建模模拟出流量的分配,协调与物流的关系。通过人流量和货运量计算需要的人货梯的数量。

在整个施工阶段,运用 BIM 技术模拟各种人流通道,既可以确保人流通道的畅通性,又可以根据需求随时调整人流通道的位置、大小、安装形式,确保其与各阶段施工相协调,保证人流的正常通行及应急逃生等。

课后思考题

1.施工阶段现场总平面图设计原则是什么?

2.结合某一案例完成施工阶段现场总平面图。

3.简述轨道塔式起重机的布置原则以及适用范围。

延伸阅读

[1] 卢岚,杨静,秦嵩.建筑施工现场安全综合评价研究[J].土木工程学报,2003(9):46-50,82.

[2] 郭红领,于言滔,刘文平,等.BIM 和 RFID 在施工安全管理中的集成应用研究[J].工程管理学报,2014,28(4):87-92.

[3] 王廷魁,郑娇.基于 BIM 的施工场地动态布置方案评选[J].施工技术,2014,43(3):72-76.

[4] 白庶,张艳坤,韩风,等.BIM 技术在装配式建筑中的应用价值分析[J].建筑经济,2015,36(11):106-109.

[5] Greger Lundesjö. Supply chain management and logistics in construction: delivering tomorrow's built environment[M].Kogan Page Limited,2015.

[6] 申金山,华元璞,袁鸣.装配式建筑精益成本管理研究[J].建筑经济,2019,40(3):45-49.

[7] 江伟.建筑工程施工技术及其现场施工管理探讨[J].江西建材,2016(2):90-94.

[8] 高健,刘培奇,蒋新疆.群体性住宅项目中的大型起重机械设备策划[J].建筑施工,2021,43(12):2664-2666.

[9] 赵挺生,蒋灵,冯楚璇,等.基于多空间过程状态转移的塔吊顶升导航系统[J].土木工程与管理学报,2022,39(1):1-6,22.

第6章 装配式建筑项目成本管理

主要内容:介绍了装配式建筑造价费用构成分析,对装配式和现浇进行了造价对比分析;装配式建筑项目成本计划编制的原则与步骤、方法;装配式建筑项目成本控制,涵盖生产、运输、施工等阶段的成本控制。

重点、难点:重点是装配式建筑造价构成、装配式成本计划的编制方法;难点是装配式与现浇造价对比分析。

培养能力:使得学生学会对比分析装配式建筑和普通建筑成本管理的异同,培养学生分析问题的能力。

6.1 装配式建筑造价费用构成

6.1.1 概述

装配式混凝土建筑工程与现浇混凝土建筑工程的成本和预算有所不同,在施工成本控制上也有区别。装配式建筑更多考虑的是专业的集成,而不是叠加。影响装配式工程造价的因素有很多,主要有政策法规性因素、构件标准化与市场性因素、设计与深化设计因素、装配率及施工因素、编制人员素质因素等。

现有装配式造价相关文件包括《国务院办公厅关于大力发展装配式建筑的指导意见》(国办发〔2016〕)以及各省市在落实实施指导意见时提出的具体政策支持,例如《广东省人民政府办公厅关于大力发展装配式建筑的实施意见》(粤府办〔2017〕28号),还有《装配式建筑工程消耗量定额》(TY 01-01(01)-2016)以及各省市的装配式消耗量定额文件。

6.1.2 装配式建筑项目造价构成分析

装配式建筑的土建造价主要由直接费(含预制构件生产费、运输费、安装费、措施费)、间接费、利润、规费、税金组成,与传统方式一样。间接费和利润由施工企业掌握,规费和税金是固定费率,预制构件生产费用、运输费、安装费的高低对工程成本的变化起决定性作用。

其中:预制构件生产费,包括材料费、生产费(人工和水电消耗)、模具费、工厂摊销费、预制构件企业利润、税金;运输费,主要是预制构件从工厂运输至工地的运费和施工场地内的二次搬运费;安装费,主要是构件垂直运输费、安装人工费、专用工具摊销等费用(含部分现场现浇施工的材料、人工、机械费用);措施费,主要是防护脚手架、模板及支撑费用,如果预制率很高,可以大大节省措施费。

1)预制构件制作成本

预制构件成本包括直接制作成本、间接制作成本、营销费用、财务费用、管理费用、运费和税费等。

(1)直接制作成本

原材料中混凝土、钢筋是每种预制构件必有的材料。混凝土材料成本计算只需要将配合比、数量、单价按照实际情况填写或修改,配合比由实验室提供数据。计算完单价之后,需要额外考虑增加3%~5%的运费和损耗。

①原材料费包括水泥、石子、砂子、水、外加剂、钢筋、饰面材、保温材料及门窗等材料的费用。材料费计算应包括运到工厂的运费,还需要考虑材料损耗。

②辅助材料费包括脱模剂、缓凝剂、保护层垫块、修补料及产品标识材料等材料的费用。辅助材料费计算应包括到工厂的运费,还要考虑材料损耗。

③连接件费包括灌浆套筒、金属波纹管、夹芯保温板拉结件等连接件的费用。连接件费计算应包括运到工厂的运费。

④预埋件费包括脱模预埋件、翻转预埋件、吊装预埋件、支撑预埋件、安全防护预埋件、安装预埋件等预埋件的费用。预埋件费计算应包括运到工厂的运费。

⑤直接人工费包括各生产环节的人工费,主要有工资、劳动保险、公积金、工会经费及其他福利费等。

⑥模具费分摊是指购买模具或制作模具的全部费用。制作模具的费用包括人工费、材料费、机具使用费、外委加工费及模具部件购置费等。模具费按周转次数分摊到每个预制构件上。固定或流动模台的分摊计入间接制作成本。

钢模具可以周转100~200次,可以降低模板成本。工业化生产可以让同一生产线、同一套模具多次周转使用,获得比常规方式更低的使用成本,不仅没有增量,反而可以获得减量。

⑦制造费用包括水、电、蒸汽等能源费,以及工机具费分摊及低值易耗品费分摊等。

(2)间接制作成本

间接制作成本包括工厂管理岗位人员和实验室人员工资、劳动保险、公积金、工会经费、其他福利费等的分摊,还包括土地购置费、厂房及设备等固定资产折旧、固定或活动模台、专用吊具或支架、修理费、工厂取暖费、产品保护和包装费等费用的分摊。

(3)营销费用

营销费用包括营销人员工资、劳动保险、公积金、工会经费、其他福利费等费用的分摊,还包括营销人员的差旅费、招待费、办公费、工会经费、交通费、通信费及广告费、会务费、样本制作费、售后服务费等费用的分摊。

(4)财务费用

财务费用包括融资成本和存贷款利息差等费用的分摊。

(5)管理费用

管理费用包括公司行政管理人员、技术人员、财务人员等管理部门人员工资、劳动保险、公积金、工会经费、其他福利费、差旅费、招待费、办公费、交通费、通信费及办公设施、设备折旧、维修费等费用的分摊。

(6)运费

运费是指将预制构件从预制构件工厂运至施工现场所支付的运输费用。

(7)税费

税费包括土地使用税、房产税的分摊、预制构件自身增值税、城建税及教育费附加等。

2)预制构件价格计算

直接成本一般占预制构件成本的一半以上,直接成本中绝大部分成本项目是通过计算得到的,而直接成本以外的其他成本很多是以经验统计获得的。以预制构件混凝土材料为例,其成本计算见表 6.1。

表 6.1　预制构件混凝土材料成本计算表

序号	材料	配比	单位	每罐材料数量	单价(元)	成本(元)	备注
1	水泥	1	kg	400	0.5	200	—
2	粉煤灰	0.2	kg	80	0.15	12	水泥质量的百分比
3	砂子	2.2	kg	880	0.13	114.4	水泥质量的百分比
4	石子	3.41	kg	1 363	0.1	136.4	水泥质量的百分比
5	水	0.45	kg	180	0.005	0.9	水泥质量的百分比
6	外加剂	0.018	kg	7.2	5	36	水泥质量的百分比
7	其他材料	0	kg	0	0	0	—
8	合计	—	kg	2 910.2	—	499.7	—
9	单位成本	—	元/kg	—	—	0.17	—
10	容重		kg/m^3	2 400	—		—
11	单位体积成本	—	元/m^3	—	—	4.8	—
12	立方米数量	—	m^3	1.21	—	—	—

注:混凝土强度等级为 C30。

3)预制构件直接成本及价格计算

预制构件的价格包含直接成本(含直接制作成本和运费)、费用(包括间接制作成本、营销费用、财务费用和管理费用)、税费和利润。计算时,先计算构件的直接成本,再确定费用、税费和利润三个因素在价格中的比例,然后用 100%减去上述比例,就是直接成本在价格中的比例。把直接成本在价格中的比例称为定价系数。

4)装配式建筑施工造价构成

(1)施工造价对比

①低装配率结构。以现浇为主,少量地运用了预制构件。此情况下,装配式混凝土建筑与现浇混凝土建筑的预算成本差别不大。工程的施工成本与造价构成就是在现浇混凝

土结构的基础上增加小部分预制构件的外购成本，成本增量较小。

②中等装配率结构。现浇和装配式各占一定比例的情况。目前阶段，中等装配率结构的成本会比传统部分成本高一些。

③高装配率结构。这种情况下，整个工程的预算以装配式为主，现浇部分的工程预算按照相应的增减量进行计算。

(2)安装工程造价主要内容

①安装部件、附件和材料费。

②安装人工费和劳动保护用具费。

③水平、垂直运输、吊装设备、设施费。

④脚手架、安全网等安全设施费。

⑤设备、仪器、工具的摊销费；现场临时设施费。

⑥外墙墙胶人工费及主材、辅材的材料费。

⑦墙板竖向及水平构件支撑费。

⑧灌浆、坐浆人工费及材料费。

⑨后浇混凝土部分的费用。

⑩工程管理费、利润、税金等。

(3)施工造价计算

装配式建筑工程施工成本计算方法是在传统现浇建筑基础上增加一部分相关装配式部分的人工及材料。施工企业一般以单位工程作为成本计算对象。

①人工费：

$$人工费 = \sum(工日消耗量 \times 日工资单价)$$

②材料费：

$$材料费 = \sum(材料消耗量 \times 材料基价) + 检测试验费材料基价 =$$
$$\sum[(供应价格 + 运杂费) \times (1 + 运输损耗率) \times (1 + 采购保管费率)]$$

③机械费：

$$施工机械使用费 = \sum(施工机械台班消耗量 \times 机械台班单价)$$

④企业管理费：

$$企业管理费 = \sum(人工费 + 材料费 + 机械费) \times 企业管理费费率$$

⑤其他费用：

根据项目特征情况进行其他费用测算，测算内容包含多次转运及返工费用、安全文明施工措施费用、夜间施工、赶工及冬雨期施工费用、不可预见及风险费用等。

⑥利润：

在投标报价时，企业可以根据工程的难易程度、市场竞争情况、自身经营、管理水平等综合方面自行确定合理的利润率。

$$利润 = \sum(人工费 + 材料费 + 机械费 + 企业管理费 + 其他费用) \times 利润率$$

⑦税金：

税金是指国家税法规定的应计入建筑工程安装工程造价的营业税、城市维护建设税及教育费附加等。

$$税金 = \sum(人工费 + 材料费 + 机械费 + 企业管理费 + 其他费用 + 利润) \times 税率$$

6.1.3　装配式建筑与现浇建筑造价对比分析

1)装配式混凝土建筑与传统现浇建筑造价的对比分析

装配式混凝土建筑施工与现浇混凝土建筑的施工成本在构成上大致相同,都包含人工费、材料费、机械费、组织措施费、规费、企业管理费、利润、税金等。但由于结构形式、施工工艺的不同,在各个环节上的施工成本也不尽相同,具体分析如下：

(1)人工费

现场施工人员变化,主体施工阶段增加吊装、灌浆人员,减少钢筋工、木工、混凝土工、架子工、力工、水电工及砌筑人员。粗装修阶段增加打胶人员,减少保温施工及抹灰人员,现场用工大量转移到工厂。

(2)材料费

①结构连接处增加了套管和灌浆料,或浆锚孔的约束钢筋、波纹管等。

②增加部分钢筋的搭接、套筒或浆锚连接区域箍筋加密;深入支座的锚固钢筋增加或增加了锚固板。

③增加结构内连接件及预埋件。

④叠合楼板增厚 20 mm。

⑤夹芯保温墙板增加外叶墙和连接件(提高了防火性能)。

⑥钢结构建筑使用的预制楼梯增加连接套管。

⑦由于混凝土浇筑难易程度的改变,降低混凝土的损耗,降低运输费用。

⑧减少现场周转材料的使用量,减少租赁费用。

⑨减少养护用水。

⑩减少建筑垃圾的产生。

⑪减少粗装修阶段保温材料、胶泥等辅材机具。

⑫减少砌筑、抹灰用砌块、水泥砂浆等辅材机具。

⑬增加外墙防水密封胶及辅材。

⑭增加构件存放货架及吊装、灌浆专用机具。

(3)机械费

①起重机起重量大,租赁费用增高。

②使用效率高,进出场及安装费用摊销降低。

(4)组织措施费

①减少现场工棚、堆放场地、堆放的材料等临时设施,降低安全隐患。

②冬雨期施工成本大幅度减少。

③减少建筑垃圾、工程所需材料的转运,减少噪声,降低文明施工的措施费用。

④由于减少现场湿作业,降低环境污染、环境保护的措施费用。

⑤由于预制构件在工厂生产,减少现场施工强度,缩短工期,且能保证混凝土强度达标,降低安全质量事故的发生。

⑥吊装工程属于高处作业,需要增加防护措施。

⑦增加成品保护措施费用。

(5)税费

管理费和利润由企业自己调整计取,规费和税金是非竞争性取费,费率由当地政府主管部门确定,总体来看变化不大,可排除对造价的影响。

通过分析不难看出,装配式混凝土建筑工程施工总体成本中人工费、措施费是减少的;材料费和机械费是增加的;管理费、规费、利润、税金等对其成本影响不大。

相对于传统现浇建筑项目,装配式建筑项目由于生产方式转变,在设计、构件生产、构件安装等三个方面对造价产生明显的影响,见表6.2。

表6.2 生产方式改变对造价的影响分析

环节	序号	装配式	传统现浇	成本变化	说明
设计	1	拆分设计、装配图	没有	增加	—
	2	构件拆分节点设计	没有	增加	—
	3	预制构件设计	没有	增加	—
	4	水、电、暖通装修各专业与构件设计的协同	没有	增加	—
	5	制作、施工环节的预埋件汇集到构件上	没有	增加	—
	6	建筑部品设计、选型及其接口设计	没有	增加	—
	7	协同设计结构审图,检查遗漏或相互间的干扰	没有	增加	能够减少后期设计变更成本
	8	内装设计	没有	增加	全装修总价增加了
	9	因设计不细、协同不够导致的损失	少	增加	—
工厂制作	10	厂房摊销	无	增加	—
	11	设备摊销	少	增加	—
	12	模板成本	少	增加	—
	13	养护成本	少	增加	蒸汽养护质量增加
	14	混凝土成本	正常	减少	工厂自备混凝土成本比购买商品混凝土降低;同时减少了落地灰、混凝土罐车2%的壁挂量;混凝土用量精确
	15	钢筋用量	正常	增加	包括钢筋的搭接、套筒或浆锚连接区域箍筋加密;深入支座的锚固钢筋增加或增加锚固板

续表

环节	序号	装配式	传统现浇	成本变化	说明
工厂制作	16	养护用水	正常	减少	构件早期用蒸汽养护,因此减少了养护用水
	17	能源消耗	正常	减少	集中养护,可灵活选用电、气、煤等
	18	预埋件	少	增加	连接预埋件、吊装预埋件、夹芯保温墙板连接件等
	19	管理成本	正常	减少	—
	20	工作环境	正常	变好	—
	21	劳动力	正常	减少	—
存放与运输	22	存放场地	少	增加	现浇也需要原材料存放区
	23	存放设施	少	增加	靠放架等
	24	包装费用	无	增加	—
	25	运输费用	少	增加	原材料也需要运输费
施工与安装	26	模具费	正常	减少	现场支模大大减少
	27	套筒灌浆作业	无	增加	—
	28	灌浆料	无	增加	—
	29	机械费	少	增加	—
	30	脚手架等	正常	减少	模板安装需要临时斜支撑
	31	人工费	正常	减少	吊装、灌浆作业人员增加,模板、钢筋、浇筑、脚手架等人工减少
	32	混凝土	正常	减少	落地灰以及混凝土损耗减少了
	33	外墙保温施工	正常	减少	采用预制三明治外墙板
	34	内外墙抹灰	正常	减少	—
	35	内装施工	正常	减少	—
	36	设备和管线施工	正常	减少	—
	37	养护用水	正常	减少	—
	38	现场用电	正常	减少	—
	39	施工措施费	正常	减少	—
	40	建筑垃圾	正常	减少	—
	41	噪声及污染	正常	减少	—
	42	施工周期	正常	缩短	工期的缩短也会带来成本的降低

2）装配式建筑与传统现浇建筑在造价管理上的异同

传统现浇建筑主要根据设计图计算工程量，然后套用相关的预算单价，并按照政府的规定确定取费标准，计算出整个建筑的造价。造价主要包括人工费、材料费（包含工程设备）、施工机具使用费、企业管理费、利润、规费和税金等，其中工程费（包括人工费、材料费、施工机具使用费）是工程造价中最主要的部分。在建筑统一的标准下，传统现浇建筑施工方法的成本主要取决于人工和物料的平均水平，传统建筑成本的控制和调整非常有限。所以对施工企业来说，控制成本的主要措施是降低工程造价，调整企业管理中的费用等，因为成本、质量和工期之间相互影响，如果一味地降低成本，势必影响工程的质量和工期。

装配式建筑由现场生产柱、墙、梁、楼板、楼梯、屋盖、阳台等转变为交易购买（或者自行工厂生产）成品混凝土构件，集成为单一构件产品的商品价格，原有的套取相应的定额子目来计算柱、墙、梁、楼板、楼梯、屋盖、阳台等造价的做法不再适用。现场建造变为构件工厂生产，原有的工、料、机消耗量对造价的影响程度降低，市场询价和竞价显得尤为重要。现场手工作业转变为机械装配施工，随着建筑装配率的提高，装配式建筑愈发体现安装工程计价的特点，由生产计价方式向安装计价方式转变。工程造价管理由“消耗量定额与价格信息并重”向“以价格信息为主、消耗量定额为辅”转变，造价管理的信息化水平需提高，市场化程度需增强。

装配式建筑由于大量使用预制构件部品，现场施工的措施项目的内容及时间均在变化，垂直运输、超高增加费、安全文明施工费、脚手架费等措施项目的费用发生较大变化。

装配式建筑施工技术属于新技术，比如构件部品部件现场的堆放、临时支撑、预制装配道路板、钢筋混凝土装配塔吊基础等新出现的事物计价缺少依据，易引起承发包双方的争执与纠纷。

6.2 装配式建筑项目成本计划

6.2.1 成本计划的定义与特点

1）成本计划的内容

成本计划是以货币形式编制生产计划，在计划期内的生产费用、成本水平、成本降低率，以及为降低成本所采取的主要措施和规划的书面方案。成本计划是构件生产厂进行成本管理的工具，是在多种成本预测的基础上，经过分析、比较、论证、判断之后，以货币形式预先规定计划期内项目施工的耗费和成本所要达到的水平，并且确定各个成本项目比预计要达到的降低额和降低率，提出保证成本计划实施所需要的主要措施方案。

成本计划是装配式建筑工程项目成本管理的首要环节，也是事前控制中最重要的部分，成本计划原则上是以投标报价文件、已签订的工程合同、施工组织设计及信息化平台管理系统上可查询到的人工、材料、机械台班的市场价、周转材料、设备租赁价格等信息为依据，对项目的工作人员、资金、物料进行责任分配，达到成本最低的要求，最终形成目标成本。

项目成本计划是项目全面计划管理的核心，其内容涉及项目范围内的人、财、物和项目管理职能部门等方方面面。一般来说，一个预制构件成本计划应包括从开始生产到生产完成所必需的成本，它是该工厂生产预制构件降低成本的指导文件，是设立目标成本的依据。装配式建筑成本计划还包括产品成本计划和作业（施工）成本计划。

2）成本计划的特点

装配式建筑工程成本计划在成本管理中起着承上启下的作用，其主要具有以下特点：

①积极主动性。成本计划不是被动地按照已确定的技术设计、工期、实施方案和施工环境来预算工程的成本，而是更注重进行技术经济分析，从总体上考虑项目工期、成本、质量和实施方案之间的相互影响和平衡，以寻求最优的解决途径。

②动态控制的过程。项目不仅在计划阶段进行周密的成本计划，而且要在实施过程中将成本计划和成本控制合为一体，不断根据新情况，如工程设计的变更、施工环境的变化等随时调整和修改计划，预测项目施工结束时的成本状况以及项目的经济效益，形成一个动态控制过程。

③采用全寿命周期理论。成本计划不仅针对建设成本，还要考虑运营成本的高低。一般而言，对施工项目的功能要求高、建筑标准高，则施工过程中的工程成本增加，但今后使用期内的运营费用会降低；反之，如果工程成本低，则运营费用会提高。通常，通过对项目全寿命期做总经济性比较和费用优化来确定项目的成本计划。

④成本目标的最小化与项目盈利的最大化相统一。盈利的最大化经常是从整个项目的角度分析的。经过对项目的工期和成本的优化选择一个最佳的工期，以降低成本，使成本的最小化与盈利的最大化取得一致。

3）成本计划的分类

（1）竞争性成本计划

竞争性成本计划是以招标文件中合同文件、技术规程、设计图纸及工程量清单为依据，以有关价格调整条款为基础，结合工程实际情况等对本企业完成招标工程所需要支出的全部费用进行估算。该计划适用于工程项目投标及签订合同阶段的估算成本计划。

（2）指导性成本计划

指导性成本计划是以投标文件为依据，按照企业的预算定额制定的预算成本计划。该计划是选派项目经理阶段的预算成本计划。

（3）实施性成本计划

实施性成本计划是以项目实施方案为依据，落实项目经理的责任目标，采用企业的施工定额编制施工预算而形成的实施性成本计划。该计划是项目施工准备阶段的预算成本计划。

6.2.2　成本计划编制方法

编制成本计划的程序，因项目的规模大小、管理要求不同而不同。大中型项目一般采用分级编制的方式，即先由各部门提出部门成本计划，再由项目经理部汇总编制全项目工程的成本计划；小型项目一般采用集中编制方式，即由项目经理部先编制各部门成本计划，再汇总编制全项目的成本计划。

1)成本计划表

项目成本计划表(见表6.3)主要是反映工程项目预算成本、计划成本、成本降低额、成本降低率的文件。成本降低额能否实现主要取决于企业采取的技术组织措施。因此,计划成本降低额这一栏要根据技术组织措施表和降低成本计划表来填写。

表6.3 成本计划表

工程阶段	成本类型	预算成本	计划成本	计划成本降低额	计划成本降低率
设计阶段	设计方案费用				
	深化设计费用				
	二次图纸变更费用				
构件生产阶段	模具费				
	人工费				
	材料费				
构件运输阶段	人工费				
	运输费				
	搬运费				
现场吊装阶段	人工费				
	机械费				
	存储费				
	管理费				
运营阶段	日常维护费				
	人工维修费				

2)建筑工程施工进度成本分析

为了便于在分部分项工程施工中同时进行进度与成本的控制,掌握进度与成本的变化过程,可以按照横道图和网络图的特点分别进行处理分析。

(1)横道图进度计划与施工成本的同步分析

从横道图可以掌握到的信息包括:每道工序的进度与成本的同步关系,即施工到什么阶段,就将发生多少成本;每道工序的计划施工时间与实际施工时间(从开始到结束)之比(提前或拖期),以及对后道工序的影响;每道工序的计划成本与实际成本之比(节约或超支),以及对完成某一时期责任成本的影响;每道工序施工进度的提前或拖期对成本的影响程度;整个施工阶段的进度和成本情况。

通过进度与成本同步跟踪的横道图,要实现以计划进度和计划成本控制实际进度和实际成本。随着每道工序进度的提前或拖期,对每个分项工程的成本实行动态控制,以保证项目成本目标的实现。

(2)网络图计划的进度与成本的同步控制

网络图的表达方式有单代号网络图和双代号网络图两种。单代号网络图是指组织网络图的各项工作由节点表示,以箭线表示各项工作的相互制约关系,采用这种符号从左向右绘制而成的网络图;双代号网络图是指组成网络图的各项工作由节点表示工作的开始和结束,以箭线表示工作的名称,把工作的名称写在箭线上方,工作的持续时间(小时、天、周)写在箭线下方,箭尾表示工作的开始,箭头表示工作的结束,采用这种符号从左向右绘制而成的网络图。

绘制网络图后,就可以从网络图中看到每道工序的计划进度与实际进度、计划成本与实际成本的对比情况,同时也可清楚地看出今后控制进度、控制成本的方向。

3)成本计划编制方法

成本计划的核心是确定目标成本,这是成本管理要达到的目的。建筑工程成本计划的编制方法有如下几种。

(1)计划成本法

计划成本法通常分为施工预算法、技术节约措施法、成本习性法、按实计算法。

(2)定率估算法

当项目过于庞大或复杂,可采用定率估算法编制成本计划,即先将工程项目分为少数几个分项,然后参照同类项目的历史数据,采用数学平均法计算分项目标成本降低率,然后算出分项成本降低额,汇总后得出整个项目成本降低额和成本降低率,编制项目成本计划。

(3)定额估算法

在概预算编制力量较强、定额比较完备的情况下,特别是施工图预算与施工预算编制经验比较丰富的施工企业,工程项目的成本目标可由定额估算法产生。施工图预算是以施工为依据,按照预算定额和规定的取费标准以及图样工程量计算出项目成本,反映为完成施工项目建筑安装任务所需的直接成本和间接成本。

(4)直接估算法

以施工图和施工方案为依据,以计划人工、机械、材料等消耗量和实际价格为基础,由项目经理部各职能部门(或人员)归口计算各项计划成本,据此估算项目的实际成本,确定目标成本。应用直接估算法编制建筑工程成本计划按下列步骤进行:

①将施工项目逐级分解为便于估算的小项,按小项自下而上估算。

②进行汇总,得到整个施工项目的估算数据。

③最后考虑风险和物价的影响,予以调整。

4)建筑工程成本计划编制方式

施工总成本目标确定之后,还需通过编制详细的实施性施工成本计划把目标成本层层分解,落实到施工过程的每个环节,有效地进行成本控制。施工成本计划的编制方式有以下几种:

①按施工成本组成编制施工成本计划。

②按项目组成编制施工成本计划。

③按工程进度编制施工成本计划。

6.3 装配式建筑项目施工成本控制

6.3.1 施工成本控制概述

装配式建筑的成本主要涉及三大指标(图 6.1)。有些地区还增加了外墙预制面积比例等其他控制性指标,有的地区是单控指标,有的地区是双控指标。比如:上海市要求装配率60%或预制率 40%。指标的差异对成本管理有较大的影响。

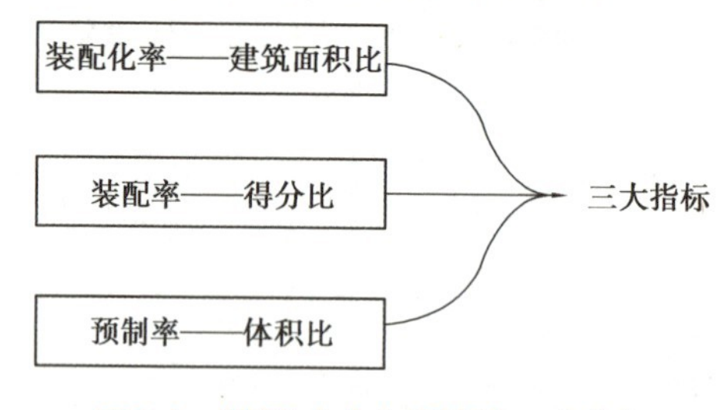

图 6.1 装配式成本相关的三大指标

装配化率指国家、城市或某一个建设项目中采用装配式建造的建筑面积比例。装配率是针对单体建筑考虑其装配程度的指标,是得分比。预制率是在装配式混凝土建筑中,针对单体建筑的结构或外围护采用预制混凝土比例的考核指标,是体积比。

预制构件的安装是装配式建筑核心技术之一,其费用构成以重型吊车和人工费为主,安装速度直接决定安装成本。施工管理阶段施工成本控制不应仅仅依靠控制工程款的支付,更应从多方面采取措施管理,通常归纳为组织措施、技术措施、经济措施、管理措施。

1)组织措施

(1)组织措施的保障

组织措施是其他各类措施的前提和保障。完善高效的组织可以最大限度地发挥各级管理人员的积极性和创造性,因此必须建立完善的、科学的、分工合理的、责权利明确的项目成本控制体系。实施有效的激励措施和惩戒措施,通过责权利相结合,使责任人积极有效地承担成本控制的责任和风险。

(2)成本控制体系的建立

项目部应明确成本控制的目标,建立一套科学有效的成本控制体系,根据成本控制体系对项目成本目标进行分解,并量化、细化到每个部门甚至第一个责任人,从制度上明确每个责任部门、每个责任人的责任,明确其成本控制的对象、范围。同时,要强化施工成本管理观念,要求人人都要树立成本意识、效益意识,明确成本管理对单位效益所产生的重要影响。

2)技术措施

①技术措施筹划。采取技术措施的作用是在施工阶段充分发挥技术人员的主观能动性,寻求较为经济可靠的技术方案,从而降低工程成本。

②编制施工组织设计。编制科学合理的施工组织设计,能够降低施工成本,尤其是要确定最佳预制构件安装施工方案,最适合的吊装施工机械、设备使用方案。

③合理选择起重机械。装配式建筑起重机选型是实现安全生产、工程进度目标的重要环节。

④预制构件场地布置合理规划。布置现场堆放预制构件场地，现场施工道路要满足预制构件车辆运输通行要求，预制构件进场后的临时存放位置必须设置在塔机起吊半径的范围之内，避免发生二次倒运费用。

3）经济措施

①材料费的控制。坚持按定额实行限额领料制度，避免和减少二次搬运，降低运输成本，减少资金占用，降低存货成本。

②人工费的控制。改善劳动组织、合理使用劳动力，提高工作效率；实行合理的工资和奖励制度；加强技术教育和培训工作等，多种措施加强施工队伍管理，同时可以通过分段流水施工方法实现多工序同时工作，提高安装效率。

③机械费的控制。结合工程实际，正确选配和合理使用机械设备，减少闲置，并且要做好机械设备的保养维修工作。

④间接费及其他间接费控制。精简管理结构，控制各项费用开支，对必须支出的费用采取审批制度。

⑤重视竣工结算制度。

4）管理措施

①采用管理新技术。建筑信息模型的建立、虚拟施工和基于网络的项目管理都会使装配式建筑起到革命性变化，经济效益和社会效益将会逐渐呈现。

②加强合同管理和索赔管理。

③控制预制构件采购成本。

④优化施工工序。

6.3.2　施工成本控制方法

1）"两算"对比方法

工程量清单计价或定额计价是施工企业对外投标和同业主结算、付款的依据。可根据经理部制定的目标成本控制支出，实行"以收定支"或"量入为出"的方法。将采用工程量清单计价或定额计价产生的设计预算同施工预算进行比较，对比分析工程量清单计价或定额计价在材料的消耗量、人工的使用量和机械费用的摊销等方面的差异，找出降低成本的具体方法。

2）人工费控制

项目部应根据工程特点和施工范围，通过招标方式或内部商议确定劳务队和操作班组，对于具体分项应该按定额工日单价或平方米包干方式一次确定，控制人工费额外支出。

3）材料费控制

材料费控制是成本控制的重点和难点，要制定内部材料消耗定额，从消耗量和进场价格两个方面控制材料费，实施限额领料是控制材料成本的关键。由于预制构件是生产厂家定制加工或自行生产的，没有多余构件备存，因此每个构件的质量和尺寸非常关键，预制构件一旦损坏或者报废，不仅会造成工程进度延误和经济损失，还会大大增加工程成本。

(1)材料消耗量控制

①编制材料需用计划，特别是编制分阶段需用材料计划，给采购进场留有充裕的市场调查和组织供应时间。材料进场过晚，影响施工进度和效益；材料进场早，储备时间过长，则要占用资金和场地，增大材料保管费用和材料损耗，造成材料成本增加。

②编制预制构件需用量计划，特别是编制分阶段预制构件需用材料计划，给预制构件进场留有充裕的市场调查和组织供应时间。预制构件进场过晚，影响施工进度和效益；预制构件进场早，储备时间过长，则要占用资金和场地，增加现场二次倒运费用，材料保管费用和材料损耗增大，造成材料成本增加。

③材料领用控制。实行限额领料制度，由专项施工员对作业班组或劳务队签发领料单进行控制，材料员对专项施工员签发的领料单进行复检控制。

④工序施工质量。每道工序质量的好坏将影响下道工序的施工质量和成本，例如预制构件之间的后浇结构混凝土墙体平整度、垂直度较差，将会使室内抹面砂浆或水泥抗裂砂浆厚度增加，材料用量和人工耗费均会增加，成本会相应增加，因此应强化工序施工质量控制。

⑤材料计量控制。计量器具按时检验、校正，计量过程必须受控，计量方法必须全面准确。

(2)材料进场价格控制

市场价格处于变动之中，应广泛、及时、多渠道收集材料价格信息，采用质优价廉的材料，使材料进场价格尽量控制在工程投标的材料报价之内。对于出现的新材料、新技术、新工艺，如灌浆料、坐浆料、钢套筒、金属波纹管、金属连接件等，由于缺乏价格等信息，所以应及时了解市场价格，熟悉新工艺，测算相应的材料、人工、机械台班消耗，自编估价表并报业主审批。

4)周转工具使用费的控制

装配式建筑项目独立钢支撑和钢斜支撑使用较多，部分工程由于现浇混凝土量比较大，也会采用承插盘扣式脚手架或钢管扣件式脚手架，绝大多数项目是总包单位租赁为主。

周转工具使用费=租用费用×租用时间×租赁单价+自购周转材料领用部分的合计金额×摊销比例

周转工具使用费具体控制措施如下：

①通过合理安排施工进度，采用网络计划进行优化，采用先进的施工方案和先进的周转工具，控制周转工具使用费低于专项目标成本的要求。

②减少周转工具租赁数量，控制周转工具尽可能晚些进场，使用完毕后尽可能早退场，选择质优价廉的租赁单位，降低租赁费用。

③对作业班组和操作工人实行约束和奖励制度，减少周转工具的丢失和损坏数量。

5)机械使用费控制

受预制构件重量和形状的限制，部分工程只能使用起重量或起重力矩较大的塔式起重机、履带式起重机或汽车起重机，且市场上此类大型起重机较少，施工单位无论是自行采购或是外出租赁，都会比传统施工方法使用起重机械增加较多的费用。因此，应加强对机械使用费的控制，明确机械使用费控制上限，大型机械应控制租赁数量，压缩机械在现场使用时间，提高机械利用率，选择质优价廉的租赁单位，降低租赁费用；小型机械和电动工具的购置和修理费，采用由操作班组或劳务队包干使用的方法控制。

6）其他

加强定额管理，及时调整经济签证，特别是预制构件生产或安装应深入分析现有混凝土结构，通过众多竣工工程的结算资料，得出装配式建筑的造价资料，提出针对性的补充定额。施工过程中出现的设计变更，应及时办理经济签证。

6.3.3　预制构件生产成本控制

1）预制构件生产常见的浪费现象

①协同不够造成的浪费。如果协同不够，或者根本没有协同，就可能造成预制构件品种过多（造成模具数量多周转次数少）、预埋件及预埋物遗漏、预埋件与预埋物之间或与钢筋之间碰撞等问题；同时，由于设计人员对预制构件制作与安装知识的欠缺，经常因构件无法制作而需要设计变更，往往是边生产、边变更。协同不够造成的浪费比较严重。

②技术交底不到位造成的浪费。如果交底不到位，生产人员在没有读懂、吃透图纸的情况进行生产，很容易造成钢筋下料错误、出筋方向弄反、预埋件选错或遗漏、混凝土强度等级错误等问题，导致返修甚至预制构件报废。

③过度生产造成的浪费。过度生产造成产品积压、资金占用、场地占用等方面的浪费，预制构件长期存放还容易出现翘曲变形、外露钢筋锈蚀等问题。

④生产不均衡造成的浪费。生产不均衡会导致模具增加、加班费增加等方面的浪费。

⑤流水节拍不协调造成的浪费。流水节拍不协调可能造成流水节拍过长，生产效率低，成本增加。

⑥转运路线不合理造成的浪费。

⑦物料管理不当造成的浪费。

⑧劳动力的浪费。

⑨质量不良造成的浪费。

⑩能源的浪费。

⑪设备的浪费。

2）预制构件生产成本控制重点

装配式混凝土建筑本身就是为了降低成本、提高质量才发展起来的。目前国内确实存在装配式混凝土建筑成本高于现浇混凝土建筑的现象。控制预制混凝土构件制作成本方法包括：

（1）减少工厂不必要的投资以降低固定成本

企业在建厂初期应做合理的规划，选择合适的生产工艺设备等，从而减少固定费用的投入。

①准确的产品定位。结合市场需求和发展趋势,可以做多样化的产品生产,也可以选择专业化生产一种产品。

②确定合适的生产规模。

③选择合适的生产工艺。

④合理规划工厂布局,节约用地。

⑤制定合理的生产流程及转运路线,减少预制构件的转运。

⑥选购合适的生产设备。

(2)优化模具,降低模具成本

模具费在预制构件中所占比例较大,一般占构件制作费用的5%~15%,因此必须把优化模具作为降低成本的重要内容。

①在设计阶段,尽可能减少预制构件种类。

②通过标准化设计提高模具重复利用率。

③根据每种预制构件的数量选用不同材质的模具。

④合并同类项,使模具具有通用性。

⑤设计具有可变性的模具,通过简单修改即可制作其他产品。

⑥生产数量少的预制构件可以采用木模或者其他材质的低成本模具。

⑦模具应具有组装便利性。

(3)控制好劳动力成本

劳动力的节约要靠成熟的技术,或者选择合适的结构体系。

(4)降低原材料消耗

装配式混凝土建筑预制构件工厂内搅拌混凝土是自动计量、浇筑混凝土是专用的布料机、钢筋加工是机械化自动化的设备,因此成本降低空间不大。但是还需要做到以下几点:

①建立健全原材料采购、保管、领用制度。

②根据图样定量计算出所需原材料。

③严格的质量控制,降低废次品率。

④减少材料随意堆放造成的材料浪费。

⑤减少搬运过程对材料的损坏。

(5)降低能源消耗

①在工厂设计、布置能源管线时,尽可能减少能源输送距离,做好蒸汽等输送管道的保温。

②固定模台工艺或者立模工艺采取就地养护方式,做好预制构件养护覆盖保温措施。

③预制构件集中养护。

④建立灵活的养护制度,通过自动化养护系统控制温度,减少蒸汽用量。

⑤夏季根据温度的变化缩短养护时间。

⑥利用太阳能养护小型预制构件,特别是被动式太阳能的利用。

⑦蒸汽也可以采用太阳能热水加热。

⑧养护窑保温要好,要分仓,养护温度应根据气温灵活调整,合适为好。

⑨强化能源供应系统的维护保养。

(6)避免构件破损

①在设计阶段工厂应当与设计师协同设计。

②充分振捣,提高混凝土密实度。

③充分养护,经过试验后达到脱模强度再脱模。

6.3.4 构件运输阶段成本控制问题

1)构件存放、运输环节的成本控制痛点

(1)存放场地利用率低

不少预制构件工厂面临或经历存放场地紧张、周转率低、利用率低的情况,原因主要有场地狭小、协同不够、生产计划安排不当、管理不合理等。

构件存放饱和后如果不采取方法,就无法继续承接订单,固定成本不能进一步摊薄,成本增加。为了解决这样的问题,有些预制构件厂随意增加叠放层数或者场地未作处理直接存放构件,这样鲁莽的做法易造成构件损坏甚至报废。

(2)场地多次倒运

构件存放无序、不进行分类直接存放、不按照发货顺序存放等,都会造成厂内多次倒运,增加成本。

(3)存放错误

存放错误容易导致构件裂缝,产生修补成本,甚至导致构件报废,还可能造成构件倒塌,导致构件损失和安全成本上升。

(4)吊运过程碰撞

吊运发生碰撞会造成构件损坏,还有可能造成其他构件尤其是立放构件倾倒,导致构件损坏和安全事故。

(5)吊具选用不当

吊具选用不当或者吊索与水平夹角过小,都会导致构件内力加大,从而造成构件裂缝。

除上述几种常见的问题外,发货货车忙乱、发货顺序混乱、运输车选型或装车不合理、装车顺序与安装顺序不符、装车或运输过程麻痹大意以及对需防护的预制构件防护不到位等不规范操作,都容易造成运输费用增加。

2)预制构件装车和运输成本控制的措施

(1)预制构件运费占产品价格的比例

运输距离与运输成本大体上呈线性关系,运距越远,成本越高(见表6.4)。运费包括装车费、运输设施费、车费、卸车费等,工厂报价是依照成本计算。一般情况下,预制构件市场价包含了运费。

表6.4 预制构件合理运输距离分析表

项目	近运距	中距离	远距离	较远距离	超远距离
运输距离(km)	30	60	90	120	150

续表

项目	近运距	中距离	远距离	较远距离	超远距离
运费(元/车)	1 100	1 500	1 900	2 300	2 650
运费[元/(车·km)]	36.7	25.0	21.1	19.2	17.7
平均运量(m^3/车)	9.5	9.5	9.5	9.5	9.5
平均运费(元/m^3)	116	158	200	242	252
当期预制构件市场价格(元/m^3)	3 000	3 000	3 000	3 000	3 000
运费占构件销售价格比例(%)	3.87	5.27	6.67	8.07	8.40

(2)预制构件运输环节降低成本的措施

①制定安全高效的运输方案。根据运输构件的种类、重量、外形尺寸以及数量等制定运输方案,其内容包括运输时间、运输顺序、运输路线、固定要求、存放支垫及成品保护措施等。对于超高、超宽、形状特殊的大型构件的运输应有专门的质量安全保证措施。

②做好运输前的准备工作。

③提高装卸效率及装车量。

④做好封车固定,防止构件损坏。预制构件运输过程中,因摆放不当或固定不到位会导致构件磕碰、掉落及发生安全事故,造成产生构件修补或报废成本及安全成本。所以,预制构件运输前必须做好封车固定工作。

6.3.5 施工阶段成本控制问题

1)施工精度要求高

施工环节不可避免需要将预制构件通过大型机械吊装,并通过套筒、灌浆料及保温连接件连接起来,由于不同构件安装施工方式和连接材料的不同,施工难度增加。当前建筑业施工沿用传统较为粗犷的施工方式,安装精度控制不到位,安装尺寸偏差较大。例如,墙板拼接接缝处理超出规范要求,装配式墙板之间的接缝上下不通顺、宽窄不均甚至错台;厨房、卫生间降板处标高误差等。

2)现场管理及工人施工水平差

施工要求精细化的同时,存在农民工不懂装配式建筑施工、不顾施工质量安全、管理人员监管不到位等情况,工人施工精度控制意识低、现场管理水平差,影响建筑部位使用功能,甚至会影响下一步工序的施工,更严重的需要重新拆卸、返工,降低工程质量、增加工序、延迟工期,人、材、机和措施费都会有所增加。

6.3.6 数字技术在施工成本控制中的应用

目前的成本管理模式仅靠财务核算数据不能进行有效的成本控制和管理,必须将成本管理方式与信息核算系统相结合,利用计算机进行工程项目的整体成本监控。信息化平台成本管理同样是在企业信息化平台管理模式的基础上衍生出的成本管理模式,即利用当代相关的网络技术,“实”变“虚”的信息交互。在此过程中,信息能够及时交流、反馈,在工程施工过程中及时地进行成本核算、成本分析、成本调整,实现各个部门之间的数据共享,实现项目数据的集中管理。

信息化平台要求充分利用相关技术软件,包括 BIM 技术(前期的图纸深化设计、后期的虚拟建造)、无线通信射频识别技术(RFID)、编码技术(二维码)、大数据管理技术等进行施工过程的管理,从而优化工程成本费用。

1) BIM5D 在装配式建筑成本控制中的应用

BIM5D 技术是在 BIM 技术的基础上,增加了进度管理和成本管理,可根据项目合同、设计、进度、采购、成本、物资以及施工组织等数据信息,自动生成物资清单,实时记录施工进度和成本偏差,进行动态成本管理,给出成本优化策略。BIM 的 5D 模型可以为整个项目的各个时期的造价管理提供精确的依据,再通过模型获得各个时期甚至任意时间段的工程量,大大降低了造价人员的计算量,提高了工程量的准确性。

BIM5D 技术实现了各阶段实际成本的实时结算,从而达到工程项目各个阶段协同化、可视化和精细化的成本控制,降低建筑项目的成本费用。同时,提升了 BIM 技术在信息化平台的应用价值。

BIM5D 系统是基于 BIM 模型的集成应用平台,通过三维模型数据接口集成土建、钢构、机电、幕墙等多个专业模型,并以 BIM 集成模型为载体,将施工过程中的进度、合同、成本、工艺、质量、安全、图纸、材料、劳动力等信息集成到同一平台,利用 BIM 模型的形象直观、可计算分析的特性,为施工过程中的进度管理、现场协调、合同成本管理、材料管理等关键过程及时提供准确的构件几何位置、工程量、资源量、计划时间等,帮助管理人员进行有效决策和精细管理,减少施工变更,缩短项目工期,控制项目成本,提升质量。

BIM5D 移动端包括生产进度、质量、安全、构件跟踪、知识库五大模块应用,还可以查看施工图纸及施工相册,主要协助生产应用及质安应用。

2) RFID 技术在装配式建筑成本控制中的应用

RFID 技术即射频识别技术,主要由阅读器、电子标签和相应的数据管理系统 3 部分组成。它使用无线射频方式进行非接触双向数据通信,读写电子标签以达到识别目标和数据交换的目的。在装配式建筑工程项目的实施过程中,充分利用 RFID 技术在物流追踪、信息识别、数据统计的优势,将每一个预制构件的信息设置成唯一的电子标签,包含生产厂商、安装人员、运输人员等的重要信息,从而保证后期发生质量问题可以快速追根溯源。所有的信息都存储在信息化平台的数据库中,实现构件从厂家到现场的全程定位跟踪。

3) 编码技术在装配式建筑成本控制中的应用

编码技术,就是给每一个预制构件设置独一无二的“身份证”的过程。装配式建筑构件种类繁多,为了对每个预制构配件进行精准追踪和全面管理,就需要对其进行唯一身份 ID 编码,可以大大避免后期吊装阶段不必要的工程返工。

数字
新成本

4) 大数据

传统模式的造价管理还停留在手工计算或部分使用软件处理的阶段,全面提升建筑业的信息化管理水平就要求建立一体化服务平台,使数据资源的利用水平和信息服务能力获得明显提升。造价大数据就是依托 BIM 技术进行造价业务数据的整合和分析,充分发挥造价大数据在建筑业信息化发展中的作用。

(1)造价大数据流程

造价大数据通常包括岗位端到项目端,最后集成到企业级的大平台。从数据流程来说,BIM 数据会涉及业务的流程和项目岗位之间的岗位流,最后汇集成为整个大数据流来形成整个企业的项目造价大数据。

①岗位端。在此阶段完成 BIM 模型和工程计价的信息数据处理后,会形成"个人"的"工程量指标"和"价格指标"基础数据库,同时也完成了岗位端的业务数据流信息的积累。

②项目端。把造价管理需要的工程量数据、价格数据在 PC 端上传后,借助云端协同技术同步至项目的 BIM 平台。其他岗位人员登录统一项目端完成对应任务后,可在云端实现和其他岗位人员的现场数据流在 BIM 集成平台的数据整合。

③企业端。由总承包企业搭建好的企业级造价大数据平台,利用 BIM、云计算和平台整合技术,可以实现对岗位级、项目级数据的抓取,再根据系统内置的统一数据标准,完成造价数据的分析、整理和归集,实现企业各项目的工程量、价格数据的分析,形成完整的造价指标大数据,从而帮助整个企业集成全项目的专业造价数据流信息(图 6.2)。

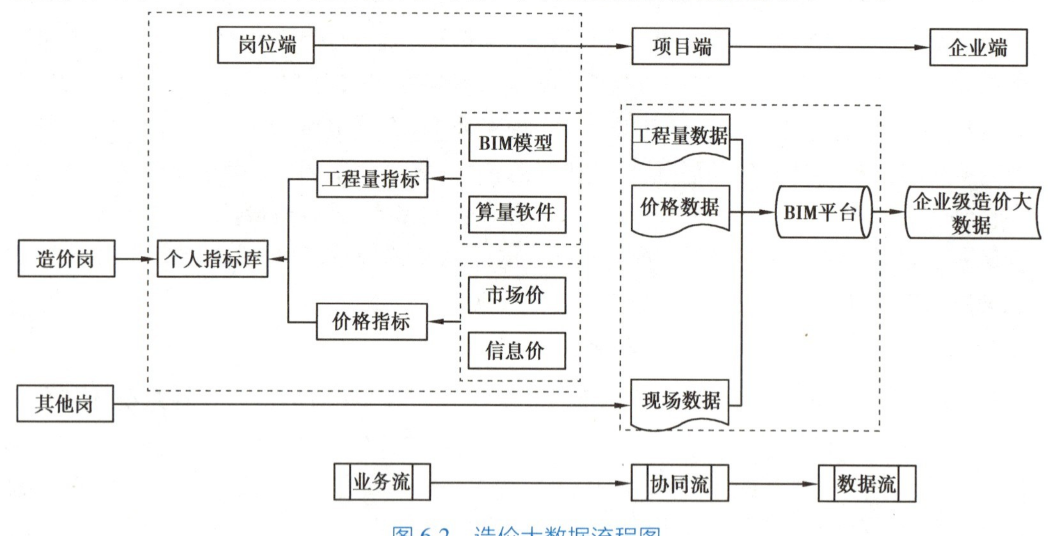

图 6.2 造价大数据流程图

在全过程造价管理过程中,项目结算完成后,造价专业人员需要完成成本分析和指标数据的收集、整理工作,对项目数据进行整理和归类,作为后续项目投资阶段中的重要经济指标数据。

(2)BIM 造价工程量指标大数据

例如,如果遇到一个群体项目,楼栋只是户型不太一致,但是结构、形式相似,就可以在完成工程量计算后,通过对比不同楼栋的预制构件数量、混凝土和模板等指标来复核工程量计算的准确性,快速查找问题所在,从而提高管理效率。

工程量的指标大数据以项目级平台为例,项目级平台能通过 PC 端上传的模型自动获得常用的工程量指标信息，如钢筋、混凝土等的指标信息。

造价工程量的指标支持定制开发，企业可以将实际业务需求反馈给厂商。

(3)价格指标大数据

工程造价的费用构成中，材料价格占整个工程造价的直接花费比例最大。打开当地材料价格信息平台，通过查询混凝土行情，可以得到主流品牌的混凝土的价格情况，帮助造价专业人员快速了解市场价格。

造价大数据就是依托 BIM 技术进行造价业务数据的整合和分析，并且充分发挥了造价大数据在建筑业信息化发展中的作用，这符合未来建筑业信息化发展的趋势。比如：招标控制价编制完成之后，为了确保其编制的合理性，可以借助广联达云计价平台“广联达指标神器”进行造价指标的合理性分析，工程造价指标主要反映每平方米建筑面积造价，包括总造价指标、费用构成指标等。根据体检结果，找出存在的问题，并按照合理性原则，结合成本控制特点及工程具体情况对招标控制价做进一步的修改和完善，包括综合单价调整、单方造价指标、主要工程量指标及消耗量指标等。

[**案例** 6.1]案例背景：广联达办公大厦，建筑面积 4 745.60 m^2。

操作过程如下：

①双击“广材指标神器”图标，输入账号和密码进入软件界面(图 6.3)。

图 6.3　进入“广材指标神器”

②导入需要分析的文件(图 6.4)。

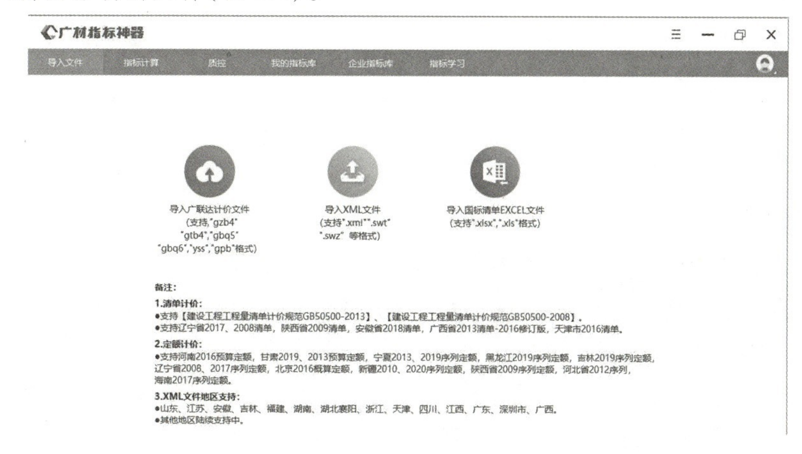

图 6.4　导入计价文件

③输入工程项目信息(图 6.5)。

广材指标神器

导入文件 指标计算 质控 我的指标库 企业指标库 指标学习

完善信息 指标查看 指标对比

项目结构调整 项目工程信息 计算口径填写 单项工程信息

	名称	内容	单位
1	工程名称 *	资源5 广联达办公大厦合同.GBQ5	
2	造价类型 *	结算价	
3	工程规模 *	4745.60	m2
4	工程地点 *	北京-北京-东城区	
5	工程分类 *	居住建筑	
6	清单编制依据	工程量清单项目计量规范(2013-北京)	

图 6.5　项目工程信息界面

④查看工程项目单方造价指标(图 6.6)。

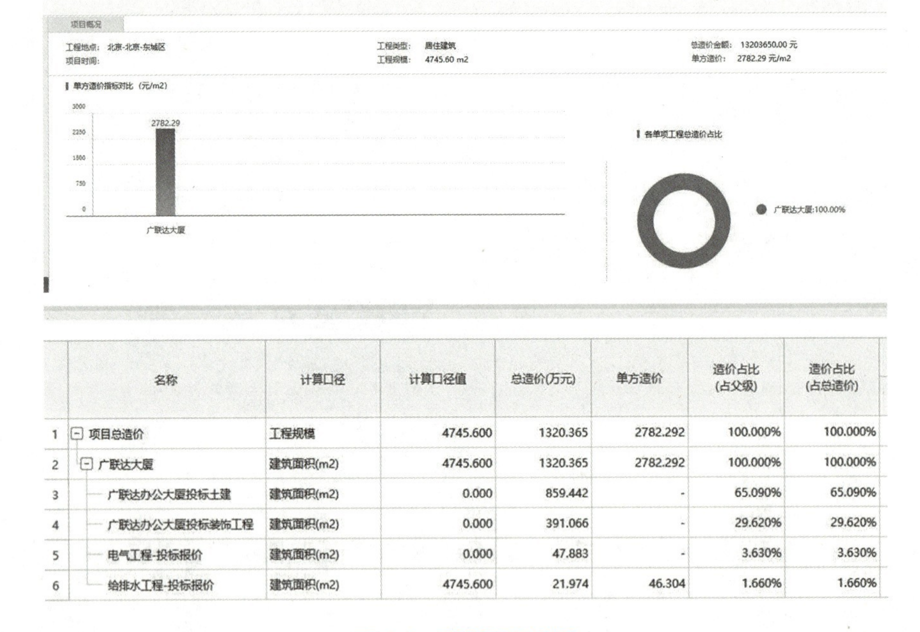

	名称	计算口径	计算口径值	总造价(万元)	单方造价	造价占比(占父级)	造价占比(占总造价)
1	项目总造价	工程规模	4745.600	1320.365	2782.292	100.000%	100.000%
2	广联达大厦	建筑面积(m2)	4745.600	1320.365	2782.292	100.000%	100.000%
3	广联达办公大厦投标土建	建筑面积(m2)	0.000	859.442	-	65.090%	65.090%
4	广联达办公大厦投标装饰工程	建筑面积(m2)	0.000	391.066	-	29.620%	29.620%
5	电气工程-投标报价	建筑面积(m2)	0.000	47.883	-	3.630%	3.630%
6	给排水工程-投标报价	建筑面积(m2)	4745.600	21.974	46.304	1.660%	1.660%

图 6.6　工程项目指标

5)验工计价

验工计价是对合同已完成的合格数量或工作,进行验收、计量、计价并核对的总称,又称为工程计量与计价或者进度计量与计价。验工计价是控制工程造价的核心环节,是进行质量控制的主要手段,是进度控制的基础,也是保证业主和承包人合法权益的重要途径。

对于建设单位而言,支付工程进度款属于投资的控制,建设单位可以从资金、质量、进度等方面对建设工程进行了解和控制,因此为了准确、及时反映建设工程施工情况,就需要按期计算工程进度款;对于施工单位而言,工程进度款属于成本的控制,及时计算和申请工程进度款，可以实现成本的良好控制。

(1)主要流程

①根据合同文件及现场实际进度情况统计出当期完成的清单工程量，同时还要核对截止计算的时间点前累计完成的清单工程量是否超过合同约定范围。

②对材料进行认价和调整，进行人、材、机调差。

(2)操作步骤

①新建验工计价文件，并导入工程项目合同价预算书。

图 6.7　验工计价界面

②新建形象进度(图 6.8)。

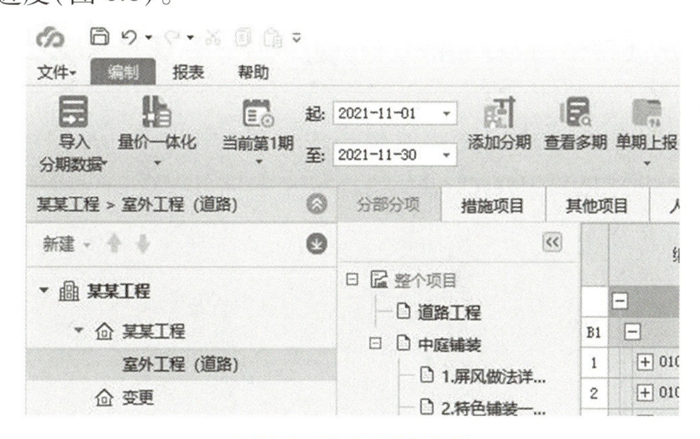

图 6.8　输入形象进度

③输入第 1 期完成工作量以及以后各期的累计完成工作量。当某分部分项已完成的工程量超过合同工程量，软件中的数据会自动红色预警显示。通过红色预警项，可以查看出现问题的项目，以便寻找超量的原因。验工计价结果如图 6.9 所示。

	编码	类别	名称	单位	合同		第2期上报（当前期）			第2期审定（当前期）			累计完成			未完成
					工程量	单价	工程量	合价	比例(%)	工程量	合价	比例(%)	工程量	合价	比例(%)	工程量
			整个项目					958541.65			958541.65			1909506.12		
B1		部	道路工程					496167.59			496167.59			1410874.02		
1	010101003001	项	挖沟槽土方	m3	1588.62	6.12	0	0	0	0	0	0	1588.62	9722.35	100	0
2	010103002001	项	余方弃置	m3	1922.24	18.79	0	0	0	0	0	0	2100	39459	109.25	-177.76
3	040203006001	项	沥青混凝土	m2	704.8	191.68	0	0	0	0	0	0	704.8	135096.06	100	0
4	040203006002	项	沥青混凝土	m2	784.4	264.06	79	20860.74	10.07	79	20860.74	10.07	783.8	206970.23	99.92	0.6
5	040203006003	项	沥青混凝土	m2	200	264.06	100	26406	50	100	26406	50	100	26406	50	100
6	040204002001	项	人行道块料铺设	m2	659.91	255.75	59.91	15321.98	9.08	59.91	15321.98	9.08	659.91	168771.98	100	0
7	040204002002	项	人行道块料铺设	m2	409.19	257.01	15	3855.15	3.67	15	3855.15	3.67	415	106659.15	101.42	-5.81
8	040203008001	项	块料面层	m2	653.73	183.76	353.73	65001.42	54.11	353.73	65001.42	54.11	653.73	120129.42	100	0
9	040203008002	项	块料面层	m2	1041.23	272.07	1062.05	288951.94	102	1062.05	288951.94	102	1262.05	343365.94	121.21	-220.82
10	010904001001	项	楼（地）面卷材防水	m2	1358.53	73.99	0	0	0	0	0	0	1328.53	98297.93	97.79	30
11	040204004001	项	安砌侧(平、缘）石	m	1076.92	106.83	576.92	61632.36	53.57	576.92	61632.36	53.57	1076.92	115047.36	100	0
12	040204004002	项	安砌侧(平、缘）石	m	171.38	57.81	0	0	0	0	0	0	171.39	9908.06	100.01	-0.01
13	040204004003	项	安砌侧(平、缘）石	m	161.33	104.77	0	0	0	0	0	0	161.33	16902.54	100	0
14	011602001001	项	混凝土构件拆除	m2	200	70.69	200	14138	100	200	14138	100	200	14138	100	0
B1		部	中庭铺装					462374.06			462374.06			498632.1		
B2		部	1.屏风做法详见（S-LS-3.02）					36258.04			36258.04			72516.08		
15	010504001001	项	直形墙	m3	2.14	958.19	2.14	2050.53	100	2.14	2050.53	100	4.28	4101.06	200	-2.14
16	010515001001	项	现浇构件钢筋	t	0.129	4956.75	0.129	639.42	100	0.129	639.42	100	0.258	1278.84	200	-0.129

图 6.9　验工计价结果

措施项目工程量和其他项目工程量均可以实现。

课后思考题

1.简述装配式建筑项目工程造价的构成。

2.装配式建筑项目成本管理的环节有哪些?

3.分析对比装配式建筑项目施工阶段和现浇项目施工阶段成本增减内容。

4.简述装配式建筑项目成本控制的主要措施。

延伸阅读

[1] 裴永辉,王丽娟,胡卫波.装配式混凝土建筑技术管理与成本控制[M].北京:中国建材工业出版社,2019.

[2] 胡卫波,王雄伟.装配式建筑全成本管理指南——策划、设计、招采[M].北京:中国建筑工业出版社,2020.

[3] 杨华斌,路军平,吕士芳.装配式建筑工程造价[M].郑州:黄河水利出版社,2018.

[4] 李广新.基于 GA-Elman 模型的装配式建筑成本预测研究[D].沈阳:沈阳建筑大学,2021.

[5] 陈圆月,李伟清.预制装配式建筑生产成本影响因素分析[J].西南师范大学学报(自然科学版),2020,45(02):68-72.

第7章　装配式建筑项目进度管理

主要内容：阐述了进度管理的概念、进度计划的编制以及调整，依据PDCA循环的理论完成进度管理，鉴于装配式项目管理的特殊性，又详述了物资供应的进度管理。

重点、难点：重点是掌握进度计划的编制的方法，能够运用常见方法完成进度计划编制；难点是结合实际项目完成进度实施过程中的调整，对物资供应进度进行实时管理。

培养能力：培养学生的装配式建筑进度管理与物资供应进度管理和协调能力。

装配式建筑施工的应用，有利于加快工程建设进度、确保工程质量、降低建设成本。但装配式建筑相对于传统建筑施工工艺更加复杂，工序更多，涉及参与方更多，特别是装配式建筑涉及众多规格构件，且构件生产制作、吊装、存放、运输是装配式建筑进度控制的核心内容。

7.1　装配式建筑进度管理概述

7.1.1　进度管理的概念

施工企业生产管理解决方案

工程建设项目的进度管理是在既定工期内，对工程项目各建设阶段的工作内容、工作程序、持续时间和逻辑关系编制最科学、合理的施工进度计划，并为了保证计划能够按期实施，在项目部管理方式、资金使用、劳力使用及安排、材料订购及使用、机械使用等诸方面做好针对性工作；在项目具体实施过程中，项目部应经常检查实际进度是否按计划进行，分析影响计划进度的各种不利因素，及时调整计划进度或提出弥补措施，直至工程达到验收条件，交付竣工使用。

装配式建筑项目施工过程涉及混凝土预制构件生产、运输，施工现场预制构件安装等阶段，涉及的相关人员处于不同的空间维度和时间维度，这使得进度管理更加困难，因此装配式建筑项目进度控制方法同传统现浇建筑项目进度控制方法有较大不同。装配式建筑使用的构件一般委托给预制构件生产企业生产，室内装饰也有部分工作内容，如门窗、整体厨卫等委托给施工现场外的其他生产企业生产并运输到现场，现场湿作业明显减少，因此装配整体式建筑项目进度控制方法有其独有的特点。

装配式建筑工程项目进度管理是一个循序渐进的动态管理过程，是施工总承包单位在规定时间内，针对装配式建筑独有的特点，拟订最佳的进度计划及相应的控制措施，包括构件结构施工进度计划、构件生产计划、构件安装进度计划等。

7.1.2 进度管理影响因素

装配式建筑施工的进度管理中，根据进度控制的核心内容，其影响进度的关键性因素大体包括构件拆分设计、构件生产及运输、现场道路场地准备、现场备料及堆场设计、吊装机械选择、穿插流水组织、施工过程控制、人员配备等 8 项。

(1)构件拆分设计

构件拆分设计是装配式建筑全寿命周期的开端，从设计之初即采取有利于施工的设计原则，可有效降低施工难度，加快施工进度。构件拆分设计时应遵循以下原则：

①设计模数化、标准化，减少非标准构件和异形构件数量，便于现场安装。

②设计一体化，构件设计时与各专业配合，提前做好预留预埋，减少后期开槽修补时间。

③充分利用信息化技术进行设计，包括利用 Revit、Tekla 等软件进行辅助设计，提高构件设计完整度与精确度，减少因设计错误导致的施工延误。

(2)构件生产及运输

构件生产及运输主要影响供货计划，供货不及时将影响现场安装进度。构件生产及运输需满足以下要求：

①构件生产厂家应根据构件数量、构件生产难度、构件堆放场地、构件养护条件、生产单位的产能等提前确认生产计划，组织生产备货，准时供应成品构件。

②构件生产厂家确保构件生产质量，且在发生质量缺陷时能及时更换相同构件。

③运输过程中采用运输防护架、木方、柔性垫片等成品保护措施(图 7.1、图 7.2)。

图 7.1　木方垫块

图 7.2　运输防护架

④应就近选择构件生产厂家，合理规划到施工现场的运输路线，评估路况，合理安排运输时间。

(3)施工现场道路和场地

施工现场道路和场地需满足构件运输车辆行驶要求以及构件堆场要求，确保运输车辆不在场地内拥堵，不影响卸车作业时间。具体包括：道路应设计成环形道路；道路宽度不小于 6 m，净高不小于 6.5 m；当道路和堆场位于地下室顶板上时应采取顶撑加固措施；道路和堆场的规划应考虑塔吊的覆盖半径。

(4)现场的备料数量及堆场的设计

现场的备料数量及堆场的设计需保证安装作业不会出现停滞,具体须满足以下要求:

①构件数量较多、工期较紧时,可在现场备料1~2层,确保现场施工的连续性;当构件数量较少时,无须安排堆场,可直接从运输车辆上起吊安装,减少现场周转运输时间。

②构件堆场应防止构件损坏,以及安装混乱对工期产生的不利影响。

③务必按照安装顺序合理堆放构件,确保安装效率最大化。

④构件堆放时应留出1 m左右堆放间距,确保安装时不会产生相互影响,且方便工人操作,以加快安装效率(图7.3)。

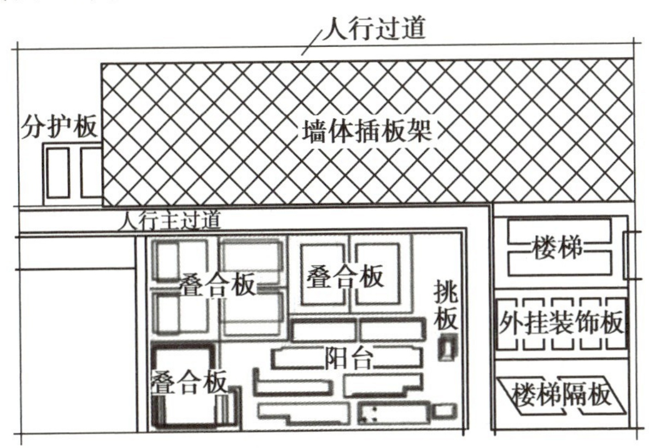

图7.3　构件堆场布置

⑤在卸车堆场时,按先吊放最外侧、后吊放内侧的顺序依次摆放至定型堆架上,不得混淆。

⑥需要及时跟进进货计划,联系构件厂人员确认供货的楼层、批次、时间及地点,进货堆场做到与现场施工有序错开,做到精细化管理。

(5)吊装机械选择

为保证吊装作业进度正常,须对吊装机械的型号、数量、平面布置进行提前策划,须满足以下要求:

①根据构件质量、数量以及力矩等数据合理选择吊装机械,确保构件安装作业以及构件堆场作业正常。

②根据现场场布、施工流水、施工工期等规划吊装机械型号、数量、进场时间,确保构件安装流水作业不会产生堆积、窝工现象。

(6)合理安排穿插施工

不同施工段的流水安排及不同工序之间的合理穿插可加快单层PC吊装进度,在进行施工流程策划时需考虑以下因素和原则:

①不同工序穿插时应满足流水节拍相等或呈倍数关系。

②工序穿插时应有足够工作面,便于施工。

③关键工序的进度控制是所有工序进度控制的重点。

(7)施工过程控制

施工过程控制需要从以下几个角度多加考虑:

①确保收面平整度和楼层标高,减少吊装偏差修整时间。

②合理安排班组,做到流水施工。

③钢筋绑扎与吊装作业穿插进行,不占用工期。

④合理选择支撑体系,若有叠合板构件则推荐采用独立支撑体系,其余情况可采用满堂架支撑体系。

⑤前期策划时需安排好构件吊装顺序,吊装应按照顺序依次进行,为后续工序提供操作面。

(8)人员配备

人员配备方面,工人操作熟练程度影响工序的进行速度和劳动生产效率。人力资源配备需满足安装进度要求,选择专业的安装班组,一个完整的构件安装班组包括1名班组长、1名质检员、5~6人安装工人、1名安装信号工、1名电焊工,各岗位分工明确。班组数量应依据流水段划分数量、总体进度要求综合选择。

7.1.3 进度管理要点

装配式建筑项目进度管理主要有以下要点:

①人员调度。为保障工期目标实现,在工程进行过程中应投入相当数量的劳动力、机械设备、管理人员,并根据施工方案合理有序地对人力、机械、物资进行有效调配,方可确保计划中各施工节点如期完成。

②构件生产运输周期。正常情况下,预制装配式PC厂家在接收到确定的装配式拆分方案施工图后,从工艺深化设计到模具制作生产拼装,再到首批预制构件可以发货进场,周期不超过60个日历天。

③构件拆分预制构件制作前,构件采购方应组织深化设计单位对构件工厂进行生产前的技术交底。

④首批预制构件隐蔽验收前,预制构件工厂应组织项目甲方、监理方、采购方、设计院共同对构件进行隐蔽验收。

⑤预制装配式构件正式吊装前,项目甲方应组织设计院、深化设计单位到项目现场对监理方、总包方、吊装单位进行施工前的技术交底,着重强调装配式节点部位与传统施工工艺的不同点及具体施工要求。

⑥预制构件进场前,构件厂应已完成不少于3个楼层的构件,方可确保现场吊装施工启动后不会因为等待构件供应而窝工。

⑦项目第一批次构件吊装时,由于施工队伍熟悉图纸需要一个过程,现场不同施工班组的穿插配合需要磨合,标准层进度含传统施工部分的第一个楼层按12天/层,第二个楼层按10天/层,第三个楼层按8天/层,进入第四个楼层已基本完成磨合,可以按7天/层(或6天/层)进行进度计划编制。

⑧为保证现场施工的连续性,应在开工前由构件采购方根据项目进度计划要求组织构件厂、吊装队就需求计划、吊装顺序及运输相关事宜进行充分讨论,协商出吊装进度、生产排产、供货计划。为了标准层各工种有效衔接,吊装队应根据吊装顺序、工序衔接、施工进

度等情况反提装车顺序、车载数量、构件进场时间等要求给构件厂。

⑨吊装施工过程中，楼栋和楼栋之间也可以组织流水施工，正常情况下每个熟练的吊装班组可以负责2~3栋楼的流水施工；每栋楼高层每层单独进行流水施工组织，流水段可按单元划分，每个单元墙体分一个流水段，顶板为一个流水段。

⑩当建筑单体的外围护墙体设计的是装饰、保温与窗框预埋综合一体的构件时，主体结构装配施工完成后，外围墙体竖向施工大幅减少且工艺时间大幅缩短，只要完成外围墙体的拼缝封闭和外窗封闭及楼层断水，即可为室内装修创造穿插施工作业的条件。在此基础上，可以进行高层单体建筑的室内精装立体穿插施工。

7.2 装配式建筑进度计划的编制

装配式建筑对全过程管理的专业化要求较高，各工序对技术水平和管理水平的要求都较为严格，且其建造方式与普通现浇结构存在明显差异，具有多维作业空间并行实施的特点，工程进度网络计划相对比较复杂。因此，针对其施工流程的固有特点，分析影响施工进度计划的因素，并在编制过程中对这些因素加以注意。

7.2.1 施工进度计划的分类

施工进度计划按编制对象的不同可分为建设项目施工总进度计划、单位工程进度计划、分阶段（或专项工程）工程进度计划、分部分项工程进度计划。

（1）建设项目施工总进度计划

施工总进度计划是以一个建设项目或一个建筑群体为编制对象，用以指导整个建设项目或建筑群体施工全过程进度控制的指导性文件。它按照总体施工部署确定每个单项工程、单位工程在整个项目施工组织中所处的地位，也是安排各类资源计划的主要依据和控制性文件。

建设项目施工总进度计划涉及地下地上工程、室外室内工程、结构装饰工程、水暖电通、弱电、电梯等各种施工专业，施工工期较长，特别是遇到一个建设项目或一个建筑群体中部分单体建筑是装配式建筑，而另一些建筑是传统非装配式建筑的情况，故其计划项目主要体现综合性、全局性。建设项目施工总进度计划一般在总承包企业的总工程师领导下进行编制。

（2）单位工程进度计划

单位工程进度计划是以一个单位工程为编制对象，在项目总进度计划控制目标下，用以指导单位工程施工全过程进度的指导性文件。它所包含的施工内容比较具体明确，施工工期较短，故其作业性较强，是进度控制的直接依据。单位工程开工前，由项目经理组织，在项目技术负责人领导下编制单位工程进度计划。

装配式建筑项目的单位工程进度计划编制需要考虑装配式项目施工过程的诸多因素，例如，拟施工的单位工程中的竖向和水平构件都采用预制构件或部品，还是仅水平构件采用预制构件，应充分考虑工程开工前现场布置情况、吊装机械布置情况和最大起重量情况；

地基与基础施工时，考虑开挖范围内如何布置预制构件情况；主体结构施工安装时，考虑预制构件安装顺序和每个预制构件安装时间及必要的辅助时间；预制构件吊装安装时，考虑同层现浇结构如何穿插作业。

(3)分阶段工程(或专项工程)进度计划

分阶段工程(或专项工程)进度计划是以工程阶段目标(或专项工程)为编制对象，用以指导其施工阶段(或专项工程)实施过程的进度控制文件。装配式建筑项目吊装施工适用于编制专项工程进度计划，该专项工程进度计划应具体明确预制构件进场时间批次及堆放场地并绘图表示，充分说明钢筋连接工序时间、预制构件安装节点，清晰展示同层现浇结构的模板及支撑系统、钢筋、浇筑混凝土的时间节点。

(4)分部分项工程进度计划

分部分项工程进度计划是以分部分项工程为编制对象，在依据工程具体情况所制定的施工方案基础上，对其各施工过程所作出的时间安排的专业性文件。

分阶段工程(或专项工程)进度计划和分部分项工程进度计划的编制对象为阶段性工程目标或分部分项细部目标，目的是把进度控制进一步具体化、可操作化，是专业工程具体安排控制的体现。此类进度计划与单位工程进度计划类似，比较简单、具体，通常由专业工程师与负责分部分项的工长进行编制。

7.2.2 进度计划的编制要求

进度计划是工程进度管理始终围绕的核心，因此事先编制各种相关进度计划便成了装配式建筑项目进度管理工作的首要环节。编制装配式建筑项目进度计划要遵循下列要求：

①符合实际施工要求。要掌握有关装配式施工项目的施工合同文件、施工进度目标、各类工期定额、建设地区自然条件及有关技术经济资料、工程技术规范、工期要求；了解交通、材料供应、运输能力等各种变化着的施工条件和劳动力、技术人才、材料等情况。

②均衡、科学地安排计划。编制装配式建筑项目计划进度要统筹兼顾，全面考虑，做好施工任务与劳动力、机械设备、材料供应之间的平衡，科学合理地安排人力、物力。当前，很多单位在编制进度计划时采用“横道图”，虽然绘图简便明了，但它不能准确反映工程中各工序之间的相互关系，科学性不强。而流水作业、网络计划能准确反映这些关系，并能体现主次关系，便于管理人员进行综合调整，确保工程按期完成。

③积极可行，留有余地。积极就是既要尊重规律，又要在客观条件允许的情况下充分发挥主观能动性，挖掘潜力，运用各种技术组织措施，使计划指标具有先进性。可行就是要从实际出发，充分考虑计划的可行性，使计划留有充足余地。要保证项目在规定的期限内完成；迅速发挥投资效益；保证项目实施的连续性和均衡性；节约费用。

单位工程施工进度计划事关工程全局和工程效益，在编制时，应力争做到：在可能的条件下，尽量缩短施工工期，以便及早发挥工程效益；尽可能使施工机械、设备、工具、模具、周转材料等在合理范围内最少，并尽可能重复利用；尽可能组织连续、均衡施工，在整个施工期间，施工现场的劳动人数在合理范围内保持一定的最小数目；尽可能使施工现场各种临时设施的规模最小，以降低工程的造价；尽可能避免或减少因施工组织安排不善造成停工待料而引起时间的浪费。

工程施工是一个十分复杂的过程，受许多因素的影响和约束，如地质、气候、资金、材料供应、设备周转等各种难以预测的情况，在编制施工进度计划时，既要强调各施工过程之间紧密配合，又要适当留有余地，以应对各种难以预测的情况，避免陷入被动局面；另外应选择科学、合理的进度管理工具，以便在施工过程不断修改和调整。

7.2.3　进度计划的编制方法

流水施工的进度计划图表反映了工程流水施工时各施工过程在工艺上的先后顺序、互相配合的关系和它们在时间、空间上的开展情况。目前，应用最广泛的流水施工进度计划图表有横道图、斜线图、里程碑图和网络图。

1）横道图

横道图又称甘特图，是应用广泛的进度表达方式。横道图通常在左侧垂直向下依次排列项目任务的各项工作名称，在右边与之紧邻的时间进度表中则对应各项工作逐项绘制道线，从而使每项工作的起止时间均可由横道线的两个端点来表示，如图 7.4 所示。

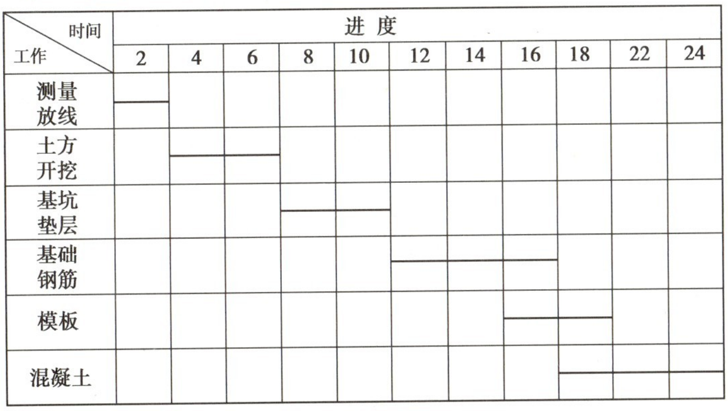

时间 工作	进度										
	2	4	6	8	10	12	14	16	18	22	24
测量放线	—										
土方开挖		—	—								
基坑垫层				—	—						
基础钢筋						—	—	—			
模板								—	—		
混凝土									—	—	—

图 7.4　横道图的基本形式

横道图的优点主要有：

①能够直观形象地表明任务计划在什么时候进行，还剩下什么工作内容，并可评估工作是提前还是滞后。

②能够清楚地表达工作的开始时间、结束时间和持续时间。

③使用方便，制作简单，易于理解。

④适用于一些小的、简单的项目。

横道图的不足之处主要有：

①当项目比较大且复杂时，使用横道图就很不方便。

②不能表示各工作之间的相互影响关系。

③当计划中某项工作出现偏差时，横道图不能反映出对总计划的影响，不便于动态控制。

④不能反映影响工期的关键工作和关键线路。

⑤不能反映工作所具有的机动时间。

2) 斜线图

斜线图是一种与横道图含义类似的进度图表，它将横道图中的水平工作进度线改绘为斜线，在图左侧纵向依次排列各项目工作活动所处的不同空间位置，在图右侧时间进度表中斜向画出代表各种不同活动的工作进度直线，如图7.5所示。

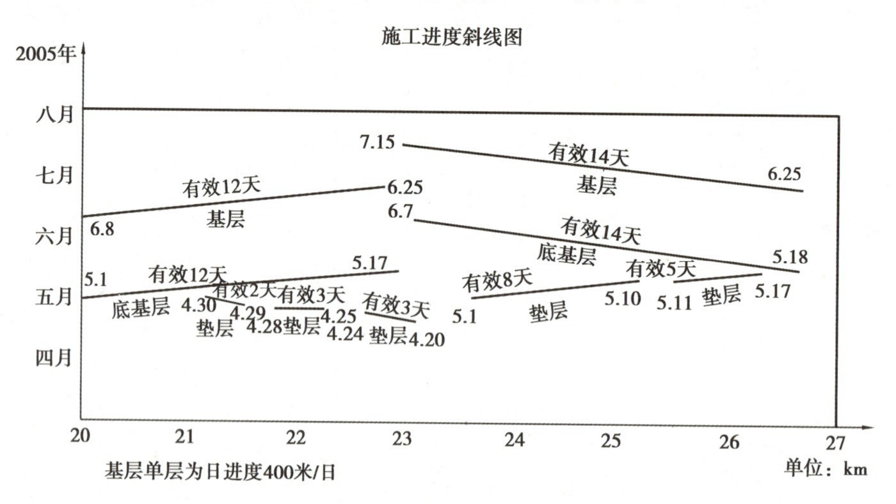

图7.5　施工进度斜线图

斜线图一般仅用于表达不同作业过程中各项工作连续作业，即流水作业组织方式的进度计划安排，主要特点：可明确表达不同作业过程之间分段流水、搭接作业情况；可直观反映相邻两作业过程之间的流水步距；工作进度直线斜率可形象表示活动的进展速率。不足之处与横道图类同。

3) 里程碑图

里程碑图是一个目标计划，它表明为了达到特定的里程碑，去完成一系列活动。里程碑计划通过建立里程碑和检验各个里程碑的到达情况，来控制项目工作的进展和保证实现总目标。表7.1为某项目里程碑计划表。

表7.1　某项目里程碑计划表

序号	工程形象进度	完成时间(天)	开始时间	结束时间
1	总工期	510	2019/11/1	2021/3/24
2	±0.000以下混凝土结构施工完	70	2019/11/1	2020/1/9
3	塔楼四层以下主体混凝土结构施工完	67	2019/11/1	2020/1/6
4	塔楼主体混凝土结构施工完	204	2019/11/1	2020/5/23
5	塔楼幕墙施工完	213	2020/3/31	2020/10/31
6	塔楼室内精装修施工完	168	2020/6/15	2020/11/30
7	裙楼主混凝土结构施工完	70	2019/11/1	2020/1/9
8	裙楼幕墙施工完	132	2020/2/18	2020/6/30
9	裙楼室内精装修施工完	172	2020/5/10	2020/10/31
10	裙楼机电设备安装施工完	249	2020/1/24	2020/9/30

续表

序号	工程形象进度	完成时间(天)	开始时间	结束时间
11	钢结构施工完	55	2020/1/29	2020/3/25
12	室外工程施工完	140	2020/6/15	2020/12/10
13	室外管网施工完	71	2020/6/15	2020/8/25
14	消防验收	10	2020/12/25	2021/1/9
15	竣工验收	44	2020/12/10	2021/3/24

4)网络图

网络图是利用箭头和节点组成的有向、有序的网状图形来表示总体项目任务各项工作流程或系统安排的一种进度计划表达方式。网络图又分为双代号网络计划图、单代号网络计划图、双代号时标网络计划图、单代号时标网络计划图。常见的有双代号网络图和单代号网络图,如图 7.6 和图 7.7 所示。

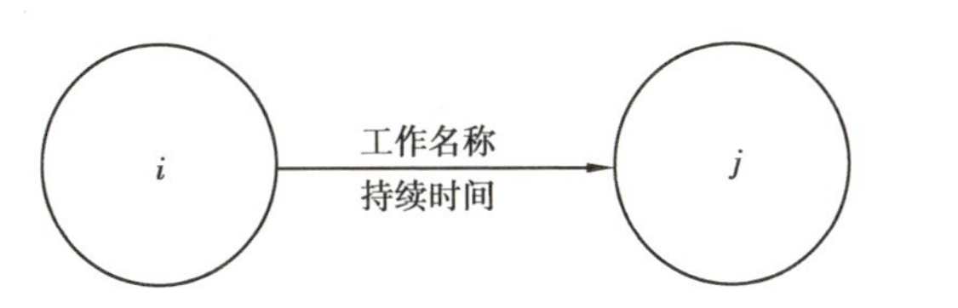

图 7.6　双代号网络图的基础表述方法

节点编号
工作名称
持续时间

图 7.7　单代号网络图的基础表示方法

双代号网络图由作业、事件和路线 3 个因素组成。这里的“作业”是指一项工作或一道工序需要消耗人力、物力和时间的具体活动过程。在网络图中,作业用箭线表示,箭尾 i 表示作业开始,箭头 j 表示作业结束。事件指网络图中箭线两端带有编号的圆圈,也称为节点。事件表示一项工作的开始与结束时刻,既不消耗资源也不消耗时间。线路自网络始点开始,顺着箭线的方向,经过一系列连续不断的作业和事件直至网络终点的通道。在一个网络图中有很多条路线,其中总长度最长的路线称为关键路线。关键路线上的各事件为关键事件,关键线路上的总用时等于整个工程的总工期。有时一个网络图中的关键线路不止一条,即若干条路线长度相等。单代号网络图又称为节点式网络图,它以节点及其编号表示工作,箭线表示工作间的逻辑关系。

与横道图相比,网络图进度计划主要有以下优点:

①网络图能够明确表达各项工作之间的逻辑关系。从组织或者工艺上能够看出本工作的紧前工作和紧后工作,有利于分析各项工作之间的相互影响和处理它们之间的协作关系。

②通过网络图进度计划能够找出关键线路和关键工作,进而明确工作重点。关键工作的提前或拖后都会直接影响总工期,因此对关键工作的控制有利于提高建设工程进度控制的效果。

③可以计算出除关键工作之外其他工作的机动时间。利用这些机动时间,优化资源强度,调整工作进程,降低成本。

④网络计划可以用计算机进行计算、优化和调整,实现计划管理科学化。

由于以上特点,网络图成为现代工程进行进度计划与控制的常用方法,尤其是广泛应用于大型、复杂且协作广泛的项目。

网络图的不足之处就是不如横道图清晰直观。

7.2.4 进度计划的编制步骤

装配式建筑项目进度计划的编制主要分为两步:建立装配式建筑项目 WBS 及确定里程碑节点;装配式建筑项目立项、规划设计、物资采购、建设施工、结算交付的编制。

1)建立装配式建筑项目 WBS 及确定里程碑节点

(1)建立装配式建筑项目 WBS

装配式建筑项目属于模块建造项目的一种,模块建造项目通常采用工作分解结构(Work Breakdown Structure,简称 WBS)将工作进行分解。WBS 是以项目的可交付结果为导向而对项目任务进行的分组,它把项目整体任务分解成较小的、易于管理和控制的工作单元,工作分解结构的每一个细分层次表示对项目可交付结果更细致的定义和描述;WBS 其实是为实现特定目标或成果的所有工作定义的层次化结果。通常情况下,在装配式建筑项目进度计划编制过程中,可以参照投标阶段已有技术物量信息表或者工作范围编制初级的 WBS,再根据项目逐步推进后的信息进行逐级分解,如图 7.8 所示。对于个别尚不明确的信息,可以仅保留上一级别的 WBS,待后续物量细化后再进行下一级别的分解。对于因合同范围变更或后期因建造修改增补的内容,可以在计划执行阶段在对应级别下的 WBS 进行增补。

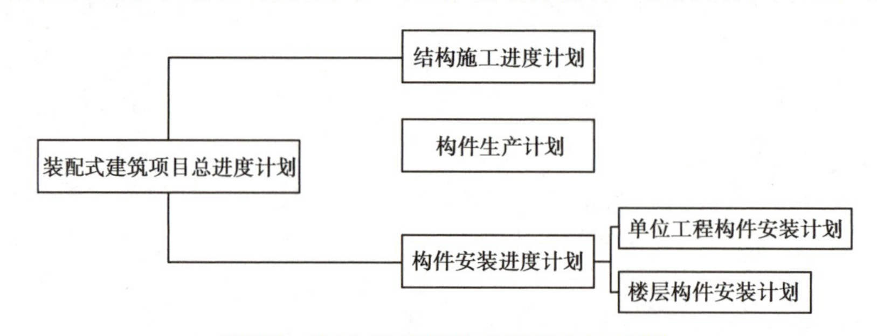

图 7.8 装配式建筑项目进度计划的分解

模块建造项目中,一级 WBS 可以按照工作流程顺序来建立;二级 WBS 可以在一级 WBS 下进行分解,采用各流程下各专业的组成来建立;三级 WBS 可以在二级 WBS 下进行分级,采用各个模块编号来建立。通常此类方法运用于模块总体吨位不大或者模块类型相似的多模块为单一项目的 WBS 建立。模块建造项目中还可以采用另外一种方式进行建立,即为一级 WBS 以各个模块编号建立;二级 WBS 可以在一级 WBS 下进行分解,按照工作流程顺序来建立;三级 WBS 可以在二级 WBS 下再次进行分解,采用各流程下的各专业组成来建立。通常此类方法运用在模块总体吨位较大或者模块类型差异较大的多模块的单一项目的 WBS 建立。

总体来说,项目 WBS 是计划管理和控制的结构基础,各级计划的编制与分解应完全按照批准通过后的 WBS 进行,以保证后续计划编制内容的完整性,避免因项目计划内容缺失导致对项目进度控制的影响。

(2)确定装配式建筑项目里程碑节点计划

为了直观地了解整体节点安排和各阶段为主要工作节点,需要在装配式建筑项目中建立里程碑节点计划。可以将整个项目中各个阶段的重要事件统一编制在主要里程碑节点下,如:项目立项阶段、项目规划设计阶段、物资采购阶段、建设施工阶段、结算交付阶段等。再按项目中立项、规划设计、采购、建造、验收结算等5部分分别编制各自较次一级的里程碑计划,可以参照合同中约定的节点时间要求编制,也可以考虑重大资源的影响或建造工艺的影响。以此构成整个建造项目的里程碑节点计划,即为一级建造里程碑节点计划。

2)装配式建筑项目立项、规划设计、物资采购、建设施工、结算交付的编制

基于已经确定的里程碑节点计划,下一阶段对包括项目立项、规划设计、物资采购、建设施工、结算交付等5部分的工作进行分部计划编制,确定各主要流程进度的衔接,以及5部分进度目标工期确定,以此构成二级建造分部计划。

在二级建造分部计划编制完成一段时间后,项目中主要的图纸设计及施工时间、材料订购时间确定后,以此为指导性文件,编制下一层级的项目立项、规划设计、材料采购、建造、验收结算,并新建该层级下5部分各自的任务作业,并依据各项任务作业的物量确定作业工期。然后进一步做好该层级下的各项任务作业的逻辑关系的连接,要充分考虑到5部分之间接口的复杂性和相互作业的关联性,必要时组织各专业人员或专家进行论证,确定关键路径。结合关键资源的占用情况,建立并加载资源日历,进行资源平衡,形成关键链,构成三级建造任务作业计划。

基于三级建造任务作业计划,根据项目5部分具体情况划分适当的一级权重,以此为基础分解下一层级各专业的二级、三级权重。依据各专业的物量和对应的工时效力,核算出各专业的工时,并分配给对应的任务作业中,进而编制出各专业的S进度曲线、人力直方图。同时利用已分配的各级权重,加权求和汇总,编制总体S进度曲线、人力直方图。经项目双方审批通过后,最终作为建造任务作业计划。

7.3 装配式建筑进度计划实施和调整

7.3.1 进度计划实施中的监测

在装配式建筑项目实施过程中,必须对进展过程实施动态监测。监测主要是随时监控项目的进展,收集实际进度数据,并与进度计划进行对比分析,为进度计划控制提供必要的信息资料和依据。出现偏差,要找出原因及对工期的影响程度,并相应采取有效措施做必要调整,使项目按预定进度目标进行。项目进度控制的目标就是确保项目按既定工期目标实现,或在实现项目目标的前提下适当缩短工期。装配式建筑进度计划实施中的监测主要从如下几个方面着手:

1)跟踪检查施工实际进度

跟踪检查施工实际进度是项目施工进度控制的关键措施,其目的是收集实际施工进度的有关数据。跟踪检查的时间和收集数据的质量,直接影响进度控制工作的质量和效果。

一般检查的时间间隔与施工项目的类型、规模、施工条件和对进度执行要求程度有关。为了保证检查资料的准确性，控制进度的工作人员要经常到现场查看施工项目的实际进度情况，从而保证经常地、定期地、准确地掌握施工项目的实际进度。

2）整理统计检查数据

将收集到的施工项目实际进度数据进行必要的整理、统计，保证实际数据所形成的形象进度与计划进度具有可比性。一般可以按实物工程量、工作量和劳动消耗量以及累计百分比整理和统计实际检查的数据，以便与相应的计划完成量相对比。

3）对比实际进度与计划进度

将收集的资料整理和统计成具有与计划进度可比性的数据后，用施工项目实际进度与计划进度进行比较。通常用的比较方法有横道图比较法、S 形曲线比较法、香蕉形曲线比较法、前锋线比较法和列表比较法等。通过比较得出实际进度与计划进度相一致、超前、滞后3 种情况。

（1）横道图比较法

横道图比较法是指将项目实施中收集的实际进度信息，经整理后用横道线并列标于原计划的横道线处进行比较分析的方法。横道图比较法形象、直观，编制方法简单、使用方便。当工程项目各项工作都均匀进展时，每项工作在单位时间内完成的工作量都应相等。用横道图编制施工进度计划指导施工实施，是人们常用的方法，如图 7.9 所示。

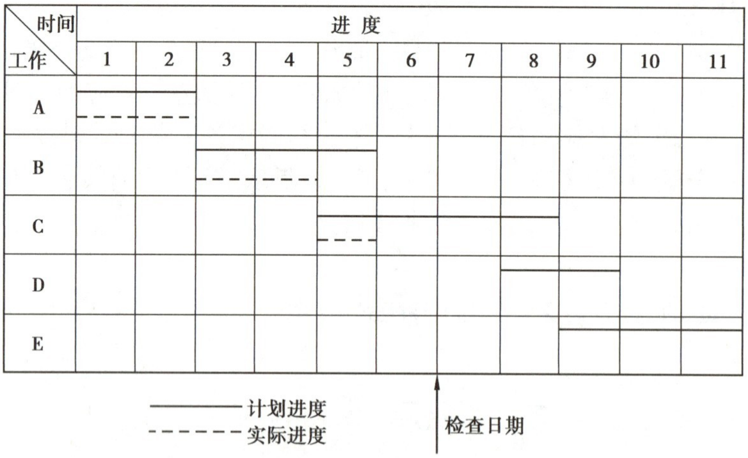

时间 工作	进 度										
	1	2	3	4	5	6	7	8	9	10	11
A											
B											
C											
D											
E											

———— 计划进度
- - - - - - 实际进度
检查日期

图 7.9　横道图施工进度检查表

在工程实施过程中，各项工作内容很难一样，工作进度不一定相同，业主进度控制要求和提供的进度信息也不同，因此在制订横道图比较法时应区别对待。可以采用以下两种方法：

①匀速施工横道图比较法。匀速施工是指施工项目中，每项工作的施工速度都是匀速的，即在单位时间内完成的任务量都是相等的，累计完成的任务量与时间呈直线变化。完成任务量可以用实物工程量、劳动消耗量和工作量三种物理量表示。为了方便比较，一般用实际完成量的累计百分比与计划应完成量的累计百分比进行比较，从中看出与计划进度时间的差别，如图 7.10 所示。

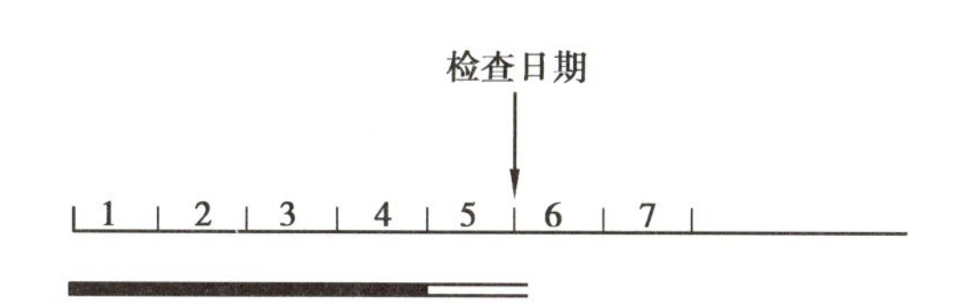

图7.10　匀速进度横道图比较图

如果涂黑的粗线右端落在检查日期左侧,表明实际进度拖后;如果涂黑的粗线右端落在检查日期右侧,表明实际进度超前;如果涂黑的粗线右端落在检查日期重合,表明实际进度与计划进度一致。

②非匀速进度横道图比较法。当工作在不同单位时间里的进展速度不同时,可以采用非匀速进展横道图比较法。该方法在涂黑粗线表示工作实际进度的同时,也标出其对应时刻完成任务的累计百分比,将该百分比与其同时刻计划完成任务的累计百分比相比较,判断工作的实际进度与计划进度之间的关系,如图7.11所示。

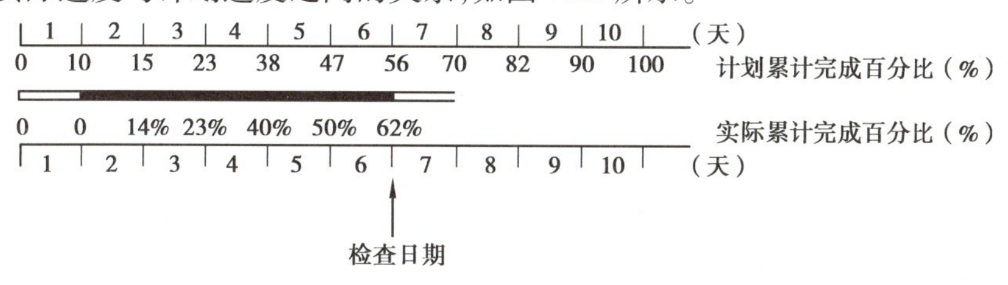

图7.11　非匀速进度横道图比较图

如果同一时刻上方的累计百分比大于下方的累计百分比,表明实际进度拖后,拖欠的任务量为二者百分比差;如果同一时刻上方的累计百分比小于下方的累计百分比,表明实际进度超前,提前的任务量为二者百分比差;如果同一时刻上方的累计百分比等于下方的累计百分比,表明实际进度与计划进度一致。

图7.11可以看出在实际进度推迟一天的情况下,在检查日期实际累计进度超过计划累计进度,表明进度超前6%。

(2)S形曲线比较法

所谓S形曲线比较法是以横坐标表示进度时间,纵坐标表示累计完成任务量,而绘制的一条按计划时间累计完成任务量的S形曲线,再将施工项目的各检查时间实际完成的任务量与S形曲线进行实际进度与计划进度相比的一种方法。从整个项目的施工全过程看,一般是开始和结尾阶段,单位时间投入的资源量少,中间阶段单位时间投入的资源量多,单位时间完成的任务量也呈同样的变化,而随时间进展累计完成的任务量呈S形变化。S形曲线的绘制步骤如下:

①确定工程进展速度曲线。根据每单位时间内完成的任务量(实物工程量投入的劳动量或费用),计算出单位时间的计划量值 q,此计划量值为离散型。

②计算规定时间累计完成的任务量。其计算方法是将各单位时间完成的任务量累加求和。

③绘制S形曲线。按各规定的时间及其对应的累计完成任务量 Q;绘制成S形曲线。如图7.12、图7.13所示。

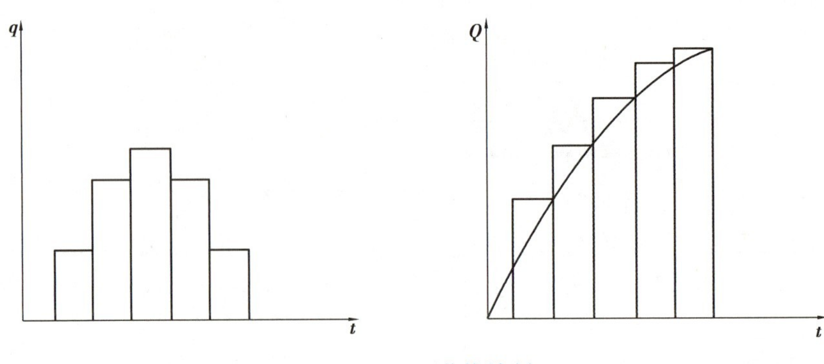

图 7.12　S 形曲线绘制

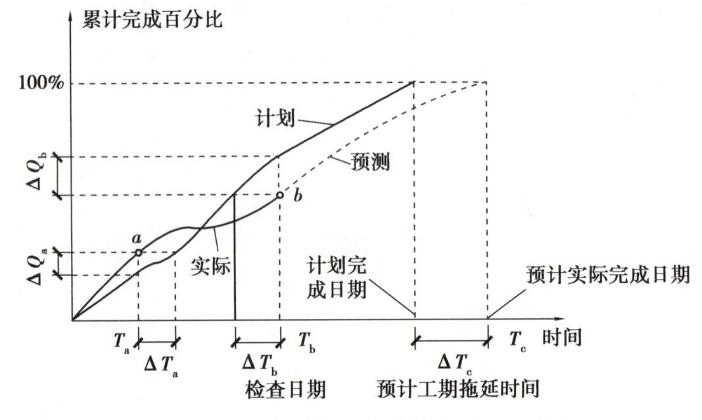

图 7.13　S 形曲线比较图

(3)香蕉形曲线比较法

香蕉形曲线是由两条以同一开始时间、同一结束时间的 S 形曲线组合而成。其中,一条 S 形曲线是工作按最早开始时间安排进度所绘制的 S 形曲线,简称 ES 曲线;而另一条 S 形曲线是工作按最迟开始时间安排进度所绘制的 S 形曲线,简称 LS 曲线。两条 S 形曲线都是从计划的开始时刻开始和完成时刻结束,因此两条曲线都是闭合的。一般情况,其余时刻 ES 曲线上的各点均落在 LS 曲线相应点的左侧,形成一个形如香蕉的曲线,故称为香蕉形曲线。在项目的实施中,进度控制的理想状况是任意时刻按实际进度描绘的点,均应落在该香蕉形曲线的区域内,如图 7.14 所示。落在香蕉曲线内的即是优化曲线。

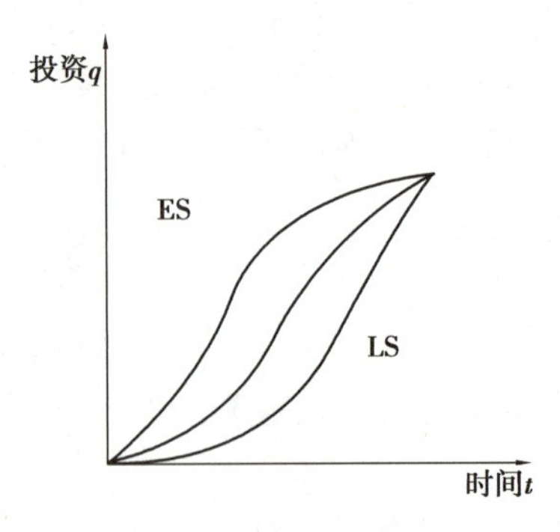

图 7.14　香蕉形曲线比较法

其绘制步骤如下：

①以工程项目的网络计划为基础，计算各项工作的最早开始时间 ES 和最迟开始时间 LS。

②确定各项工作在各单位时间的计划完成任务量。分别按以下 2 种情况考虑：

a.根据各项工作按最早开始时间安排的进度计划，确定各项工作在各单位时间的计划完成任务量；

b.根据各项工作按最迟开始时间安排的进度计划，确定各项工作在各单位时间的计划完成任务量。

③计算工程项目总任务量，即对所有工作在各单位时间计划完成的任务量累加求和。

④分别根据各项工作按最早开始时间、最迟开始时间安排的进度计划，确定工程项目在各单位时间计划完成的任务量，即对各项工作在某一单位时间内计划完成的任务量求和。

⑤分别根据各项工作按最早开始时间、最迟开始时间安排的进度计划，确定不同时间累计完成的任务量或任务量的百分比。

⑥绘制香蕉曲线。分别根据各项工作按最早开始时间、最迟开始时间安排的进度计划而确定的累计完成任务量或任务量的百分比描绘各点，并连接各点得到 ES 曲线和 LS 曲线，由 ES 曲线和 LS 曲线组成香蕉曲线。

在工程项目实施过程中，根据检查得到的实际累计完成任务量，按同样的方法在原计划香蕉曲线图上绘出实际进度曲线，便可以进行实际进度与计划进度的比较。

（4）前锋线比较法

前锋线是指在原时标网络计划上，从检查时刻的时标点出发，用点画线依次将各项工作实际进展位置点连接而成的折线（图 7.15）。前锋线比较法就是通过实际进度前锋线与原进度计划中各工作箭线交点的位置来判断工作实际进度与计划进度的偏差，进而判定该偏差对后续工作及总工期影响程度的一种方法。它主要适用于时标网络计划。

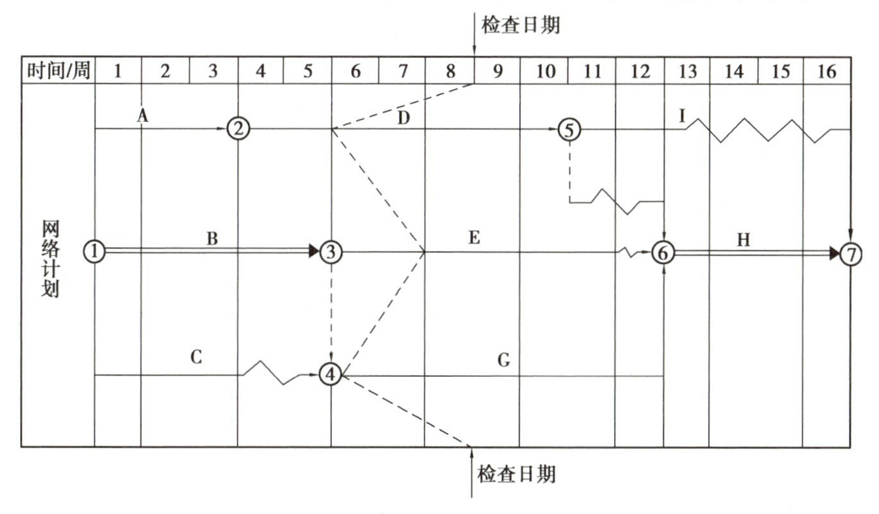

图 7.15　双代号时标网络计划

采用前锋线比较法进行实际进度与计划进度的比较,其步骤如下:

①绘制时标网络图。工程项目实际进度前锋线是在时标网络计划图上标示,为清楚起见,可在时标网络计划图的上方和下方各设一时间坐标。

②绘制实际进度前锋线。一般从时标网络计划图上方时间坐标的检查日期开始绘制,依次连接相邻工作的实际进展位置点,最后与时标网络计划图下方坐标的检查日期相连接。

工作实际进展位置点的标定,一般是按该工作已完任务量比例进行标定,有时也可按尚需作业时间进行标定。

③进行实际进度与计划进度的比较。前锋线可以直观地反映出检查日期有关工作实际进度与计划进度之间的关系。其关系存在以下 3 种情况:

a.工作实际进展位置点落在检查日期的左侧,表明该工作实际进度拖后,拖后的时间为二者之差。

b.工作实际进展位置点与检查日期重合,表明该工作实际进度与计划进度一致。

c.工作实际进展位置点落在检查日期的右侧,表明该工作实际进度超前,超前的时间为二者之差。

④预测进度偏差对后续工作及总工期的影响。通过实际进度与计划进度的比较确定进度偏差后,还可根据工作的自由时差和总时差预测该进度偏差对后续工作及项目总工期的影响。

7.3.2 进度计划实施中的协调

斑马
进度计划

在装配式建筑计划实施过程中,项目管理者要对项目的目标负责。装配式建造项目中项目管理人员的角色是协调好施工现场和工厂。在预制构件吊装阶段,我国目前结构墙板的吊装进度是 3~6 天(或者 3~7 天)一层。预制构件的垂直吊装速度取决于构件的尺寸和重量,以及吊装设备(例如起重机)的吊装能力。在这种环境下,项目管理者应做好施工协调调度工作,随时掌握计划实施情况,协调预制构件安装施工同主体结构现浇或后浇施工、内外装饰施工、门窗安装施工和水电空调采暖施工等各专业施工的关系,排除各种困难,加强薄弱环节管理,对后续的施工活动进度及时做出调整,以使得整个施工进度满足目标要求。

在项目实施前和实施过程中,应经常根据所掌握的各种数据资料,对可能致使项目实施结果偏离进度计划的各种干扰因素进行预测,并分析这些干扰因素所带来的风险程度的大小,预先采取一些有效的控制措施,将可能出现的偏离尽可能消灭于萌芽状态。主要措施有:

(1)组织措施

①建立进度控制目标体系,明确建设工程现场组织机构中进度控制人员及其职责分工。

②建立工程进度报告制度及进度信息沟通网络。

③建立进度计划审核制度和进度计划实施中的检查分析制度。

④建立进度协调会议制度,包括协调会议举行的时间、地点,协调会议的参加人员等。

⑤建立图纸审查、工程变更和设计变更管理制度。

(2)技术措施

①审查进度计划,保证建设工程项目在合理的状态下施工。

②编制进度控制工作细则,保证进度控制的有效实施。

③采用网络计划技术及其他科学适用的计划方法,并利用计算机对建设工程进度实时动态控制。

(3)经济措施

①及时办理工程预付款及工程进度款支付手续。

②对应急赶工给予经济保障。

③对工期提前给予奖励。

④对工程延误实施处罚。

(4)合同措施

①加强合同管理,协调合同工期与进度计划之间的关系,保证合同中进度目标的实现。

②加强工程变更和设计变更的管理,并补入合同文件之中。

③加强风险管理,在合同中应充分考虑风险因素对进度的影响,以及相应的处理办法。

7.3.3 进度计划的调整

在装配式建筑进度计划执行过程中,由于组织、管理、经济、技术、资源、环境和自然条件等因素,往往会造成实际进度与计划进度产生偏差,如果偏差不能及时得到纠正,必将影响进度目标的实现。因此,在计划执行过程中采取相应措施来进行管理,对保证计划目标的顺利实现具有重要意义。

进度计划执行中的管理工作主要有以下几个方面:分析进度计划检查结果;分析进度偏差的影响因素并确定调整的对象和目标;选择适当的调整方法,编制调整方案;对调整方案进行评价和决策、调整,确定调整后付诸实施的新施工进度计划。

1)计划偏差原因分析

分析预制构件安装施工过程中某一分项时间偏差、网络计划实际进度与计划进度存在的差异或具体施工技术,如剪力墙上层钢套筒或金属波纹管套入下层预留的钢筋困难,两块相邻预制剪力墙板水平钢筋密集影响板的就位等会对后续工作产生较大影响。因此,应采取改变工程某些工序的逻辑关系或缩短某些工序的持续时间的方法,使实际工程进度同计划进度相吻合。计划偏差主要从以下几个方面进行:

①分析进度偏差的工作是否为关键工作。若出现偏差的工作为关键工作,则无论偏差大小,都对后续工作及总工期产生影响,必须采取相应的调整措施;若出现偏差的工作不是关键工作,则需要根据偏差值与总时差和自由时差的大小关系,确定对后续工作和总工期的影响程度。

②分析进度偏差是否大于总时差。若工作的进度偏差大于该工作的总时差,说明此偏差必将影响后续工作和总工期,必须采取相应的调整措施;若工作的进度偏差小于或等于

该工作的总时差,说明此偏差对总工期无影响,但它对后续工作的影响程度需要根据比较偏差与自由时差的情况来确定。

③分析进度偏差是否大于自由时差。若工作的进度偏差大于该工作的自由时差,说明此偏差对后续工作产生影响,应该如何调整,应根据后续工作允许影响的程度而定;若工作的进度偏差小于或等于该工作的自由时差,则说明此偏差对后续工作无影响,原进度计划可以不做调整。

经过如此分析,进度控制人员可以确认应该调整产生进度偏差的工作和调整偏差值的大小,以便确定采取调整措施,获得新的符合实际进度情况和计划目标的进度计划。

2)进度计划调整的内容

装配式建筑项目进度调整内容与传统现浇项目进度调整内容类似,包括工程量、起止时间、持续时间、工作逻辑关系、资源供应等。

①改变某些工作间的逻辑关系。若检查的实际施工进度产生的偏差影响了总工期,在工作之间的逻辑关系允许改变的条件下,改变关键线路和超过计划工期的非关键线路上有关工作之间的逻辑关系,达到缩短工期的目的。用这种方法调整的效果比较显著,例如:可以把依次进行的有关工作改为平行的或互相搭接的以及分成几个施工段进行流水施工的等,以达到缩短工期的目的。

②缩短某些工作的持续时间。这种方法是不改变工作之间的逻辑关系,而是缩短某些工作的持续时间,而使施工进度加快,并保证实现计划工期的方法。这些被压缩持续时间的工作是由于实际施工进度的拖延而引起总工期增长的关键线路和某些非关键线路上的工作。同时,这些工作又是可压缩持续时间的工作。

3)进度计划调整的具体措施

①增加预制构件安装施工工作面,增加工程施工时间,增加劳动力数量,增加工程施工机械和专用工具等。

②改进工程施工工艺和施工方法,缩短工程施工工艺技术间歇时间,在熟练掌握预制构件吊装安装工序后改进预制构件安装工艺,改进钢套筒或金属波纹管灌浆工艺等。

7.4 装配式建筑物资供应进度管理

建设工程物资供应是实现建设工程投资、进度和质量三大目标控制的物质基础。正确的物资供应渠道与合理的供应方式可以降低工程费用,有利于投资目标的实现;完善合理的物资供应计划是实现进度目标的根本保证;严格的物资供应检查制度是实现质量目标的前提。因此,保证建设工程物资及时、合理地供应,是施工单位必须重视的问题。

7.4.1 物资供应进度管理概述

1)物资供应进度管理的含义

物资供应进度管理是指在一定的资源(人力、物力、财力)条件下,为实现工程项目一次性特定目标而对物资的需求进行计划、组织、协调和控制的过程。其中,计划是将建设工程所需物资的供给纳入计划轨道，进行预测、预控，使整个供给有序地进行；组织是划清供给过程中诸方的责任、权力和利益，通过一定的形式和制度，建立高效率的组织保证体系，确保物资供应计划的顺利实施；协调主要是针对供应的不同阶段，沟通不同单位和部门之间的情况，协调其步调，使物资供应的整个过程均衡而有节奏地进行；控制是对物资供应过程的动态管理，需要经常、定期地将实际供应情况与计划进行对比，发现问题，及时进行调整，使物资供应计划的实施始终处在动态循环控制过程中，以确保建设工程所需物资按时供给，最终实现供应目标。

根据建设工程项目的特点，在物资供应进度管理中应注意以下几个问题：

①由于建设工程的特殊性和复杂性，从而使物资的供应存在一定的风险性。因此，要求编制周密的计划并采用科学的管理方法。

②由于建设工程项目局部的系统性和整体的局部性，要求对物资的供应建立保证体系，并处理好物资供应与投资、进度、质量之间的关系。

③物资的供应涉及众多不同的单位和部门，因而给物资供应管理工作带来一定的复杂性，这就要求与有关的供应部门认真签订合同，明确供求双方的权利和义务，并加强各单位、各部门之间的协调。

2）物资供应进度控制目标

建设工程物资供应是一个复杂的系统过程，为了确保这个系统过程的顺利实施，首先必须确定这个系统的目标（包括系统的分目标），并为此目标制订不同时期和不同阶段的物资供应计划，用以指导实施。物资供应的总目标就是按照物资需求适时、适地、按质、按量以及成套齐备地提供给使用部门，以保证项目投资目标、进度目标和质量目标的实现。为了总目标的实现，还应确定相应的分目标。目标经确定，应通过一定的形式落实到各有关的物资供应部门，并以此作为考核和评价其工作的依据。对物资供应进行控制，必须确保：

①按照计划所规定的时间供应各种物资。如果供应时间过早，将会增大仓库和施工场地的使用面积；如果供应时间过晚，则会造成停工待料，影响施工进度计划的实施。

②按照规定的地点供应物资。对于大中型建设工程，由于单位工程多，施工场地范围大，如果卸货地点不适当，则会造成二次搬运，增加费用。

③按规定的质量标准（包括品种与规格）供应物资。特别要避免出现由于质量、品种及规格不符合标准要求的供应物资。如果标准低，则会降低工程质量；而标准高则会增加材料费，增大投资额。

④按规定的数量供应物资。如果数量过多，则会造成超储积压，占用流动资金；如果数量过少，则会出现停工待料，影响施工进度，延误工期。

⑤按规定的要求使所需物资齐全，配套、零配件齐备，符合工程需要，成套齐备地供应施工机械和设备，充分发挥其生产效率。

事实上，物资供应进度与工程实施进度是相互衔接的。建设工程实施过程中经常遇到的问题，就是由于物资的到货日期推迟而影响施工进度。而且在大多数情况下，引起到货日期推迟的因素是不可避免的，也是难以控制的。但是，如果控制人员随时掌握物资供应的动态信息，并能及时地采取相应的补救措施，就可以避免因到货日期推迟所造成的损失或者把损失减少到最低程度。

为了有效地解决以上问题,必须认真确定物资供应目标(总目标和分目标),并合理制订物资供应计划。在确定目标和编制计划时,应着重考虑以下因素:

①能否按施工进度计划的需要及时供应材料,这是保证建设工程顺利实施的物质基础。

②资金能否得到保证。

③物资的需求是否超出市场供应能力。

④物资可能的供应渠道和供应方式。

⑤物资的供应有无特殊要求。

⑥已建成的同类或相似建设工程的物资供应目标和计划实施情况。

⑦其他如市场条件、气候条件、运输条件等。

7.4.2 物资供应进度管理的工作内容

1)物资供应计划的编制

建设工程物资供应计划是对建设工程施工及安装所需物资的预测和安排,是指导和组织建设工程物资采购、加工、储备、供货和使用的依据。其根本作用是保障建设工程的物资需要,保证建设工程按施工进度计划组织施工。

编制物资供应计划的一般程序分为准备阶段和编制阶段。准备阶段主要是调查研究、收集有关资料、进行需求预测和购买决策。编制阶段主要是核算需要、确定储备、优化平衡、审查评价和上报或交付执行。

在编制物资供应计划的准备阶段,监理工程师必须明确物资的供应方式。按供应单位划分,物资供应可分为建设单位采购供应、专门物资采购部门供应、施工单位自行采购或共同协作分头采购供应。

物资供应计划按其内容和用途分类,主要包括物资需求计划、物资供应计划、物资储备计划、申请与订货计划、采购与加工计划和国外进口物资计划。

2)物资需求计划的编制

物资需求计划是指反映完成建设工程所需物资情况的计划。它的编制依据主要有施工图纸、预算文件、工程合同、项目总进度计划和各分包工程提交的材料需求计划等。物资需求计划的主要作用是确认需求,施工过程中涉及大量的建筑材料、制品、机具和设备,确定其需求的品种、型号、规格、数量和时间。它为组织备料、确定仓库与堆场面积和组织运输等提供依据。

物资需求计划一般包括一次性需求计划和各计划期需求计划。编制需求计划的关键是确定需求量,各计划需求表格如表 7.2—表 7.6 所示。

(1)建设工程一次性需求量的确定

一次性需求计划反映整个工程项目及各分部、分项工程材料的需用量,亦称工程项目材料分析。主要用于组织货源和专用特殊材料、制品的落实。其计算程序可分为 3 步:

①根据设计文件、施工方案和技术措施计算或直接套用施工预算中建设工程各分部、

分项的工程量。

②根据各分部、分项的施工方法套取相应的材料消耗定额，求得各分部、分项工程各种材料的需求量。

③汇总各分部、分项工程的材料需求量，求得整个建设工程各种材料的总需求量。

(2)建设工程各计划期需求量的确定

计划期物资需求量一般是指年、季、月度物资需求计划，主要用于组织物资采购、订货和供应。主要依据已分解的各年度施工进度计划，按季、月作业计划确定相应时段的需求量。其编制方式有两种，即计算法和卡段法。计算法是根据计划期施工进度计划中的各分部、分项工程量，套取相应的物资消耗定额，求得各分部、分项工程的物资需求量，然后再汇总求得计划期各种物资的总需求量。卡段法是根据计划期施工进度的形象部位，从工程项目一次性计划中摘出与施工计划相应部位的需求量，然后汇总求得计划期各种物资的总需求量。

表7.2　材料需求计划

序号	分项工程	计量单位	实物工程量	材料名称及数量								
				钢材		木材		水泥		×××		
				定额(kg)	数量(t)	定额(m^2)	数量(m^2)	定额(kg)	数量(t)			
甲	乙	丙	1	2	3	4	5	6	7	8	9	10

表7.3　材料需求计划汇总表

序号	材料名称	规格质量	计量单位	需求合计	各工程项目需求量				需要时间			
					××工程	××工程	××工程		季(月)	季(月)	季(月)	季(月)
甲	乙	丙	丁	1	2	3	4	…	…	…	…	…

表7.4　构件、配件需求量计划

序号	品名	规格	图号	需要量		使用部位	加工单位	需用时间	备注
				单位	重量				

3)物资储备计划的编制

物资储备计划是用来反映建设工程施工过程中所需各类材料储备时间及储备量的计划。它的编制依据是物资需求计划、储备定额、储备方式、供应方式和场地条件等。材料储备计划如表7.5所示。它是为保证施工所需材料的连续供应而确定的材料合理储备。

表 7.5 材料储备计划

序号	材料名称	规格质量	计量单位	全年计划需求量	平均日耗量	储备天数			储备量	
						合计	经常储备	保险储备	最高	最低
甲	乙	丙	丁	1	2	3	4	5	6	7

4)物资供应计划的编制

物资供应计划的编制依据是需求计划、储备计划和货源资料等。它是在确定计划需求量的基础上,经过综合平衡力,提出申请量和采购量。因此,供应计划的编制过程也是一个平衡过程,包括数量、时间的平衡。

在实际工作中,首先考虑的是数量的平衡,因为计划期的需用量还不是申请量或采购量,即不是实际需用量,还必须扣除库存量,考虑为保证下一期施工所必需的储备量。因此,供应计划的数量平衡关系是:期内需用量减去期初库存量,再加上期末储备量。经过上述平衡,如果出现正值时,说明本期不足,需要补充;反之,如果出现负值,说明本期多余,可供外调。建设工程材料的储备量主要由材料的供应方式和现场条件决定,一般应保持35天的用量。有时可以在施工现场不储备,例如在单层工业厂房施工过程中,预制构件采用随运随吊的吊装施工方案时,不需要储备现场,用多少供多少。

5)申请、订货计划的编制

申请、订货计划是指向上级要求分配材料的计划和分配指标下达后组织订货的计划。它的编制依据是有关材料供应政策法令、预测任务、概算定额、分配指标、材料规格比例和供应计划。它的主要作用是根据需求组织订货。物资供应计划确定后,即可以确定主要物资的申请计划。

表 7.6 施工机具需求量计划

序号	机械名称	机械类型(规格)	需要量		来源	使用起讫时间	备注
			单位	数量			

表 7.7 主要设备需求量计划

序号	设备名称	简要说明(型号、生产率等)	数量	需要量							
				20××年				20××年			
				一	二	三	四	一	二	三	四

订货计划通常采用卡片形式,以便把不同自然属性(如规格、质量、技术条件、代用材料)和交货条件反映清楚。订货卡片填好后,按物资类别汇入订货明细表。

6)采购、加工计划的编制

采购、加工计划是指向市场采购或专门加工订货的计划。它的编制依据是需求计划、市场供应信息、加工能力及分布。它的作用是组织和指导采购与加工工作。加工、订货计划要附加工详图。

7)物资供应计划的调整

在物资供应计划的执行过程中,当发现物资供应过程的某一环节出现拖延现象时,其调整方法与进度计划的调整方法类似,一般采取以下措施进行处理:

①如果这种拖延不致影响施工进度计划的执行,则可采取措施加快供货过程的有关环节,以减少此拖延对供货过程本身的影响;如果这种拖延对供货过程本身产生的影响不大,则可直接将实际数据代入,并对供应计划作相应的调整,不必采取加快供货进度的措施。

②如果这种拖延将影响施工进度计划的执行,则应首先分析这种拖延是否允许(通常的判别条件是受影响的施工活动是否处在施工进度计划的关键线路上或是否影响到分包合同的执行)。若允许,则可采用①所述调整方法进行调整;若不允许,则必须采取措施加快供应速度,尽可能避免此拖延对执行施工进度计划产生的影响。如果采取加快供货速度的措施后,仍不能避免对施工进度的影响,则可考虑同时加快其他工作施工进度的措施,并尽可能地将此拖延对整个施工进度的影响降低到最低程度。

课后思考题

1.单位工程施工进度计划的编制程序和方法包括哪些内容?

2.施工进度计划审查应包括哪些基本内容?

3.影响建设工程施工进度的因素有哪些?

4.检查实际施工进度的方式有哪些?

5.施工进度计划的调整方法有哪些?

6.物资供应计划按其内容和用途,可划分为哪几种?

7.物资供应出现拖延时,应采取哪些处理措施?

延伸阅读

[1] 羊英姿.BIM 技术在装配式建筑施工中的应用[J].产业与科技论坛,2022,21(04):58-59.

[2] 马国丰,屠梅曾,史占中,等.基于关键链技术的项目进度管理系统设计与实现[J].上海交通大学学报,2004,38(3):377-381.

[3] 黄凯,张梅,王涛,等.大型综合体项目智慧工地信息化平台建设关键技术[J].施工技术,2020,49(16):36-39.

[4] 贾广社,宋明礼,吴陆锋,等.机场建设总进度计划延期分布及贝叶斯估计[J].同济大学学报:自然科学版,2020,48(01):143-152.

[5] 张润沂,郭炎乐,付建华,等.基于建筑信息模型的施工阶段进度-成本协同管理研究[J].西安建筑科技大学学报:自然科学版,2021,2:302-308.
[6] 李昕鹏.项目管理法在建筑工程管理中的应用[J].施工技术,2011(S1):291-293.
[7] 田文迪,崔南方.关键链项目管理中关键链和非关键链的识别[J].工业工程与管理,2009,14(2):88-93.
[8] 李小聪,刘官民.基于 WBS 的关键链项目管理贝叶斯网络模型分析方法[J].中国制造业信息化:学术版,2011,4:1-4.
[9] 李宁,吴之明.网络计划技术的新发展——项目关键链管理(CCPM)[J].公路,2002(10):83-86.

第 8 章　装配式建筑项目质量管理

主要内容：装配式建筑项目质量管理的特点、管理方法、管理内容；装配式建筑构成与施工工艺、装配式建筑与传统建筑质量控制的区别、装配式质量控制要点、质量追溯；装配式建筑项目质量验收；质量通病及预防。

重点、难点：重点是装配式建筑项目质量通病及预防；难点是装配式建筑项目与传统项目质量控制的区别。

学习目标：通过本章的学习，使得学生能够分析装配式建筑和现浇建筑的质量管理的不同，并学会利用信息化手段进行装配式建筑质量管理。

8.1　装配式建筑项目质量管理概述

8.1.1　装配式建筑项目质量管理的特点

“BIM+技术管理系统”整体介绍

(1)“一点管理”变为“多点管理”

装配式混凝土建筑质量管理把一个工程的若干环节从工地现浇转移到了工厂预制，使以往只在建筑工地进行的“一点管理”变成了在建筑工地和若干预制工厂进行的“多点管理”，从而需要增加驻厂监理对工厂预制环节的质量管理，并要与现场的质量监理随时沟通，以便及时解决各种问题。

(2)构件精度管理要求高

预制构件制作过程中，对构件尺寸、预埋件位置、预留钢筋位置、预留孔洞位置或角度的精度要求较高，容错率较低，误差需以毫米为单位计算，误差较大则无法装配，导致构件报废。因此，项目管理者需要提前策划留出更多的管理余量和采取相应的质量保证措施。

(3)存在大量的特殊工艺的质量管理

装配式混凝土建筑可以采用与现浇混凝土建筑完全不同的制作工艺来实现建筑、结构、装饰的集成化或一体化，如建筑外墙保温可采用夹芯保温方式，即通常说的“三明治外墙板”。类似这种制作工艺，需要构件制作工厂和监理单位共同研究制订专项管理办法。

(4)“脆弱点”的质量管理处处存在

装配式混凝土建筑质量管理有“脆弱点”，即连接点、拉结件及部分敏感工艺。若这些“脆弱点”质量控制不好，无论因为技术原因还是责任原因，都会导致非常严重的甚至灾难性后果。因此，装配式混凝土建筑质量管理中一般都推荐用“旁站监理”来对“脆弱点”进行专项质量管理。

8.1.2 装配式建筑项目质量管理方法

全面质量管理(TQM)是一种集成管理理念,旨在持续改进组织的所有职能,以根据客户的需求或要求生产和提供商品或服务,它涵盖了许多重要方面,包括客户满意度、满足客户需求、减少返工和浪费、增加员工的参与度、流程管理和供应商关系。全面质量管理的具体操作方法有 SDCA 循环法和 PDCA 循环法两种。

(1)SDCA 质量管理方法

SDCA 质量控制方法在项目产品质量达到一定质量标准后不会停止其运行过程,还在不断地重复其质量控制方法。SDCA 会根据项目建造过程中的需要不断提高标准,以确保项目的质量能够不断提高,使得项目能够正常运行。一旦项目启动,SDCA 质量控制方法会通过对项目进行自我检查,发现存在的质量问题,从而对工作流程进行修改和合理地改进,使产品质量达到一定的标准,保证产品的标准化生产。SDCA 循环控制方法的主要作用是确保产品的标准化生产,并不断改进生产过程以达到产品的预期性能,即"标准化—执行—检查—总结"这一整套模式。SDCA 是在整个生产周期过程中为满足产品质量而提出的 4 个管理流程,即

S:行业对产品质量做出的基础要求,以便能达到客户对产品的期望值;

D:保证质量管理体系能够正常运作;

C:对产品质量管理的过程进行监督和检查;

A:检查改进后的产品质量,并形成知识以便指导后续的工作流程。

(2)PDCA 质量管理方法

PDCA 循环是基于 SDCA 循环的一种质量管理方法,可以提高产品质量。PDCA 循环体现在产品生产的整个过程中,也适用于工程项目质量控制。PDCA 循环的关键不仅在于通过 A(Action)去发现问题,分析原因,予以纠正及预防,更重要的是在下一 PDCA 循环中的某个阶段,如设计阶段解决发现的问题。PDCA 循环的步骤见表 8.1。

表 8.1 PDCA 循环的步骤

阶段	步骤
计划	1.分析现状,找出问题
	2.分析各种影响因素或原因
	3.找出主要影响因素
	4.针对主要原因,制订措施计划
实施	执行、实施计划
检查	检查计划执行结果
处理	1.总结成功经验,制订相应标准
	2.把未解决或新出现问题转入下一个 PDCA 循环

8.1.3　装配式建筑项目质量管理内容

全面质量管理涉及项目的全过程,因此对装配式混凝土建筑质量管理的研究要从项目全生命周期的角度展开。装配式混凝土建筑全生命周期包括设计、采购、制作、仓储、运输、施工、验收和运维等阶段。把项目阶段进行整合,从而得到设计、生产、施工这三大阶段,其中生产阶段包括采购、制作、仓储和运输,运维不在考虑范围之内。

1)设计阶段的质量管理内容

在这一阶段,设计单位要将通过审查的施工图向预制构件生产单位、施工单位进行交底,并参与专项施工方案论证;审核最终出具的深化设计图纸;设计过程中要实现标准化,便于后期管理;同时,构件生产商、施工单位需要提前介入。

2)生产阶段的质量管理内容

预制构件生产是装配式混凝土建筑的最重要一环,这里所说的生产不仅仅指"生产",而是包括构件制作、运输与堆放一系列生产过程。装配式混凝土建筑的构件生产过程划分为前期准备、构件制作与检验、堆放与运输这三大内容。

(1)前期准备阶段

在前期准备阶段,构件制造商需要从技术、物资、生产人员这三方面来准备。第一,技术交底,这一过程是与设计方进行沟通,如果没有按照设计方的要求来做,就不能达到预定的质量。第二,原材料的质量控制,构件的制作需要用到混凝土和钢筋等原材料,其质量直接影响预制构件的质量。第三,生产人员的素质,工人的技术熟练度会影响构件的质量,管理人员需要对生产流程进行把控、对工人的生产活动进行监督检查。

(2)构件制作与检验阶段

在构件的制作过程中,应当从"人、材、机、料、法"5 个方面考虑管理内容,主要包括规范生产人员的操作流程、提高生产人员的质量责任意识、引进先进的生产线、规范对原材料以及产品的检查程序、控制生产环境和改进生产工艺方法。

(3)堆放与运输阶段

构件运输过程的管理内容主要包括运输方式的选择和运输保护措施,防止构件在运输过程中损伤,避免构件运输过程中出现裂缝、变形等问题。

3)施工阶段的质量管理内容

①对部品部件质量管理,包括部品部件的场内运输及堆放。

②施工过程中的施工测量。

③部品部件之间以及部品部件与现浇结构之间的连接节点的部位灌浆、部品部件吊装就位及临时固定。

④吊装层间隔、外围护部品部件接缝处密封防水、各专业管线布置、检测和验收等环节。

⑤质量控制应编制专项施工和质量风险源控制方案,审核批准后实施。

8.2 装配式建筑项目施工质量控制

8.2.1 装配式建筑构成及施工工艺

装配式混凝土结构是指由预制混凝土构件通过可靠的连接方式装配而成的混凝土结构。装配式混凝土建筑主要包括装配整体式框架结构体系、装配整体式剪力墙结构体系、装配整体式框架-现浇剪力墙结构体系、装配整体式框架-现浇核心筒结构体系、装配整体式部分框支剪力墙结构体系、装配式混凝土单层排架结构体系等，见表 8.2。除此之外，还包括部分高校和企业研发的叠合板式剪力墙结构体系、内浇外挂剪力墙结构体系、水泥聚苯模壳装配式建筑体系、预制圆孔板剪力墙结构体系等。

表 8.2 装配式混凝土结构

结构形式	特点	应用领域
装配整体式框架结构	全部或部分框架梁、柱采用预制构件和预制叠合楼板，现场拼装后浇注叠合层或节点混凝土形成的混凝土结构。平面布置灵活，造价低，使用范围广	多层工业厂房、仓库、商场、办公楼等
装配整体式剪力墙结构	全部或部分剪力墙采用预制墙板建成。住宅户型灵活布置，房间内没有梁、柱棱角，综合造价较低	高层住宅及公寓
装配整体式框架-现浇剪力墙结构	全部或部分框架柱、梁采用预制构件和现浇混凝土剪力墙建成。布置灵活，使用方便，又有较大的刚度和较强的抗震能力	高层办公建筑及旅馆
装配整体式框架-现浇核心筒结构	装配整体式框架-现浇核心筒结构体系	多层、高层办公建筑及旅馆
装配整体式部分框支剪力墙结构	部分框支剪力墙指地面以上有部分框支剪力墙的剪力墙结构，有较大的刚度和较强的抗震能力	多层、高层办公建筑及旅馆
装配式混凝土单层排架结构	排架结构由屋架或屋面梁、柱和基础组成，一般排架柱与屋架或屋面梁为铰接，而与基础为刚接。易形成高大空间，内部交通运输方便，工期短，装配率及预制率高	工业厂房、简易建筑

装配式混凝土建筑施工工艺主要分成基础工程、主体结构工程、装饰工程 3 个部分。基础工程部分与装饰工程部分与现浇式建筑大体相同。主体结构部分的工艺包括：构配件工厂化预制、运输、吊装，构件支撑固定，钢筋连接、套筒灌浆，后浇部位钢筋绑扎、支模、预埋件安装，后浇部位混凝土浇筑、养护。

8.2.2　装配式建筑施工质量控制与传统建筑的区别

①质量管理工作前置。由于装配式混凝土建筑的主要结构构件在工厂内加工制作，装配式混凝土建筑的质量管理工作从工程现场前置到了预制构件厂。建设单位、构件生产单位、监理单位应根据构件生产质量要求，在预制构件生产阶段即对预制构件生产质量进行控制。

②设计更加精细化。对于设计单位而言，为降低工程造价，预制构件的规格、型号需要尽可能地少；由于采用工厂预制、现场拼装以及水电管线等提前预埋，对施工图的精细化要求更高。

BIM技术交底

③工程质量更容易保证。由于采用精细化设计、工厂化生产和现场机械拼装，构件的观感、尺寸偏差都比现浇结构更易于控制，强度稳定，避免了现浇结构质量通病的出现。

④信息化技术应用。随着互联网技术的不断发展，数字化管理成为装配式建筑质量管理的一项重要手段。尤其是 BIM 技术的应用，使管理过程更加透明细致、可追溯。

8.2.3　装配式建筑项目施工质量控制要点

装配式建筑施工质量管理必须贯穿构件生产、构件运输、构件进场、构件堆放、构件吊装施工等全过程周期。

(1)设计阶段

①在施工图设计时，需要明确装配式建筑结构的类型，预制构件的部位、种类、预制装配率，预制构件之间、预制构件与主体结构现浇之间的构造做法等；同时，还需要考虑构件的起吊点、施工预埋件、脚手架拉结点等，既要方便构件生产，又要便于现场施工。

②在深化图纸设计阶段，需要涉及预制构件设计详图、构件模板图、配筋图、预埋件设计详图，同时还要出具构件连接构造设计详图、装配详图、施工工艺要求等。

(2)预制构件生产阶段

①编制预制构件生产方案。

②对原材料进行检测，对隐蔽工程和检验批等进行验收。

③对预制构件进行标识，提供预制构件完整的出厂检验质量证明文件。

(3)运输物流阶段

预制构件的堆放和运输需要制订相应的方案，对时间、次序、线路、构件固定、成品保护以及堆放场地、支垫等做出规定。

①构件与地面支架留有空隙，堆垛之间设置通道。

②预制构件在生产地和施工现场的临时堆放、运输时装车堆放，应根据构件类型选择合适的堆放方式及堆放层数，竖放构件应设置经过计算、连接可靠、牢固稳定的斜支撑。

③构件运输前应绑扎牢固，预防移动或倾倒，对构件及其上的附件、预埋件等进行保护。

(4)现场安装施工阶段

①施工单位必须对进入施工现场的每批预制构件进行全数质量验收，验收合格后方可使用。

②控制好预制构件相应的标高和轴线,做好构件临时支撑体系和辅助作业设施的搭设。

③预制构件的连接包括预制构件之间的连接、预制构件与后浇结构之间的连接。

(5)验收阶段

①预制构件验收时,需要注意预制构件的外观质量不能有严重缺陷,不能有影响结构性能和使用功能的尺寸偏差;预埋件、插筋等位置和数量符合设计要求;预留吊环、预留焊接件应安装牢固。

②构件安装验收,需要确认预制构件安装临时固定及排架支撑安全可靠,符合设计及规范要求;构件与构件、构件与结构之间的连接符合设计要求;钢筋接头灌浆料配合必须符合使用说明书要求;钢筋接头灌浆料饱满,从溢浆孔流出,溢浆孔使用专用堵头封闭。

③节点与接头验收时,需要确认节点与接头构造混凝土强度符合设计要求,混凝土饱满、密实。

④隐蔽工程验收时,需要确认预制构件与结构结合处钢筋及混凝土的结合面,结构预埋件、钢筋接头、套筒灌浆接头、预制构件接缝处理等符合要求。

8.2.4 建筑构件质量控制追溯

1)质量追溯概念

质量追溯即通过记录标识的方法回溯某个实体来历、用途和位置的能力。在规定有可追溯性要求的场合,通过唯一性标识和记录可追溯产品质量的形成过程,以便弄清产品原材料和零部件的来源,查明质量问题原因、分清责任。公元前 214 年开始修建的长城,已经对建筑质量(部品构件)进行质量追溯(见图 8.1)。

图 8.1 长城上的质量标识

可追溯内涵包括两部分:质量追踪与质量溯源。前者可以理解为通过在供应链环节中标记的相关数据来追踪与监控某一实体相应的历史轨迹,而后者可以理解为针对某一已经发现具体范围和数量的相关产品的质量问题进行根源性问题的分析和纠正。质量追踪的视角是从整个供应链的角度出发的,倾向于从信息分析的角度对问题进行描述,追溯分为“前向追溯”和“后向追溯”,前向追溯是指顺着供应链方向,预测可能出现的质量隐患;后向追溯即从用户端往后,找出质量问题的源头。

2)装配式建筑质量追溯推行时机

①构件体积较大,构件数量少。

②构件单体价值更高,芯片成本降低。

③对建筑质量、质量追溯要求更高了。

3)建设项目全寿命周期质量监管信息

建设项目全寿命周期质量监管工作中会涉及工程项目各个方面、各种类型的信息,根据内容和用途包括以下 4 种类型:

①建筑构件信息,包括部品、构件在设计、生产、运输等过程中产生的信息,这些信息是质量管理和质量追溯的基础。

②工程项目管理信息,这类信息是以业主为中心的项目管理活动中,在各参与方之间产生、传递和加工的信息,包括项目基本信息、管理信息(如成本、进度、质量)和合同信息等。

③工程质量监管信息,是政府监管部门实施监管时产生和传递的信息,如各类审批信息、备案信息等。

④工程质量公共信息,是在建设工程项目管理和质量监管信息的基础上进行分析、挖掘等加工处理后产生的信息,如综合反映本地区工程建设质量水平、各参与单位信用、历史业绩的信息等。

4)基于物联网的部品(构件)质量追溯系统

装配式建筑质量追溯系统是以装配式建筑生产全过程的产业链为主线,采集部品设计、原材料入库检验、生产过程检验、部品出库检验、运输过程、装配过程、监理验收过程,全周期的质量数据,依据现行的建设法律法规,实现了信息化技术与现行的建设标准与规范相融合。部品采用 RFID 技术(图 8.2)、二维码标识(图 8.3)等,实现建筑质量可追溯,实现物与人、物与物的互联。

图 8.2　构件生产时埋置芯片

图 8.3　利用二维码技术

根据建造过程中的关键节点,包括构件原材料、加工环节、检验出库、运输、存放、吊装、验收等全周期的质量相关信息。

5)基于 RFID 的质量管理过程

(1)预制构件生产阶段

RFID 标签主要记录生产厂家、生产日期和产品检查记录等基本信息,检查记录主要包括模具、钢筋笼、铝窗、预埋件、机电、产品尺寸、养护以及出货检查等内容。根据之前所进行的各阶段所需信息分析,结合合适的编码原则,将构件信息以编码的形式输入 RFID 标签。

(2)预制构件运输阶段

在此阶段,运输管理人员可持装有 RFID 读写器和 WLAN 接收器的 PDA 终端读取 RFID 中预制构件基本出厂信息,核对构件与配送单是否一致,编写运输信息,生成运输线路,并连同运输车辆信息一并上传至数据库中,运输车辆应安装 GPS 接收器和 RFID 阅读器,这样施工单位可以通过信息系统中的数据库将构件与运输车辆对应上,即可通过 GPS 网络定位车辆,获得构件的即时位置信息。

(3)预制构件进场堆放阶段

预制构件运送到施工现场后,需要借助 BIM 施工仿真来确定构件的施工安装顺序。预制构件在进行装卸时,可在龙门吊、叉车等装卸设备上安装 RFID 阅读器和 GPS 接收器(读取距离及信号衰减等因素),这样施工人员在需要时可以实时定位构件的装卸地点和存放位置。

(4)预制构件安装阶段

由于每个构件在安装时都会同时携带与其对应的技术文件和 RFID 标签,安装工程师可依据技术文件和 RFID 标签中的信息,将构件与安装施工图一一对应。

条形码、二维码、RFID、工业传感器、工业自动控制系统、工业物联网等技术,渗透于制造业的方方面面。利用大数据技术,实施纠偏,建立产品虚拟模型以模拟并优化生产流程,降低生产能耗与成本。

8.3 装配式建筑项目施工质量验收

8.3.1 装配式建筑项目质量验收的条件和依据

(1)竣工验收的条件

根据《建设工程质量管理条例》规定,建设工程竣工验收应当具备以下条件:

①完成建设工程设计和合同约定的各项内容,主要是指设计文件所确定的,在承包合同中载明的工作范围,也包括监理工程师签发的变更通知单中所确定的工作内容。

②有完整的技术档案和施工管理资料。

③有工程使用的主要建筑材料、建筑构配件和设备的进场试验报告。对建设工程使用的主要建筑材料、建筑构配件和设备的进场,除具有质量合格证明资料外,还应当有试验、检验报告。试验、检验报告中应当注明其规格、型号、用于工程的哪些部位、批量批次、性能等技术指标,其质量要求必须符合国家规定的标准。

④由勘察、设计、施工、工程监理等单位分别签署的质量合格文件。勘察、设计、施工、

工程监理等有关单位依据工程设计文件及承包合同所要求的质量标准，对竣工工程进行检查和评定，符合规定的，签署合格文件。

⑤有施工单位签署的工程保修书。

（2）验收的依据

装配式混凝土建筑工程验收主要依据包括相关国家标准、行业标准及项目所在地的地方标准等，具体见表 8.3。装配式建筑项目施工验收与传统建筑项目施工验收的程序大致是一致的，不同的就“依据规范增加”。

《装配式混凝土结构技术规程》（JGJ 1—2014），在构件制作与运输一章对构件检验内容与检测方法做出了较为详细的规定；工程验收一章对装配式建筑工程验收项目及要求给出了详细的规定。

《装配式混凝土建筑技术标准》（GB/T 51231—2016），在生产运输一章对预制构件检验、资料及交付做出了较为详细的规定；在质量验收一章对装配式建筑工程各个环节和内容的验收给出了详细的规定。

《混凝土结构工程施工质量验收规范》（GB/T 50204—2015），在装配式结构分项工程一章对预制构件检验、安装与连接质量做出了较为详细的规定。

表 8.3　装配式混凝土建筑验收规范目录

序号	标准名称	标准号
1	《装配式混凝土建筑技术标准》	GB/T 51231—2016
2	《混凝土结构工程施工质量验收规范》	GB 50204—2015
3	《装配式混凝土结构技术规程》	JGJ 1—2014
4	《钢筋套筒灌浆连接应用技术规程》	JGJ 355—2015
5	《钢筋机械连接技术规程》	JGJ 107—2016
6	《混凝土结构工程施工规范》	GB 50666—2011
7	《建设工程监理规范》	GB/T 50319—2013
8	《混凝土质量控制标准》	GB 50164—2011
9	《建筑工程施工质量验收统一标准》	GB 50300—2013
10	《水泥基灌浆材料应用技术规范》	GB/T 50448—2015
11	《钢筋连接用灌浆套筒》	JG/T 398—2012
12	《钢筋连接用套筒灌浆料》	JG/T 408—2013

8.3.2　质量验收标准和内容

1）验收的标准

《装配式混凝土结构技术规程》（JGJ 1—2014）中规定，装配式结构工程应按混凝土结构子分部工程的要求进行验收；当结构中部分采用现浇混凝土结构时，装配式结构部分可作为混凝土结构子分部工程的分项工程进行验收；对于装配式结构预制率高于 80%的工程，可以按全装配式结构处理，此时可以将装配式分项工程扩展为混凝土结构子分部工程进行验收。

《混凝土结构工程施工质量验收规范》(GB 50204—2015)中规定了装配式结构分项工程验收和混凝土结构子分部工程验收的内容，装配式结构分项工程的验收包括一般规定、预制构件以及预制构件安装与连接(包含装配式结构特有的钢筋连接和构件连接等内容)3部分。装配式结构分项工程可按楼层、结构缝或施工段划分检验批，对于装配式结构现场施工中涉及的钢筋绑扎、混凝土浇筑等内容，应分别纳入钢筋、混凝土、预应力等分项工程进行验收。

另外，对于装配式结构现场中涉及的装修、防水、节能及机电设备等内容，应分别按装修、防水、节能及机电设备等分部或分项工程的验收要求执行。装配式结构还要在混凝土结构子分部工程验收层面进行结构实体检验和工程资料验收。

2)预制构件进场验收

构件运输采用牢靠的运输车和专用存放架，所有进场构件需提交相关生产资料，并对外观、尺寸、预留预埋等进行全面检查(图 8.4)。检验内容如下：

(1)质量证明文件

预制构件进场时，施工单位应要求构件生产企业提供构件的产品合格证、说明书、试验报告、隐蔽验收记录等质量证明文件。对质量证明文件的有效性进行检查，并根据质量证明文件核对构件。

(2)观感验收(图 8.5)

图 8.4　预制构件进场检验

图 8.5　墙体安装质量验收

①预制构件粗糙面质量和键槽数量是否符合设计要求。

②预制构件吊装预留吊环、预留焊接埋件应安装牢固、无松动。

③预制构件的外观质量不应有严重缺陷，对已经出现的严重缺陷，应按技术处理方案进行处理，并重新检查验收。

④预制构件的预埋件、插筋及预留孔洞等规格、位置和数量应符合设计要求。

⑤预制构件的尺寸应符合设计要求，且不应有影响结构性能和安装、使用功能的尺寸偏差。

⑥构件明显部位是否贴有标识构件型号、生产日期和质量验收合格的标志。

3）监理验收

（1）验收资料与文件

混凝土结构子分部工程验收时，除应按现行国家标准《混凝土结构工程施工质量验收规范》（GB 50204）的有关规定提供文件和记录外，尚应提供下列文件和记录：

①工程设计文件、预制构件安装施工图和加工制作详图。

②预制构件、主要材料及配件的质量证明文件、进场验收记录、抽样复验报告。

③预制构件安装施工记录。

④钢筋套筒灌浆型式检验报告、工艺检验报告和施工检验记录，浆锚搭接连接的施工检验记录。

⑤后浇混凝土部位的隐蔽工程检查验收文件。

⑥后浇混凝土、灌浆料、坐浆材料强度检测报告。

⑦外墙防水施工质量检验记录。

⑧装配式结构分项工程质量验收文件。

⑨装配式工程的重大质量问题的处理方案和验收记录。

⑩装配式工程的其他文件和记录。

（2）预制构件主要验收项

①专业企业生产的预制构件，进场时应检查质量证明文件。

②预制构件的混凝土外观质量不应有严重缺陷，且不应有影响结构性能和安装、使用功能的尺寸偏差。

③预制构件表面预贴饰面砖、石材等饰面与混凝土的黏结性能应符合设计和国家现行有关标准的规定。

④预制构件上的预埋件、预留插筋、预留孔洞、预埋管线等规格型号、数量应符合设计要求。

（3）预制构件安装与连接主要验收项

①预制构件临时固定措施应符合设计、专项施工方案要求及国家现行有关标准的规定。

②装配式结构采用后浇混凝土连接时，构件连接处后浇混凝土的强度应符合设计要求。

③钢筋采用套筒灌浆连接、浆锚搭接连接时，灌浆应饱满、密实，所有出口均应出浆。

④钢筋套筒灌浆连接及浆锚搭接连接用的灌浆料强度应符合国家现行有关标准的规定及设计要求。

⑤预制构件采用型钢焊接连接时，型钢焊缝的接头质量应满足设计要求，并应符合现行国家标准《钢结构焊接规范》（GB 50661）和《钢结构工程施工质量验收标准》（GB 50205）的有关规定。

⑥装配式结构分项工程的外观质量不应有严重缺陷，且不得有影响结构性能和使用功能的尺寸偏差。

⑦外墙板接缝的防水性能应符合设计要求。

8.3.3 装配式混凝土建筑质量管理的关键环节

①现浇层预留插筋定位环节。现浇层预留插筋定位不准，会直接影响上层预制墙板或柱的套筒无法顺利安装。

预制楼梯安装质量控制

②吊装环节。吊装环节是装配式建筑工程施工的核心工序，吊装的质量和进度将直接影响主体结构质量和整体施工进度。

③灌浆环节。灌浆质量的好坏直接影响竖向构件的连接，如果灌浆质量出现问题，将对整体的结构质量产生致命影响，必须严格管控。

④后浇混凝土环节。后浇混凝土是预制构件间连接的关键，要保证混凝土强度等级符合设计标准，浇筑振捣要密实，浇筑后要按规范要求进行养护。

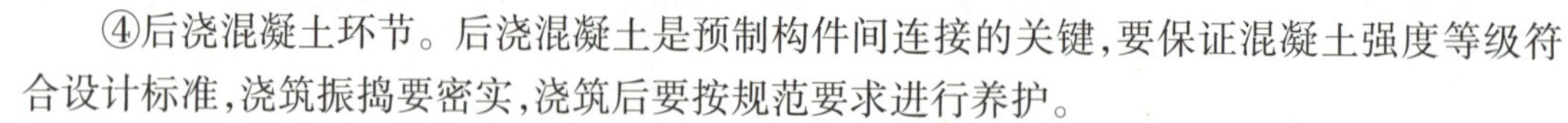

⑤外挂墙板螺栓固定环节。外挂墙板螺栓固定质量的好坏直接影响外围护结构的安全，因此要严格按设计及规范要求施工。

⑥外墙打胶环节。外墙打胶关系到预制混凝土装配式建筑结构的防水，一旦出现问题，将产生严重的漏水隐患。

8.4 装配式建筑质量通病及预防措施

8.4.1 装配式建筑典型的质量问题

(1)预制构件安装精度问题

预制构件安装的精度直接决定了建筑结构的几何尺寸精确性。如果外围构件安装出现偏差，会导致两大严重后果：一是同层外墙不平整；二是相邻楼层垂直度无法保证。这会导致外墙的观感产生难以修复的问题，甚至还会影响结构安全。内部的预制构件安装相对来说要容易控制一些，但也要严格控制在允许误差之内。

质量样板展示区

(2)预制构件的竖向连接可靠性问题

竖向构件套筒连接方式遇到的最大问题就是安全可靠性问题。套筒灌浆已经是很成熟的技术，我们国家也有相应的施工和验收标准。实施时必须严格按照施工工艺的要求，且保证套筒是检验合格的产品，灌浆材料是合格的产品。材料合格又按照工艺操作，那么质量一定是有保障的。

(3)接缝防水处理问题

预制构件在现场拼装，各构件的连接产生了大量接缝，那么就可能引发漏水的问题。要解决漏水的问题，首先从结构设计上解决，无论是水平接缝还是垂直直缝，一定要做好结构的防水设计。再次，在拼装阶段，水平接缝一定要做好坐浆处理；垂直接缝至少要做两道防水,一层膨胀砂浆,一层防水耐候胶,全接缝处加上橡胶止水条则会更加安全。

8.4.2　相关质量通病及预防措施

装配式建筑质量控制涉及设计、生产和安装各个环节,并且各个环节关系密不可分。构件生产过程中的质量通病主要体现在构件混凝土质量、构件钢筋质量、构件预留预埋构件质量、构件构造措施、模板质量等各个方面。下面重点介绍装配式建筑项目构件运输与存放、安装构件过程中的质量通病、原因及预防措施。

1)构件运输和存放

在运输和存放环节容易引发的质量通病如下:

(1)构件吊环断裂

①原因分析。

a.使用冷加工过的或含碳量较高的或锈蚀严重的一级钢筋做吊环。

b.吊环的埋深不够,而且采取的措施不当,吊装时受力不均匀被拉断。

c.吊环设计直径偏小,或外露过长,经反复弯曲受力引起应力集中,局部硬化脆断。

d.冬季施工气温低,受力后脆断。

②预防措施。

a.用作吊环的吊筋必须使用经力学检验合格的Ⅰ级钢筋且严禁使用经过冷加工后的钢筋做吊环。

b.吊环应按设计规范选取相应直径的Ⅰ级钢筋,且埋设位置应正确,保证受力均匀,避免承受过大的荷载。

c.冬季吊装应加保险绳套。

(2)构件撞伤、压伤、兜伤

①原因分析。

a.细长构件起吊操作不当,发生碰撞冲击将构件损伤。

b.构件在采用捆绑式或兜式吊装、卸车时,保护不力,致使构件的棱角损伤或撞伤。

c.构件装车堆垛时,间隙未楔紧、绑牢,致使运输过程中发生滑动、串动或碰撞。

d.支承垫木使用软木,或使用的砖强度不够。

e.构件堆放层数过多、过高,而且支撑位置上下不齐,造成下层构件压伤、损坏。

②预防措施。

a.构件装车、卸车、堆坡过程中,针对不同的构件要采取相应的保护措施。

b.操作要认真、仔细,稳起稳落,避免碰撞,构件之间要相互靠紧,堆垛两侧要撑牢、楔紧或绑紧,尽量避免使用软木或不合格的砖做支垫。

c.保证运输中不产生滑动、串动或碰撞。

(3)构件出现裂缝、断裂

①原因分析。

a.构件堆放不平稳,或偏心过大而产生裂缝。

b.场地不平、土质松软使构件受力不均匀而产生裂缝。

c.悬臂梁按简支梁支垫而产生裂缝。

d.构件装卸车、码放起吊时，吊点位置不当，使构件受力不均受扭；起吊屋架等侧向刚度差的构件，未采取临时加固措施，或采取措施不当；安放时，速度太快或突然刹车，使构件产生纵向、横向或斜向裂缝。

e.柱子运输堆放搁置，上柱呈悬臂状态，使上柱与牛腿交界处出现较大负弯矩，而该处为变截面，易产生应力集中，导致裂缝出现。

f.构件运输、堆放时，叠合板支承垫木位置不当，支点位置不在一条直线上，悬挑过长，构件受到剧烈的颠簸，或急转弯产生的扭力，使构件产生裂缝。

g.叠合板构件主筋位置上下不清，堆放时倒放或放反。

h.构件搬运和码放时，混凝土强度不够。

②预防措施。

a.混凝土预制构件堆放场地应平整、夯实，堆放应平稳，按接近安装支承状态设置垫块，垂直重叠堆放构件时，垫块应上下成一条直线，同时，梁、板、柱的支点方向、位置应标明，避免倒放、错放。

b.运输时，构件之间应设置垫木并互相揳紧、绑牢，防止晃动、碰撞、急转弯和急刹车。

c.薄腹梁、柱、支架等大型构件吊装，应仔细计算确定吊点，对于侧面刚度差的构件要用拉杆或脚手架横向加固，并设牵引绳，防止在起吊过程中晃动、颠簸、碰撞，同时吊放要平稳，防止速度太快和急刹车。

d.柱子堆放时，在上柱适当部位放置柔性支点；或在制作时，通过详细计算，在上柱变截面处增加钢筋，以抵抗负弯矩作用。

e.一般构件搬运、码放时，其强度不得低于设计强度的75%。

2)构件安装

在构件安装环节容易引发的质量通病如下：

(1)标高控制不严

①原因分析。

a.楼面混凝土浇筑标高未控制。

b.预制墙下垫块设置时标高不准。

②预防措施。

a.混凝土浇筑前由放线员做好标记，混凝土浇筑时严格控制，确保混凝土完成面标高。

b.预制墙下垫块顶面标高比楼面设计标高大2 cm，设置垫块时需保证标高。

(2)竖向钢筋移位

①原因分析。

a.楼面混凝土浇筑前竖向钢筋未限位和固定。

b.楼面混凝土浇筑、振捣使得竖向钢筋偏移。

②预防措施。

a.根据构件编号用钢筋定位框进行限位，适当采用撑筋撑住钢筋框，以保证钢筋位置准确。

b.混凝土浇筑完毕后，根据插筋平面位置图及现场构件边线或控制线，对预留插筋进行现场预中心位置复核。对中心位置偏差超过 10 mm 的插筋应根据图纸进行适当的校正，对个别偏位稍微大的，应对钢筋根部混凝土进行适当剔凿。

(3)灌浆不密实

①原因分析。

a.灌浆料配置不合理。

b.波纹管干燥。

c.灌浆管道不畅通，嵌缝不密实造成漏浆。

d.操作人员粗心大意未灌满。

②预防措施。

a.严格按照说明书的配合比及放料顺序进行配置，搅拌方法及搅拌时间也应根据说明书进行控制，确保搅拌均匀，搅拌器转动过程中不得将搅拌器提出，防止带入气泡。

b.构件吊装前应仔细检查注浆管、拼缝是否通畅，灌浆前 30 min 可适当撒少量水对灌浆管进行湿润，但不得有积水。

c.使用压力注浆机，一块构件中的注浆孔应一次连续灌满，并在灌浆料终凝前将灌浆孔表面压实抹平。

d.灌浆料搅拌完成后保证 40 min 内浆料用完。

e.加强对操作人员的培训和管理。

(4)未按序吊装

①原因分析。

a.未按照预制构件平面布置图吊装。

b.吊装前预制构件不全。

②预防措施。

a.吊装前现场技术人员对工人进行技术交底并提供平面布置图。

b.对构件及编号进行核对，同时确保编号本身无错误。

c.吊装前确保现场所需预制构件齐全。

d.吊装过程中，现场质检员随时检查。

(5)墙根水平缝灌浆漏浆

①原因分析。

a.墙根水平缝未清理。

b.嵌缝水泥砂浆配比不对。

c.水泥砂浆嵌缝时墙根水平缝堵塞。

②预防措施。

a.嵌缝前，应清理干净构件根部垃圾或松散混凝土等。

b.采用 1∶3 水泥砂浆将上下墙板间水平拼缝、墙板与楼地面间缝隙填塞密实。

(6)拼缝灌浆不密实导致渗水

①原因分析。

a.灌浆料配置不合理。

b.构件拼缝干燥。

c.操作人员粗心大意未灌满。

②预防措施。

a.严格按照说明书的配合比及放料顺序进行配制,搅拌方法及搅拌时间也应根据说明书进行,确保搅拌均匀。

b.构件吊装前应仔细检查注浆管、拼缝是否通畅,灌浆前 30 min 可适当撒少量水对构件拼缝进行湿润,但不得有积水。

c.单独的拼缝应一次连续灌满,并在灌浆料终凝前将表面压实抹平。

d.加强对操作人员的培训和管理。

(7)构件垂直度偏差大

①原因分析。

a.吊装时未校正。

b.斜支撑没有固定好。

c.相邻构件吊装时碰撞到已校正好的构件。

②预防措施。

a.构件就位后,通过线锤或水平尺对竖向构件垂直度进行校正,转动可调式斜支撑中间钢管进行微调,直至确保竖向构件垂直;用 2 m 长靠尺、塞尺对竖向构件间平整度进行校正,确保墙体轴线、墙面平整度满足质量要求。

b.竖向构件就位后应安装斜支撑,每竖向构件用不少于 2 根斜支撑进行固定,斜支撑安装在竖向构件的同一侧面,斜支撑与楼面的水平夹角不应小于 60°。

c.相邻构件吊装时,尽量避免碰撞到已校正好的构件。如造成碰撞,需重新校正。

(8)地锚螺栓遗漏、偏位

①原因分析。

a.现场放线人员有遗漏。

b.现场电焊工焊接地锚螺栓有遗漏。

c.预制构件密集处斜支撑冲突。

②预防措施。

a.现场施工过程中放线员、焊工注意避免遗漏。

b.预制构件设计时,提前考虑预制构件密集处斜支撑冲突问题。

c.严禁后补膨胀螺栓替代,防止打穿预埋线管,严格按照转化设计布置图进行预埋。

(9)构件方向错误导致的预埋线盒位置错误

①原因分析。

a.未按照预制构件图纸吊装。

b.相对称的预制构件编号错误。

②预防措施。

a.吊装前,现场技术人员根据图纸确定吊装顺序并对工人进行交底。

b.确保加工厂预制构件编号正确。

课后思考题

1.装配式建筑项目质量管理有何特点?

2.简述装配式建筑项目质量管理的方法。

3.简述装配式施工质量控制和传统建筑的区别。

4.装配式建筑质量追溯机制指的是什么?

延伸阅读

[1] 郭学明.装配式混凝土结构建筑的设计、制作与施工[M].北京:中国建筑工业出版社,2018.

[2] 武振,余运波,冯仕章,等.推进集成装配式模块房高质量发展研究[J].建筑经济,2021,42(11):5-9.

[3] 张克,蔡锦松,黄清云.装配式建筑质量影响因素相互关系研究[J].建筑经济,2021,42(10):95-98.

第9章 装配式建筑项目合同管理

主要内容：本章首先讲述了装配式建筑项目总承包合同及合同管理的定义、合同签订和合同管理的法律基础，然后讲述了装配式建筑总承包合同管理及分包合同管理的具体内容，最后讲述了装配式建筑项目合同管理的要点。

重点、难点：本章的重点为装配式建筑项目总承包合同及合同管理的含义、合同签订和合同管理的法律基础、合同管理的特点；合同谈判和订立，合同交底、控制、变更、索赔、保险、纠纷处理，合同收尾等合同管理的内容，审查、监督、控制等合同管理的手段；本章重难点为装配式建筑项目中发包人要求，承包人设计、费用、质量、BIM应用等这些关键点的合同管理。

学习目标：通过本章内容的学习使学生初步形成法律意识、合同意识，掌握合同管理的内容和基本方法，懂得如何利用合同保护自己的权益。

9.1 装配式建筑总承包合同概述

9.1.1 装配式建筑总承包合同的定义和特点

1）装配式建筑总承包合同的定义

国务院办公厅《关于大力发展装配式建筑的指导意见》（国办发〔2016〕71号）提出，装配式建筑原则上应采用工程总承包模式，可按照技术复杂类工程项目招投标，政府投资工程应带头采用工程总承包模式，加快推进装配式建筑项目采用工程总承包模式。

装配式建筑总承包是指承包人受发包人委托，按照合同约定对装配式建筑的设计、采购、生产、安装、施工、装修等实行全过程或若干阶段的工程承包。装配式建筑项目可采用“设计—采购—施工”（EPC）总承包或“设计—施工”（DB）总承包等工程项目管理模式。装配式建筑总承包合同是指发包人与承包人之间为完成装配式建筑总承包任务，明确相互权利义务关系而订立的合同。装配式建筑总承包合同管理是指在装配式建筑总承包实践活动中，作为合同当事人，对合同的订立、履行、变更、解除、转让、终止、违约、索赔、争议处理等进行的管理。

订立、履行、变更、解除、转让、终止是合同管理的环节，审查、监督、控制是合同管理的手段。“审查”就是按照法律法规以及当事人的约定对合同的内容、格式进行审核，审查是装配式建筑项目签约前总承包商对合同管理的重要手段；“监督”是指总承包商依照当事人双方约定的合同条款以及法律、行政法规规定，对合同执行过程中的指导、协调、检查；“控制”是指总承包商在项目实施过程中检查项目的进展，对实际工作与计划工作所出现的偏差加以纠正，从而确保整个计划及组织目标的实现。监督和控制手段主要用于装配式建筑项目履约阶段的合同管理。合同管理必须是全过程的、系统性的、动态性的。

2) 装配式建筑项目总承包具体应用形式

建设项目的设计阶段一般划分为三个环节，分别是方案设计、初步设计和施工图设计，这是针对传统现浇建筑划分的。对装配式建筑而言，施工图设计之后需要增加以构件拆分为主要任务的深化设计环节，也可以称之为二次设计；然后在深化设计的基础上由构件生产单位负责构件加工图设计，直接用于指导构件的制造加工。按照承包人承包范围内的工作内容进行划分，装配式工程总承包实施的类型如表 9.1 所示。表中工程总承包类型从第 1 种到第 8 种的综合程度依次增加，意味着对总承包商的技术和管理水平要求也依次提高。

表 9.1　装配式建筑项目总承包的类型划分

<table>
<tr><th rowspan="2">序号</th><th rowspan="2">承包范围</th><th colspan="4">设计任务</th><th rowspan="2">装配施工</th><th rowspan="2">构件生产</th></tr>
<tr><th>方案设计</th><th>初步设计</th><th>施工图设计</th><th>深化设计</th></tr>
<tr><td>1</td><td>深化设计及施工总承包</td><td>合同 1</td><td>合同 2</td><td>合同 3</td><td colspan="2">合同 4</td><td>合同 5</td></tr>
<tr><td>2</td><td>深化设计、施工及构件生产总承包</td><td>合同 1</td><td>合同 2</td><td>合同 3</td><td colspan="3">合同 4</td></tr>
<tr><td>3</td><td>施工图设计及施工总承包</td><td>合同 1</td><td>合同 2</td><td colspan="3">合同 3</td><td>合同 4</td></tr>
<tr><td>4</td><td>施工图设计、施工及构件生产总承包</td><td>合同 1</td><td>合同 2</td><td colspan="4">合同 3</td></tr>
<tr><td>5</td><td>初步设计及施工总承包</td><td>合同 1</td><td colspan="4">合同 2</td><td>合同 3</td></tr>
<tr><td>6</td><td>初步设计、施工及构件生产总承包</td><td>合同 1</td><td colspan="5">合同 2</td></tr>
<tr><td>7</td><td>全部设计及施工总承包</td><td colspan="5">合同 1</td><td>合同 2</td></tr>
<tr><td>8</td><td>完全的工程总承包</td><td colspan="6">合同 1</td></tr>
</table>

现阶段我国装配式建筑普遍采用的是第 1 种，即包括深化设计和施工总承包。随着相关政策制度的完善以及相关企业技术能力和管理水平的不断提升，第 4 种会成为着力推动的重点总承包类型。

当装配式建筑项目采用工程总承包方式进行招标时，投标人需要满足设计、施工方面的资质要求，并且具备相应的预制构件生产能力。在现阶段，这些要求通常情况下很难由一家企业同时满足，装配式建筑项目更适合采用设计、施工和构件生产单位组成联合体投标。

3) 装配式建筑总承包合同签订和管理的法律基础

装配式建筑总承包合同及其管理的法律基础主要是国家或地方颁发的法律、法规，主要有《中华人民共和国民法典》《中华人民共和国建筑法》《中华人民共和国招标投标法》，住房和城乡建设部、国家发展和改革委制定的《房屋建筑和市政基础设施项目工程总承包管理办法》(建市规〔2019〕12号),国家发展改革委员会等部门编制的《标准设计施工总承包招标文件》(2012年版)、《建设工程勘察设计资质管理规定》(建设部第160号令),建设部发布的《关于培育发展工程总承包和工程项目管理企业的指导意见》(建市〔2003〕30号),建设部发布的《建设工程项目管理试行办法》(建市〔2004〕200号)、《建设项目工程总承包管理规范》(GB/T 50358—2017),国务院办公厅发布的《关于大力发展装配式建筑的指导意见》(国办发〔2016〕71号),住房和城乡建设部关于印发《"十三五"装配式建筑行动方案》等的通知(建科〔2017〕77号),住房和城乡建设部等编制的《建设项目工程总承包合同示范文本》(GF-2020-0216)等。

2017年2月21日,国务院办公厅发布《关于促进建筑业持续健康发展的意见》(国办发〔2017〕19号)提出加快推行工程总承包。国家要不断健全与装配式建筑总承包相适应的发包承包、施工许可、分包管理、工程造价、质量安全监管、竣工验收等制度,实现工程设计、部品部件生产、施工及采购的统一管理和深度融合,优化项目管理方式。国家支持大型设计、施工和部品部件生产企业通过调整组织架构、健全管理体系,向具有工程管理、设计、施工、生产、采购能力的工程总承包企业转型。按照总承包负总责的原则,落实工程总承包单位在工程质量安全、进度控制、成本管理等方面的责任。除以暂估价形式包括在工程总承包范围内且依法必须进行招标的项目外,工程总承包单位可以直接发包总承包合同中涵盖的其他专业业务。

4)装配式建筑总承包合同的特点

装配式建筑总承包的内容、性质和特点,决定了装配式建筑总承包合同除了具备建设工程合同的合同标的特殊性、合同内容复杂性、合同履行长期性、合同监督严格性等特征外,还有其自身的特点:

(1)设计、施工、安装一体化

装配式建筑总承包商不仅负责装配式建筑的设计与施工,还需负责部品部件的生产、加工、运输以及材料与设备的供应工作。因此,如果装配式建筑出现质量缺陷,总承包商将承担全部责任,不会导致设计、施工等多方之间相互推卸责任的情况;同时设计与施工的深度交叉,有利于缩短装配式建筑的建设周期,不断降低工程造价。

(2)投标报价复杂

装配式建筑总承包合同价格不仅包括设计与施工费用,根据双方合同约定情况,还可能包括部品部件的采购费用、设备购置费、总承包管理费、专利转让费、研究试验费、不可预见风险费用和财务费用等。签订总承包合同时,由于尚缺乏详细计算投标报价的依据,不能分项详细计算各个费用项目,通常只能依据项目环境调查情况,参照类似已完工程资料和其他历史成本数据完成项目成本估算。

(3)合同关系单一

在装配式建筑总承包合同中,业主将规定范围内的装配式建筑项目实施任务委托给总承包商负责,总承包商一般具有很强的技术和管理的综合能力,业主的组织和协调任务量少,只需面对单一的总承包商,合同关系简单,工程责任目标明确。

(4)合同风险转移

由于业主将装配式建筑完全委托给承包商,并常常采用固定总价合同,将项目风险的绝大部分转移给承包商。承包商除了承担施工过程中的风险外,还需承担设计及采购等更多的风险。特别是由于在只有"发包人要求"或只完成概念设计的情况下,就要签订总价合同,和传统模式下的合同相比,承包商的风险要大得多,需要承包商具有较高的管理水平和丰富的工程经验。

(5)价值工程应用

在装配式建筑总承包合同中,承包商负责设计和施工,打通了设计与施工的界面障碍,在设计阶段便可以考虑设计的可施工性问题,对降低成本、提高利润有重要影响。承包商常常还可根据自身丰富的工程经验,对"发包人要求"和设计文件提出合理化建议,从而降低工程投资,提高项目质量或缩短项目工期。因此,在装配式建筑总承包合同中常包括"价值工程"或"承包商合理化建议"与"奖励"条款。

(6)知识产权保护

由于工程总承包模式常被运用于装配式建筑、石油化工、建材、冶金、水利、电厂等项目,设计成果文件中常包含多项专利或著作权,总承包合同中一般会有关于知识产权及其相关权益的约定。承包商的专利使用费一般包含在投标报价中。

9.1.2 装配式建筑总承包合同文本

1)国内工程总承包合同文本

(1)标准设计施工总承包招标文件

国家发展改革委会同相关部委,编制了《标准设计施工总承包招标文件》(2012年版),自2012年5月1日起实施,在政府投资项目中试行,其他项目也可参照使用。《标准设计施工总承包招标文件》第四章"合同条款及格式",包括通用合同条款、专用合同条款以及3个合同附件格式(合同协议书、履约担保格式、预付款担保格式)。

(2)建设项目工程总承包合同示范文本

为促进建设项目工程总承包的健康发展,指导和规范工程总承包合同当事人的市场行为,维护合同当事人的合法权益,依据《中华人民共和国民法典》《中华人民共和国建筑法》《中华人民共和国招标投标法》以及相关法律、法规,住房和城乡建设部、国家市场监督管理总局联合制定了《建设项目工程总承包合同示范文本》(GF-2020-0216,下文简称《示范文本》),自2020年1月1日起执行。

①《示范文本》的适用范围。

《示范文本》适用于建设项目工程总承包承发包方式。工程总承包是指承包人受发包人委托,按照合同约定对工程建设项目的设计、采购、施工(含竣工试验)、试运行等实施阶段,实行全过程或若干阶段的工程承包。为此,在《示范文本》的条款设置中,将"设计、施工、竣工试验、工程接收、竣工后试验"等工程建设实施阶段相关工作内容皆分别作为一条独立条款,发包人可根据发包建设项目实施阶段的具体内容和要求,确定对相关建设实施阶段和工作内容的取舍。

②《示范文本》的组成。

《示范文本》由合同协议书、通用条款和专用条款3部分组成。根据《中华人民共和国民法典》的规定，合同协议书是双方当事人对合同基本权利、义务的集中表述，主要包括建设项目的规模、标准和工期的要求、合同价格及支付方式等内容。合同协议书的其他内容，一般包括合同当事人要求提供的主要技术条件的附件及合同协议书生效的条件等。

通用条款是合同双方当事人根据《中华人民共和国建筑法》《中华人民共和国民法典》以及有关行政法规的规定，就工程建设的实施阶段及其相关事项、双方的权利和义务做出的原则性约定。

2）国际工程总承包合同文本

国际上著名的标准合同格式有FIDIC（国际咨询工程师联合会）、ICE（英国土木工程师学会）、JCT（英国合同审定联合会）、AIA（美国建筑师学会）、AGC（美国总承包商协会）等组织制订的系列标准合同格式。ICE和JCT的标准合同格式是英国以及英联邦国家的主流合同条件；AIA和AGC的标准合同格式是美国以及受美国建筑业影响较大的国家的主流合同条件；FIDIC的标准合同格式主要适用于世界银行、亚洲开发银行等国际金融机构的贷款项目以及其他的国际工程，是我国工程界最为熟悉的国际标准合同条件。这些标准合同条件里，FIDIC和ICE合同条件主要应用于土木工程，而JCT和AIA合同条件主要应用于建筑工程。

9.1.3 装配式建筑项目总承包合同管理职责

1）装配式建筑项目总包商的合同管理职责

装配式建筑项目工程总包商应建立项目合同管理体系，履行合同管理职责。装配式建筑项目总包商合同主控部门为合约商务部，主要负责合同起草、洽谈、评审、签订、合同风险防范、法律纠纷处理及过程中的成本管理等工作，见表9.2。

表9.2 装配式建筑项目总承包企业合同主控部门职能分配表

管理部门	管理职能	职责
合约商务部	合约管理	负责项目整体合同体系策划与设计； 负责组织工程总承包合同的谈判策划与实施； 负责工程总承包合同管理，包括补充协议的签订、合同变更、甲指分包合同管理； 负责组织所有合同的评审、签订、分析、交底； 负责签证、索赔资料的完整性、合理性审核。
	法务管理	负责合同风险的监督与防范，制订风险应对策略，并组织实施； 负责法律纠纷处理及履约争议的处理； 负责索赔证据的收集与资料办理； 负责商务函件的合法合规性审核。
	成本管理	负责与建设单位的产值结算； 负责对建设单位签证、索赔的办理； 负责对分包单位的过程结算及最终结算审核；

续表

管理部门	管理职能	职责
合约商务部	成本管理	负责对整个项目的成本统计、成本核算、成本分析、措施制订、成本考核管理； 编制分包单位资金支付计划； 建立相应台账。
	合约资料管理	建立各类合同台账。

(1)负责组织并依法订立合同

由企业的合约商务部负责组织和实施投标报价的全部活动和过程管理。

(2)对合同履行进行协调、监督和终结验证

①实施协调：

a.企业的管理和业务部门应按合同和业主要求，协调并配置必要的资源，保证合同目标和任务的完成。

b.企业的合约商务部协调处理合同变更和其他重大问题。

②实施监督：

a.企业通过职能部门(包括合同管理、项目管理、专业部门和其他相关部门)协同项目部形成实现合同产品和服务的管理模式(如矩阵管理形式等)。企业对合同履行起支持、保证和指导作用并监督其实施效果。

b.合约商务部和项目部及时了解合同项目进展情况，沟通和协调解决合同执行过程中的争端和障碍，促使合同项目按约定的条件和要求完成合同收尾工作，办理规定的相关手续及合同归档工作(包括考核验收、安全评价、成本核算、总结经验和教训等合同文件归档)。

③检查和验证合同终结，一般包括：

a.合约商务部关注合同收尾阶段的信息和问题，协调项目部与业主或项目干系人关系，促使问题合理解决，体现“双赢”和互利原则，增强业主满意度并及时获取业主评价。

b.检验合同终结的条件和凭证(文件、记录等)，按规定确认后，即可正式关闭合同，并将验证记录文件归档保存。

2)装配式建筑总包商项目部的合同管理职责

项目部是执行合同的项目组织，其基本职责如下：

(1)实行项目经理负责制

项目部实行项目经理负责制，以确保合同约定目标和任务的实现。包括：

①负责组织和实施对总承包合同的履行。

②负责组织和实施对分包合同的订立以及对分包商实施监督与控制。

(2)制订合同管理有关规定

依据企业管理制度制订合同管理有关规定，包括：

①明确合同管理范围，包括总承包合同管理范围(按合同约定装配式建筑项目总承包

企业应承担的职责范围)和分包合同管理范围(按分包合同约定装配式建筑项目总包企业应承担协调和监控的职责范围)。

②合同变更管理规定(包括装配式建筑项目总承包合同和分包合同的变更管理):

a.申报和审批程序。

b.实施原则和处理方法。

③与合同各方协调的管理规定,包括:

a.项目部就合同管理向企业的请示和报告规定。

b.项目部就合同管理向合同相关方的通知和报告规定。

(3)明确合同管理的岗位职责

明确合同管理的岗位职责,主要包括:

①项目经理对合同管理的基本职责:

a.受委托全权负责合同履行。对内向企业法人代表负责,对外向业主负责。

b.领导并协调好项目部合同管理人员的工作,处理好与合同各方的关系。

c.全面负责完成合同规定的目标与任务,使业主受益并增强合同各方满意度。

②项目职能经理和管理人员的合同管理职责:

a.在项目经理领导下,协助做好各自分管范围的合同管理工作。

b.认真执行合同约定和控制措施,使合同履行处于受控状态。

c.各职能人员应按岗位职责做好全过程(包括合同收尾)的合同管理工作,保证合同约定目标和任务的实现。

③项目部合同管理人员的岗位职责:

a.负责合同文本和相关文件资料的管理。

b.全过程跟踪检查合同执行情况,收集、整理合同信息和管理绩效,并按规定报告项目经理。

c.按规定和要求做好合同验收和合同收尾工作(包括合同文件归档),并做出一套完整的索引记录,以便保存、检索和查阅。

装配式建筑项目总承包项目部中各部门的合同管理分工与职责分配,按照合同分类对应各个职能部门,可参考表 9.3。

表 9.3　总承包项目部合同管理分工与职责分配表

管理部门	管理职能	职责
设计管理部	勘察设计类合同管理	负责总承包合同项下的内部设计合同或设计分包合同计划编制、合同起草、评审、洽谈、签订
机电部	设备采购、租赁类合同管理	负责总承包合同项下的设备供应合同计划编制、合同起草、评审、洽谈、签订
物资部	材料、物资合同管理	负责总承包合同项下的材料、物资合同计划编制、合同起草、评审、洽谈、签订
工程部、设计管理部	预制构件、部品合同管理	负责总承包合同项下的预制构件和部品的采购及运输合同计划编制、合同起草、评审、洽谈、签订

续表

管理部门	管理职能	职责
工程部	施工分包合同管理	负责总承包合同项下施工分包合同管理或专业分包合同计划编制、合同起草、评审、洽谈、签订
合约商务部	工程总承包合同管理	负责工程总承包合同起草、洽谈、评审、签订
其他部门	其他合同	负责总承包合同项目中的其他合同计划编制、合同起草、评审、洽谈、签订

总承包合同管理流程可以反映出总包商合同管理各项工作之间的逻辑关系，如图 9.1 所示。

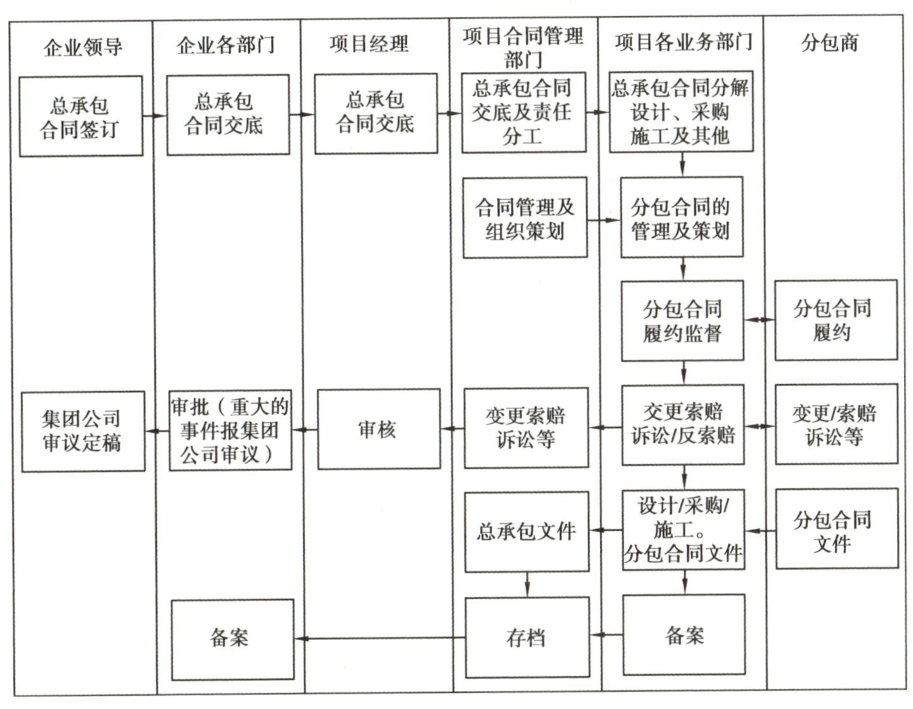

图 9.1　项目合同管理流程

9.2　装配式建筑总承包合同管理

装配式建筑总承包合同管理是总承包商与业主双方在工程中各种经济活动的依据，是工程建设过程中双方的行为准则和双方纠纷解决的依据，同时又是装配式建筑项目总承包企业实施分包计划的纲领。

9.2.1　招投标阶段的工作

在这一阶段，装配式建筑项目总包商合同管理的主要工作内容是市场调研风险评估、招标文件审核分析、投标文件的编制和递交、合同谈判、合同评审和签订。本章内容主要介绍市场调研、招标文件的审核、合同商务谈判、合同评审和签订这几个问题。

1)市场调研

在投标前,装配式建筑项目总包商首先对项目进行信息追踪、筛选,弄清项目立项、业主需求、资金给付等基本情况;然后到项目所在地考察,了解工程当地建筑材料、劳动力技术水平及供应数量和价格、社会化协作条件和当地物价水平;此外,到当地建设主管部门、税务主管部门、会计师事务所进行咨询,全面了解项目所在地的经济、文化、法规等。承接装配式建筑项目前,对以上项目基本信息的收集、整理、分析工作是决定是否承接该项目的前提,更是规避、防范企业风险的第一关。

2)招标文件的审核

首先,总包商要对业主制订的招标文件进行细致而深入的研究,对模糊不清的条款要及时誊清,同时要对招标文件条款进行审核与分析,特别是要对合同总价风险控制方法、付款方式、结算方式、质保金及保修服务条款等内容进行仔细研究。以上信息将成为投标文件编制、工程成本测算的重要依据,同时也基本框定了合同总价。合约商务部应将此项工作视为合同管理的首要条件来控制。

其次,装配式建筑项目总包商应对施工现场进行详细调查,如地形、地貌、水文地质条件、施工现场、交通、物资供应条件等,对招标文件的研究分析和现场调查发现的问题进行分类归纳,并做好书面记录,以便于以后的合同管理。

最后,装配式建筑项目总包商的风险贯穿了整个合同的每一个条款和每一份附件。在审核合同正文条款以及有关附件时,应从头到尾仔细审核,不遗漏任何一个潜在的风险。

3)合同商务谈判

商务谈判是指为了实现交易目标而相互协商的活动,按商务谈判者所采取的态度和方法可分为三种:

(1)软式商务谈判

软式商务谈判也称“友好型商务谈判”。实际商务谈判中,很少有人采用这种方式,一般只限于在双方的合作非常友好,并有长期业务往来的情况下使用。

(2)硬式商务谈判

硬式商务谈判也称“立场型商务谈判”。商务谈判者将商务谈判看作一场意志力的竞争,认为立场越硬的人获得的利益越多。如果双方都采用这种方式进行商务谈判,就容易陷入骑虎难下的境地。因此,硬式商务谈判可能有表面上的赢家,但没有真正的胜利者。

(3)原则式商务谈判

原则式商务谈判有4个特点:①主张将人与事区别对待,对人温和,对事强硬;②主张开诚布公,商务谈判中不得采用诡计;③主张在商务谈判中既要达到目的,又不失风度;④主张保持公平公正,同时又不让别人占你的便宜。

原则式商务谈判与软式商务谈判相比,注重与对方保持良好的关系,同时也没有忽略利益问题;与硬式商务谈判相比,主要区别在于主张调和双方的利益,而不是在立场上纠缠不清。这种方式致力于寻找双方对立面背后存在的共同利益,以此调解冲突。实际商务谈判中,原则式商务谈判策略得到广泛应用。

4)合同评审和签订

在签订合同前,总承包企业应进行合同评审。合同评审要坚持以下原则:

①合法性原则。合同内容应符合中国和项目所在国的法律、法规和规范。

②公平性原则。不能有显失公平的条款,不能违背权利义务对等的原则。

③风险可控原则。应充分考虑各种风险的防范、规避、转移等措施,避免合同陷阱。

④可行性原则。合同文本应切实可行,并可通过合同的实施达到预期目标。

合同签订时,合同双方签字代表应为法定代表人或法定代表人授权签字人。若为法定代表人授权签字人,应在签字前出具法定代表人授权委托书。

9.2.2　履约阶段的工作

合同履约过程中的合同管理与控制是装配式建筑项目总承包项目合同管理的重要环节。合同一旦签订,整个工程项目的总目标就已确定,这个目标经分解后落实到总包商项目部、分包商和所有参与项目建设的人员,就构成了目标体系。分解后的目标是围绕总目标进行的,分解后各个小目标的实现及其落实的质量直接关系总目标的实现,控制这些目标就是为了保证工程实施按预定的计划进行,顺利地实现预定的目标。

1)合同交底

合同签订后,装配式建筑项目总包商应该明确合同的工作范围和义务,组织召开合同交底会议,针对深化设计,预制构件生产、运输、安装等重要环节涉及的规范、标准、质量、工期等合同要点进行专项交底。由合约商务部向项目经理部成员陈述合同意图、合同要点、合同执行计划等内容;项目部的合同管理人员向项目部的职能部门负责人进行合同交底;项目部各职能部门负责人向其所属执行人员进行合同交底。合同交底资料形成书面文件,经各有关主体负责人签字确认、存档。

项目的主要管理人员根据合同要求分解合同目标,使项目部所有人员熟悉合同中的主要内容、规定及要求,了解作为总包商的合同责任、工程范围以及法律责任,并依据合同制订出工程进度节点计划。按照节点计划,项目各部门负责人对各自部门人员进行较详细分工,即将每个节点作为一个小目标来管理。合同交底意义重大,只有明确了合同的范围和义务才能在项目实施过程中不出现或少出现偏差。

2)合同控制

合同控制是指双方通过对整个合同实施过程的监督、检查、对比分析和纠正来实现合同管理目标的一系列管理活动。在合同履行中,对合同的分析、对自身和对方的监督、事前控制,提前发现问题并及时解决等做法符合合同双方的根本利益。采用控制论的方法,预先分析目标偏差的可能性并采取各项预防性措施来保证合同履行,具体有以下几项内容:

(1)分析合同,找出漏洞

对合同条款的分析和研究不仅仅是签订合同之前的事,它应贯穿于整个合同履行的始终。不管合同签订得多么完善,都难免存在一些漏洞,而在工程的实施过程中不可避免会发生一些变更。在合同执行的不同阶段,对合同中的某些条款可能会有不同的认识。分析合同可以提前预期可能的争议,提前采取行动,通过双方协商、变更等方式弥补漏洞。

(2)制订计划,随时跟踪

由于合同计划之间有一定的逻辑关系,如工程建设中某项里程碑的完成必定要具备一些前提条件,把这些前提条件也做成合同计划,通过分析这些计划事件的准备情况和完成情况,预测后续计划或里程碑完成的可能性和潜在风险。

此外,在实施工程管理的过程中,将现场管理与合同联系起来,并用工程进度、质量等作为评定现场管理的标准,同时与现场项目经理的绩效相挂钩,这就保证工程项目随时处于受控状态,避免工程管理人员仅依靠经验管理项目。

(3)分解合同责任

合同的执行需要各个部门的通力配合,虽然多个部门都在执行合同的某一部分,但不可能都像合约部门的人员一样了解和掌握整个合同内容。因而合约部门应该根据不同部门的工作特点,有针对性地进行合同内容的讲解,说明各部门的责任和权利、可能导致对自身不利的行为、哪些情况容易被对方索赔等合同中较为关键的内容,以提高全体人员履行合同的意识和能力。

(4)广泛收集各种数据信息,并分析整理

如各种材料的国内外市场价格、承包商消耗的人工工日、机械台班、变更记录、支付记录、工程量统计等。准确的数据统计和数据分析,不仅对变更、索赔的谈判大有裨益,也利于积累工程管理经验,建立数据库,实现合同管理的信息化。

3)变更管理

(1)工程变更概念

广义上说,变更指任何对原合同内容的修改和变化,但在工程项目中,变更分为合同变更与工程变更。合同变更指任何对原合同的主体或内容的修改和变化。但从我国《民法典》第三编第六章的有关规定看,合同变更仅指合同内容的变更。原则上,提出变更的一方当事人对因合同变更所受损失应负赔偿责任。

工程变更
管理

工程变更则是指在工程项目实施过程中,按照合同约定的程序对工程在材料、工艺、功能、构造、尺寸、技术指标、工程数量及施工方法等方面做出的改变。引起工程变更的原因有多种,如设计的变更、更改设备或材料、更改技术标准、更改工程量、变更工期和进度计划、质量标准。大部分工程变更工作给承包商的计划安排、成本支出都会带来一定的影响,重大的变更可能会打乱整个工程部署,同时变更也是引起双方争议的主要原因之一。《建设项目工程总承包合同示范文本》(GF-2020-0216)指出,发生非承包人责任且可能影响工程施工的事件时,承包人应及时承担“提前预警”的义务,向发包人提交变更建议;若发包人认为承包人未履行“提前预警”义务,承包人可能难以获得应有的补偿。

装配式建筑的建造流程具有工业化生产的特点,在建造技术层面提出了更高的要求。在设计阶段需要构件生产单位和装配施工单位的介入,共同参与构件拆分图设计并完成构件加工图。装配式建筑的设计不仅需要满足业主对建筑功能的需求,更要关注标准化设计对构件工厂化生产和现场装配化施工的影响,尽量避免由于设计的不合理导致构件生产制作和安装连接时出现问题,否则装配式建筑的变更将比传统现浇建筑的变更付出更高的代价。

装配式建筑项目总承包合同的变更管理,应按合同约定的变更程序进行。总承包项目部应对变更造成的质量、安全、费用和进度等影响进行评估,在合同约定时限内提出变更引起的价格和工期调整。

(2)工程变更费用

工程变更衡量的标准应该是“公平合理”,工程变更费用应在专用合同条款中约定。对于业主来说,必须尽量避免太多的变更,尤其是因为业主临时改变或增加工程项目功能要求、合同范围界定不清、自身失误等原因引起的返工、停工、窝工。如果承包商按照业主的要求实施了变更,那么对承包商造成的间接费用是否应给予补偿?对涉及工程量较大的变更,或处于关键路径上的变更,可能影响承包商后续的诸多工作计划,引起承包商部分人员的窝工。对此业主除补偿执行该项变更本身可能发生的费用外,对承包商后续施工计划造成的影响所引起的费用或承包商的窝工费用,是否应该给予补偿?我国《民法典》合同编以及国际工程合同条款中对此均未有明确的规定,只是更多地从“公平合理”的角度做了简单说明,这些纠纷就需要总包商与业主进行磋商和协调。

4)索赔管理

(1)索赔动因

装配式建筑项目总承包工程建设规模大、周期长、环节繁多,情况复杂。为此,其合同管理是一个动态过程:一方面,合同在实施过程中,经常受到外界干扰,出现不可预见事件、地质情况意外、政治局势变化、政府新法令实施、物价上涨等,这些情况将影响工程成本和工期;另一方面,随着工程项目的进展,业主可能会有新的要求,合同本身也在不断变化,绝对不变的合同是不存在的。依据法律和合同的规定,对非承包商过错或疏忽而属于业主及其代表责任的事情,造成损失的,总承包商可以向业主方提出补偿或延期的请求。

索赔必须有合理的动因才能获得支持。一般来说,只要是业主的违约责任造成的工期延长或承包商费用的增加,承包商都可以提出索赔。业主违约包括业主未提供合格场地、审核设计或图纸的延误、业主指令错误、延迟付款等,以及 FIDIC 条款中所列属于承包商“不可抗力”因素导致的延迟均可提出索赔。当然,有的业主会在合同的特殊条款中限定可索赔的范围,这时就要看合同的具体规定了。索赔是合同赋予双方的合法权利,发生索赔事件并不意味着双方一定要诉讼或仲裁。大多索赔可以通过协商、商务谈判和调解等方式得到解决。

(2)索赔管理中需要注意的一些问题

①对于业主无过错的事件,比如恶劣气候条件和不可抗力等给承包商造成的损失,承包商有责任及时予以处理,尽早恢复施工,然后再提交索赔报告和证据并提出补偿请求。

②工期索赔中要注意引起工期变化的事件对关联事件的影响。工程中计算工期索赔的办法是网络分析法,即通过网络图分析各事项的相互关系和影响程度。如对关键路径没有造成影响,则不应提出工期索赔。

综上所述,在合同履行过程中,承包商的合同管理人员要对合同规定的条款了如指掌,随时注意各种索赔事件的发生,一旦发现属于业主责任的索赔事件,应及时发出索赔意向通知书并准备索赔报告。总承包商还应尽量保证分包文件的严密性,保证设计质量,尽量减少设计变更，减少分包单位的索赔。

5）保险管理

保险管理是合同管理的重要内容之一。在合同履约阶段，往往发生保险事故，装配式建筑项目总承包企业应积极应对保险索赔事件。保险的基本职能是分散风险和经济补偿，分散风险是前提条件，经济补偿是分散风险的目的。保险索赔过程中总包商应注意以下问题：

（1）认定保险责任

保险公司在处理理赔工作时首先要对损失进行定性分析，确定损失原因，认定保险责任范围。工程项目的损失原因错综复杂，有些损失并不完全归于保险，对于这种情况，使用"近因原则"认定责任归属。

（2）核准损失量

确定保险责任后，保险公司会对损失的工程量和货币量进行确认，并依据保险合同的相关规定核算赔款。保险公司遵循的是"被保险人不可获利原则和赔偿方式由保险人选择原则"。保险公司的赔偿责任是使被保险标的恢复到出险前的状态，这种恢复不能使受损标好于保险事故发生前的状态。

（3）注意核对保险规定

保险事故发生后，并不是所有事故都可以得到赔偿，承包商应核对受损事件是否符合保险合同要求。例如，我国某公司在国外承包了一项大型工程，按照装配式建筑合同规定业主负责工程一切险的保险，承包商负责雇主责任险、第三方责任险以及施工机具保险。在施工过程中由于突发洪水，将正建的工程冲毁，造成很大的损失，承包商向业主提出索赔。业主回复，按照业主保险单，承包商是联合被保人，承包商可以向保险公司直接索赔，业主可以协助安排保险索赔事宜。在通知保险公司后，保险公司派来理赔估算师，对损失进行估算，双方认可的损失共计 28 万美元。承包商与业主接到保险公司信函，通知按保险合同规定，保险公司没有赔偿义务，因为保险合同单免赔额为 30 万美元。承包商于是向业主提出索赔，业主认为该损失应该由承包商承担。承包商查阅了保险合同文件，原来合同规定："工程一切险保险单免赔额范围的损失由承包商承担。"

（4）应用代位求偿原则

"代位求偿"是指保险公司在向被保险人支付了保险求偿之后，依法取得被保险人享有的向第三方责任人请求赔偿的权利，取代被保险人的位置向第三方责任人进行追偿。发生保险事故时，一旦存在有责任的第三方，被保险人（总承包商）就应该注意对求偿权益的保全，并在获得保险赔偿之后将该权利转让给保险公司。

（5）把握索赔时效

被保险人提供的损失原因分析、弥补损失的相应合同、发票以及第三方责任求偿书等文件是保险公司理赔的重要依据。总承包商应保管好此类资料，并积极提交，注意索赔的时效性，索赔期限从损害发生日起，至向保险公司提供上述材料止，不得超过两年。

随着"一带一路"倡议的实施，总承包企业应与中国保险公司联手建立长久的关系，不断解决新问题，融入新元素，从民族利益角度出发，将保险利益尽量留在国内，从而促进工程总承包企业和保险公司的双赢。

6)纠纷处理

装配式建筑项目合同双方的行为均可能导致在履约过程中产生纠纷。业主方的因素主要有:提供了不准确的勘察资料、初步设计;采取不适宜的管理方式,过多干涉承包商设计、施工作业;随意变更设计、材料和质量标准等。承包商的因素主要有:转包工程;质量保证体系缺位导致质量缺陷;未能及时对业主的不合理要求提出异议,以致工程变更失控,导致工期延误等。如果装配式建筑项目的纠纷不能得到及时处理,就有可能影响整个建设项目的进度、质量。因此,纠纷处理是合同管理的重要工作。

承包商可以根据具体情况采用合适的非诉讼方式解决。根据《建设项目工程总承包合同示范文本》(GF-2020-0216),当事人双方通过和解(合同当事人自行和解达成协议)、调节(合同当事人请求其他第三方进行调解,达成协议)来解决双方之间的实质性纠纷;若纠纷仍然不能解决,可以采取争议评审(合同当事人在专用合同条件中约定采取争议评审方式解决争议),争议评审小组作出的书面决定经合同当事人签字确认后对双方具有约束力,双方应遵照执行;但任何一方当事人不接受或不履行争议评审小组决定的,双方可进一步通过仲裁(借助仲裁机构的判定,属于正式的法律程序)和司法诉讼进行处理。

装配式建筑项目纠纷处理坚持“能协商就协商,能调解就调解,能不仲裁就不仲裁,能不诉讼就不诉讼”的原则。不管怎样,走上仲裁庭或法院对合同双方都不是一件好事,除非一方违反了合同的基本原则恶意欺诈。不论采用仲裁或诉讼都会劳神费力,尤其是旷日持久的取证、辩论,对公司的商誉和对双方的合作关系都是一种伤害。

9.2.3　收尾阶段的工作

收尾是在合同双方当事人按照总承包合同履行完各自的义务后进行的合同收尾工作。装配式建筑项目合同收尾包括分包合同的收尾工作和总承包合同的收尾工作。在合同收尾后,未解决的争议可能进入诉讼程序,合同条款可规定合同收尾的具体程序。收尾的管理内容包括:

1)文件的归档

工程总承包项目建设周期长、涉及专业多、面临的情况复杂,在经过一个长期的建设过程之后,很多具体问题都需要依靠相应的资料予以解决。为此,做好资料整理归档工作,不是一个简单的文档管理问题,应由专人负责到底。在总合同签订后,合同管理人员就应该将合同文件妥善保存,并做好保密工作,在合同进入收尾阶段后,要对合同文件进行逐一清理,主要是清理合同文本和双方来往文件,发现与合同不一致的情况要及时进行沟通,需要进行合同变更的要及时进行合同变更。另外,要加快合同管理信息化步伐,及时运用信息化管理手段,改善合同管理条件,提高合同管理水平。

2)合同后评价

装配式建筑项目总承包合同在执行完毕后要进行合同后评价,及时总结经验教训。在这一阶段进行总结,不仅是促进合同管理人员的业务水平,也是提高总承包商整体合同管理水平的重要工作。合同后评价主要对以下 3 个方面进行总结:

(1)合同签订过程情况的评价

合同签订过程情况评价的重点是:合同目标与实际完成情况的对比;投标报价与实际工程价款的对比;测定的成本目标与实际成本的对比。通过上述对比分析,衡量合同文本、合同条款的优劣和谈判策略的利弊,总结以后类似合同签订的注意事项。

(2)合同履行情况的评价

合同履行情况评价的重点是:合同执行中风险与应对能力;合同执行过程中索赔成功率;合同执行过程中有没有发生特殊情况,按照合同文件无法解决的事项。针对合同在执行过程中的问题进行分析评价,并提出改进措施。

(3)合同管理情况的总评价

装配式建筑项目的合同风险虽然具有客观性、偶然性和可变性,但是项目合同的实施又具有一定的规律性,所以合同风险的出现也具有一定的规律性。通过对上述情况的评价,找出合同管理中的问题和缺陷,对整个项目实施过程中合同管理的难题及解决办法进行归纳总结,用以指导今后的合同管理工作。

9.2.4 合同管理案例

1)合同简介

境外某国西部陆上天然气管道工程,业主以及监理方均为意大利某公司,中方为某石油天然气管道局与中方某建设集团公司组成的联合体,经过激烈的国际竞标,一举获得该工程项目 EPC 总承包权。该工程由中方某石油天然气管道局承担设计、采购、施工、预试运行、试运行和管道的性能测试。合同总价为 1.461 亿欧元(不包括主管材费和试运等费用)。项目采用欧洲和美国标准设计,施工难度之大,对健康、安全、环境的要求之高,尤其对合同风险管理和合同索赔管理控制之严,在以往的境内外长输管道工程中都是罕见的。

2)合同风险管理

(1)合同谈判风险规避

合同的生效日期是 20××年 6 月 17 日(授标函的日期),尽管双方签署合同的日期是同年 10 月 23 日,但合同都被认为从生效日期起全部具有效力和生效。

合同条款在签署授标函时就被限定,没有多少谈判的余地,在合同签署前,仅给中方承包商一次合同澄清谈判的机会。

8 月 14 日,业主根据招标文件和双方确认的来往传真、信函、投标文件、澄清会议纪要、双方签署的授标函,以及按授标函的内容起草的合同草稿一并交给总承包商征求意见。通过对合同条款和投保须知文件(ITT 文件)认真复阅、评审,特别是对不确定因素进行分析和风险评估,中方总承包商共提出 30 条修改意见,其中包括:合同文件第 C 部分“承包商工作范围”第 14.3.2 款,履约保证中的输油能力 540 Sm^3/h。由于 16 英寸管子的壁厚从 7.9 mm(ITT)增加到 11.9 mm 和 17.5 mm(钢管订单),根据理论计算,管道的输油能力也应从 540 Sm^3/h 降到 510 Sm^3/h。

国际工程没有慈善家,任何一个业主都是以自身利益为重,因此中方总承包商将合同谈判的重点放在合同条款的合理性、全面性和可操作性上,目的是规避合同风险,保护自身利益。

谈判非常艰难，当中方总承包商提出有关原则性的条款和对索赔有利的条款的修改意见等业主比较敏感的问题时，业主以投标过程中中方对合同条款已经确认，并已签署授标函为由，拒绝了中方总承包商的修改意见，并明确表示如果这些意见在签署授标函前提出，还有可能接受，但这些合同修改意见会直接影响中方总承包商的中标。在谈判过程中，通过有效的沟通，第一轮谈判双方对 17 条修改意见达成共识并签字通过，遗留了 13 条修改意见在第二轮合同谈判。

第二轮合同谈判遗留 4 个问题，其中 3 个问题中方总承包商是可以让步的，但为了稳妥解决输油管道的输油能力问题，总承包商把可退让的 3 个问题一起放到第三轮合同谈判中加以解决。通过进一步的沟通、磋商、妥协，逐步减少了双方的不同认识，增加了相同点。

在第三轮合同谈判中，业主不仅同意履约保证中的输油能力从 540 Sm^3/h 降到 510 Sm^3/h，还同意中方总承包商修改的变更指示程序以及在业主选项中提高总承包商后勤保障人工单价的意见。

经过三轮历时一个月的紧张、艰难的合同谈判，中方总承包商按预期目标顺利完成合同签署工作。合同签署标志着该国西部陆上天然气管道项目最重要的法律性文件得到双方的确认生效，为整个项目的执行提供了标准和依据。

（2）合同风险的化解

该天然气管道项目地质条件十分复杂，80%为岩石地段。尤其是该项目采用海水从最低端注水试压，淡水从最高端注水试压，高端与低端有 370 m 的高差，这在管道局的经历中尚属首次。

在淡水注水试压前，业主和监理按合同规定，要求中方总承包商进行水质分析化验。中方总承包商在监理监督下取出水样，在该国权威机构进行水质分析化验，其结果硫酸盐的指标为 246 ppm。

在预试运和试运指南 T-70-S-Z-0002-00 中，第 5.1 条水质化验标准："对试压管段首先要注入填充水，水质要满足以下上限：硫酸盐 42 ppm；脂肪酸 14 ppm；氨 3 ppm"。水质化验结果大大超出合同规定的指标，业主和监理要求中方总承包商再次化验，结果不能如愿。

因为水质硫酸盐指标严重超标，业主和监理要求中方总承包商打井。合同规定：业主在沙漠提供淡水井。打井，一是时间不允许；二是费用不在合同总价之中。这样一场合同纠纷就摆在中方面前。中方总承包商先从文件的优先权顺序入手进行争辩。依据澄清和修改文件第 42 条相关数据进行判断，在澄清和修改文件中，水质化验标准硫酸盐 239 ppm，脂肪酸和氨的指标虽然没有被提到，但应按上述第 5.1 条水质化验标准给出同样脂肪酸和氨的数据作为水质化验标准：硫酸盐 239 pm；脂肪酸 14 ppm；氨 3 ppm。尽管业主和监理同意了中方提出的建议，水质化验硫酸盐指标还是比合同规定指标超出 7 ppm，合同纠纷没有停止。如何说服业主水源水质是满足试压水质标准的，成为双方的关注点。

中方总承包商把该国境内几种品牌矿泉水汇集在一起，把水质化验数据与商标上显示的数据比较，结果发现，水质化验数据都在矿泉水商标显示的水质化验数据范围内，一场水质化验合同纠纷在铁的事实面前结束。

通过这场合同纠纷，中方总承包商认识到，在项目实施中，一定要严格按合同中规定的工作范围和标准履行合同，避免违约；充分利用合同中对中方总承包商有利的条款，在工作中规避风险；预防合同纠纷，并及时收集有关索赔资料、依据，使整个项目在执行中能处于有利地位。

3）索赔管理

（1）合同变更问题

在光缆施工中，由于业主没有按合同要求提供PVC套管，在三方（业主、监理、承包商）协调会上，因中方总承包商急于施工，建议业主在《三方界面会议纪要》上增加一条，PVC套管由中方总承包商供货。由于当时现场对PVC套管由谁供货的合同要求不是很了解，尽管事后中方总承包商在合同文件中找到PVC套管属于业主供货的有利证据，业主仍以签署的《三方会议纪要》为依据，以会议纪要优于原合同的论据驳回了中方总承包商提出的索赔要求。通过这个事情，中方总承包商对项目部相关人员进行合同变更培训，让大家进一步熟悉合同文件并充分认识合同变更的重要性，提醒大家合同变更工作要提到工作日程上来，在熟悉合同文件基础上，掌握合同变更相关条款，积极开展项目索赔工作。

合同条款是非常苛刻的，对中方总承包商项目执行不力。尽管如此，通过全面分析后，中方总承包商仍然发现有许多工作值得重视，特别是索赔工作要从以下几个方面入手：

①业主已经批准的或已确认的方案，要求中方总承包商重新修改的，要做好人工工时统计工作。

②工程质量标准提高的，要做好与原标准费用差价比较工作。

③做好界面的综合登记管理工作，界面的变化是整个项目合同变更的突破口。

④做好沙尘暴、下雨天的记录工作，并及时与业主共同签字确认。

⑤业主对设计、采购、施工方案等的调整（包括合同范围以外的工作）。

在合同变更时，中方总承包商一定以业主的变更指示或相关信函为依据，严格执行变更指令程序。在合同变更工作中，中方总承包商掌握合同文件优先权顺序。在准备支持文件过程中，如出现合同文件相互抵触或矛盾的地方，中方总承包商应该按照合同文件优先权顺序执行。如果在合同一般条款和合同特殊应用条款之间出现抵触或矛盾，后者优先。

特别注意的是，中方总承包商在项目执行过程中双方所签署的协议或备忘录要优于合同。所以，要求中方总承包商有关专业人员在与业主签署澄清协议或备忘录过程中，要按合同文件的优先权顺序核对相关内容，如果所签署的内容已包含在合同文件中，要以合同文件为准。反之，根据双方谈判情况签署相关协议或备忘录。

（2）保持合同变更的权利

在管线施工中，由于业主提供的坐标错误，导致管线走向的修改。由于施工人员没有按合同变更程序的要求进行工作，在没有业主指示和设计变更情况下，没有通过项目部直接按监理要求改变了管线走向，事后中方总承包商提出索赔，业主以没有业主指示和设计变更为由，使中方总承包商丧失合同变更的权利。

在项目执行过程中，中方总承包商遇到的一些合同变更问题，大都是业主提出问题以后，中方总承包商马上拿出解决方案，这种做法经常得到业主和监理的默许。从表面上看，中方总承包商的这种做法提高了工作效率，体现出中方总承包商解决问题的能力，这仅是有利于现场施工的一面。从另一个方面来看,中方总承包商处理问题既要对施工有利,又要为索赔工作创造条件。所以,在中方总承包商提出问题和解决问题过程中,一定注意业主是否有相关信函或变更指示要求中方总承包商解决合同变更问题。一般来说,业主遇到合同变更不会主动给总承包商发变更指示,总承包商只能巧妙地要求业主解决合同变更问题,从而获得业主有暗示性的变更指示或相关信函。

业主对合同变更问题非常敏感。总承包商遇到与合同变更有关问题要分两步进行。第一步,先给业主去一封信函,提出问题,需要业主尽快解决。在中方等待业主回复时,中方内部进行充分协调和沟通,以便做好应对方案的准备。第二步,通常业主的回复会非常巧妙,如果遇到"计算你们的工期、交货期等"与时间有关的表达和"请你们拿出方案、报人工工时、估算等"与费用有关的表达的暗示性信函,应立即组织有关人员进行确认,如果属于合同变更,总承包商以此信函作为业主变更指示,按变更程序向业主提出变更索赔。

值得强调的是,合同变更是有程序的,合同变更工作是一个艰苦、细致、大家相互配合的过程,不是一次性了结的事情。要求总承包商在今后工作中,向业主提出问题,待业主发给总承包商变更指示或有暗示性的相关信函之后,再对业主提出解决问题的方案,这样会使总承包商合同变更工作处于有利地位。在变更准备工作过程中,需要有双方文字记录作为依据,既不给业主提供可乘之机,又提高了总承包商全员合同意识、索赔意识,从而降低风险,保障总承包商合同变更的权利。

(3)索赔与反索赔

此项合同纠纷是由后勤物资保障问题引起的。业主给中方总承包商发来一封信函,要求中方给业主增加办公室,中方总承包商后勤人员以书面形式要求业主付费(索赔)。结果业主以此为契机提出反索赔,原因是按合同要求,中方总承包商提供给业主的办公面积不够,房间数量不够,要求中方总承包商按合同办事,把不足面积的费用单发给他们,使得中方总承包商处于进退两难的境地。最后中方总承包商只好付出一定的代价来了结这场索赔纠纷。

随着中国在海外承包工程的增多,会遇到各种风险和索赔问题。如本案例提到的在对合同条款和ITT文件认真复阅、评审后,对不确定因素进行了风险评估。在合同谈判中,巧妙地利用了沟通、磋商、妥协等手段,解决了中方提出的30条修改意见,极大地减少了后续工程中的风险问题。此外,要高度认识到合同管理过程既是合同履行的过程,也是项目执行过程,尤其在国际工程项目的实施中,要严格按照合同中规定的工作范围和标准履行,避免违约。还要充分利用合同中对中方有利的条款,在工作中规避风险,预防合同纠纷,并及时收集有关的索赔资料、依据,使项目管理在执行中能处于有利地位。

重视合同变更问题,掌握合同文件优先权顺序。在准备支持文件过程中,如出现合同文件相互抵触或矛盾的地方,应该按照合同文件优先权顺序执行。如果在合同一般条款和合同特殊应用条款之间出现抵触或矛盾,特殊应用条款优先执行。在项目执行过程中双方所签署的协议或备忘录要优于合同。在合同变更准备工作过程中,注意保留有双方签字的文字记录,作为索赔依据,不给业主提供可乘之机,提高全员合同意识、索赔意识和反索赔意识,从而降低风险。

通过本项目的实践，中方总承包商有以下几点体会。

①合同是工程建设的依据和准则；总承包商在签订合同时要十分重视合同的签订工作，在谈判中争取设立有利于承包商的条款，为防范合同风险奠定良好的基础。本案例中方总承包商经过三轮艰苦的谈判，取得了有利于中方承包商的合同条件，为项目合同执行创造了有利的条件。

②总承包商严格按照合同执行。在项目实施中，总承包商一定严格按合同中规定的工作范围和标准履行合同，避免违约；充分利用合同中对总承包商有利的条款，在工作中规避风险，预防合同纠纷，并及时收集有关索赔资料、依据，使整个项目在执行中处于有利地位。

③增加索赔意识，把握索赔机会。合同索赔是合同管理的重要内容之一，总承包商要不断提高有关人员的索赔意识，并积极采取应对索赔的措施，把握好索赔时机，讲究索赔策略，积极开展索赔工作。

9.3 装配式建筑项目分包合同管理

《建设项目工程总承包管理规范》(GB/T 50358—2017)指出：工程总承包项目合同管理应包括总承包合同管理和分包合同管理。经建设单位许可，总承包商项目部可根据工程总承包项目的范围、内容、要求和资源状况，按照现行的法律法规进行分包，订立设计、采购、部品和部件的生产和运输、施工、试运行或其他咨询服务分包合同。

对装配式建筑项目分包合同的管理是总包合同目标实现的支撑，是合同管理的有机组成，从工程项目的最终目标来说是实现工期、质量、安全、环境和成本目标的关键要素，也是创造项目效益最大化的保证。对分包合同的管理与对总包合同的管理一样，应贯穿于装配式建筑项目周期的全过程。

9.3.1 准备阶段的工作

1)编制项目分包计划

拟订项目分包计划，初步确定分包范围、数量、开竣工时间等。确定合同范围，便可对分包工程进行合同内容确定。这里所说“合同范围”不仅指工作内容，而是指“对分包工程合同价格构成影响的所有因素”，包括工作范围、质量标准、技术规范、材料规格、开竣工时间、进度安排、责任和义务、使用设备、技术和管理人员、风险分摊等因素。对于由多个分包商参与的项目，合同管理的关键是厘清各分包商之间的责任和工作界面。制订分包计划可以将项目的工作进行细化管理，并能在前期了解项目成本。分包计划应与项目进度计划紧密结合。

2)对分包商的选择

对分包商的选择是装配式建筑总包商的重要一步，决定着项目质量、成本及进度，所以在满足经济效益的同时，也要考察分包单位资质、专业实力，做到真正的强强联手。

(1)注重对预制构件生产商的选择

预制构件的生产和运输是装配式建筑项目合同的重要组成部分和关键阶段之一。作为分包商,预制构件生产企业应具备生产、经营的基本条件,具备部品部件质量管控能力(具有部品部件的产品质量标准、检测标准,具有相应的试验与检测能力,具有符合规定的技术人员),具备深化设计、运输及安装一体化能力(具有部品部件的施工工法、现场装配及验收标准)。预制构件生产商在模具设计上应确保其力学性能、刚度、精度符合要求,从而保证预制构件的质量符合施工要求;选取恰当的运输方案与措施,减少预制构件和部品运输过程中的损坏。

(2)选择合适的合同类型

合同类型决定合同管理的难易,也决定着项目管理成本的高低。选择合同类型可以从项目的复杂程度、项目的设计深度、项目的工期、施工技术的先进程度、施工进度的紧迫程度等方面进行考虑。常见的合同类型有总价包干、固定综合单价、成本加酬金 3 种方式,需根据工程特征选择。

总价合同对总承包商而言风险较小,装配式建筑项目分包合同类型中以总价分包合同最佳,容易控制成本支出。但需要详细、周密的设计作为基础,否则合同执行过程中可能会出现频繁的变更,成本控制也变得被动。

9.3.2　履约阶段的工作

在合同履约过程中,加强对分包合同的管理与有效控制,是对装配式建筑项目总承包合同控制的重要内容。

(1)对项目目标进行控制

装配式建筑项目总承包合同定义了整个工程项目的总目标,这个目标经分解后落实到各个分包商,这样就形成了分目标体系。分解后的目标是围绕总目标进行的。分目标的实现直接关系总目标的实现及其质量。工程控制的主要内容包括合同控制、质量控制、安全控制、进度控制和成本控制。其中合同控制有着特殊性,其最大的特点是动态性。一方面合同的实施过程经常会受到外界的干扰,呈波动状向合同目标靠拢,这就需要及时发现,并加以调整;另一方面,合同本身也在不断变化,尤其像装配式建筑项目这种庞大又复杂的工程。总承包商的合同控制,不仅是与业主之间的合同,而且也包括与总承包相关的其他参与方的合同,目前我国总承包模式还不尽完善,沟通和协调总承包商与其他的合同方之间的关系尤为重要。

(2)对分包合同的实施进行跟踪和监督

在工程进行的过程中,由于实际情况千变万化,导致分包合同实施与预定目标可能发生偏离,这就需要对分包合同的实施进行跟踪,不断找出偏差,调整合同实施。此外,作为总承包商,有责任对分包商的工作进行统筹协调,以保证总目标的实现。

(3)对合同实施过程加强信息管理

随着工程难度与质量要求的不断提高,工程管理的复杂程度和难度也越来越大。因此,信息量也不断扩大,信息交流的频度与速度也在增加,相应的工程管理对信息管理的要求也越来越高。因此,要加强合同实施过程的信息管理,尤其是要加强对分包商的信息管理。总承包商必须从三方面着手:一是明确信息流通的路径;二是建立项目信息管理系统,对有关信息进行链接，做到资源共享，加快信息的流速，降低项目管理费用；三是加强对业主、总承包商、分包商等的信息沟通管理，对信息发出的内容和时间应有对方的签字，对其他合同方信息的流入更要及时处理。

(4)分包工程的变更管理

分包工程内容的频繁变更是工程合同的特点之一。分包商的工程变更往往比总承包商工程变更更加频繁，这是因为总承包合同往往采用固定总价合同，而分包合同可能是单价合同、成本加酬金合同。要特别注意的一种现象是，有的分包商在投标时为了获得工程，低价中标，中标后又期望通过增加工程量变更合同，提出的变更价格比中标价格高很多。为此，总承包商在选择分包商时应始终坚持公开招标，尽量签订固定总价的分包合同，以有效降低项目风险。

分包工程变更是分包商索赔的重要依据。在合同变更中，量最大、最频繁的就是工程变更，它在工程索赔中所占的份额也最大，这些变更最终都通过分包合同体现出来。对工程变更的责任分析是工程变更问题处理、确定索赔与反索赔的重要依据。因此，总承包商在对分包工程变更的处理中，要认真做好分包工程变更的责任分析工作。

9.3.3 对分包合同关闭的工作

分包合同履行完毕后，应及时签署合同关闭协议，这是确定双方权利义务已经履行完毕的书面证据。一旦发生纠纷要早发现、早处理，避免不必要的诉讼。按照分包合同中规定的节点、条件和程序及时准确地关闭分包合同是规避潜在或后续分包合同风险的重要环节。

(1)分包合同的关闭

分包合同内容完成后，应在最后一笔进度款结清前，对分包商的以下工作内容进行全面验收，包括：工作范围、工程质量和 HSE 管理体系(是指健康、安全和环境管理体系)执行情况；支付或财务往来情况；变更索赔、仲裁诉讼状态等，如发现问题，应及时要求分包商按照整改检查单的内容进行整改，验收合格后，形成合同预关闭报告，支付进度款。

①对分包商单件设备的退场，应分别签署移交文件，避免因设备损害发生纠纷。

②质保期满，合同关闭报告上的所有遗留问题全部解决后，当工程没有发生明显质量缺陷方能出具合同关闭报告，关闭合同，退回质保金。

(2)分包合同索赔与反索赔管理

对装配式建筑项目总承包商来说，索赔与合同管理一样有两个关系面，一是与业主的索赔，二是与分包商的索赔。工程索赔贯穿于工程实施的全过程和各个层面。总承包商一方面要根据合同条件的变化，向业主提出索赔的要求，减少工程损失；另一方面利用分包合同中的有关条款，对分包商提出的索赔进行合理合法的分析，尽可能地减少分包商提出的索赔。对分包商自身原因造成的工期拖延、不可弥补的质量缺陷、安全责任事故要按合同罚则进行反索赔。同时，要按合同原则公平对待各方利益，坚持“谁过错，谁赔偿”。在索赔与反索赔过程中要注重客观性、合法性和合理性。

总之，总承包企业的分包合同管理既是项目实施的有力保证，又是总承包企业项目管理水平的综合体现，必须认真抓好对分包合同的管理工作。

9.4　装配式建筑项目总承包合同管理要点

9.4.1　要点 1:发包人要求

(1)一般规定

“发包人要求”是指构成合同文件组成部分的名为“发包人要求”的文件,应列明项目的目标、范围、设计和其他技术标准,包括对项目的内容、范围、规模、标准、功能、质量、安全、节约能源、生态环境保护、工期、验收等的明确要求,以及合同双方当事人约定对其所做的修改或补充。

“发包人要求”是招标文件的有机构成,工程总承包合同签订后,也是合同文件的组成部分,对双方当事人具有法律约束力。

(2)基本构成

“发包人要求”应尽可能清晰准确,对于可以进行定量评估的工作,发包人要求不仅应明确规定其产能、功能、用途、质量、环境、安全,并且要规定偏离的范围和计算方法,以及检验、试验、试运行的具体要求。对于承包人负责提供的有关设备和服务,对发包人人员进行培训和提供一些消耗品等,在发包人要求中应一并明确规定。

《标准设计施工总承包招标文件》中“发包人要求”用 13 个附件清单明确列出,主要包括性能保证表,工作界区图,发包人需求任务书,发包人已完成的设计文件,承包人文件要求,承包人人员资格要求及审查规定,承包人设计文件审查规定,承包人采购审查与批准规定,材料、工程设备和工程试验规定,竣工试验规定,竣工验收规定,竣工后试验规定,以及工程项目管理规定等。

9.4.2　要点 2:承包人的设计

装配式建筑项目的设计应由具备相应设计资质和能力的企业承担。设计应满足合同约定的技术性能、质量标准和工程的可施工性、可操作性及可维修性的要求。设计管理应由承包人的设计经理负责,并适时组建项目设计组。在项目实施过程中,设计经理应接受承包人的项目经理和设计管理部门的管理。工程总承包项目应将采购纳入设计程序。设计组应负责请购文件的编制、报价技术评审和技术谈判、供应商图纸资料的审查和确认等工作。

(1)承包人的设计范围

装配式建筑系统可划分为主体结构系统、建筑设备及管线系统、建筑围护系统和装饰装修系统。在装配式建筑项目总承包合同中应明确定义设计的范围,确定谁应该参与设计及参与的程度。承包人的设计范围可以是施工图设计,也可以是初步设计和施工图设计,还可以是包括方案设计、初步设计、施工图设计的所有设计,由双方在总承包合同中明确。

承包人应按合同约定的工作内容和进度要求,编制设计计划,并对设计文件的质量负责。承包人不得将设计的主体、关键性工作分包给第三人。除专用合同条款另有约定外,未经发包人同意,承包人也不得将非主体、非关键性工作分包给第三人。

如某装配式住宅项目工程总承包合同规定的承包人的设计报价范围包括初步设计费、施工图设计(包括基坑支护设计、供配电设计及其他的专项设计)及出图等所有相关费用、配合图纸审查(根据需要提供相应范围内的施工图预算,以满足施工图审查的需要),以及设计现场配合费、咨询调研论证(含专家费)等相关费用,另外设计报价还包含以下内容的费用:

①包括设计文件审查、专项设计、后续服务。后续服务包括施工现场设计服务,设计修改、变更、专项方案咨询等服务工作(在合同履行过程中如由于国家政策或规范调整以及发包人提出的重大变更,需重新进行规划或施工图审查的不在此范围内)。

②还必须承担为保证本项目完整性的所有设计内容(含各专项、专业工程设计,垄断专业专项设计除外)和项目实施的全方位、全过程设计。

③设计任务书中的全部相关内容。

④设计及施工工程中的 BIM 集成管理等。

(2)承包人的设计义务

承包人应按照法律规定,以及国家、行业和地方的规范和标准完成设计工作,并符合发包人要求。除合同另有约定外,承包人完成设计工作所应遵守的法律规定,以及国家、行业和地方的标准及规范,均应视为在基准日适用的版本。基准日之后,前述版本发生重大变化,或者有新的法律,以及国家、行业和地方新的标准及规范实施的,承包人应向发包人或发包人委托的监理人提出遵守新规定的建议。发包人或其委托的监理人应在收到建议后 7 天内发出是否遵守新规定的指示。发包人或其委托的监理人指示遵守新规定的,按照变更条款执行,或者在基准日后,因法律变化导致承包人在合同履行中所需费用发生除合同约定的物价波动引起的调整以外的增减时,监理人应根据法律、国家或省、自治区、直辖市有关部门的规定,商定或确定需调整的合同价格。

(3)设计审查

《中华人民共和国标准设计施工总承包招标文件》(2012 版)第四章合同条款的通用合同条款中对设计审查有相关规定,下面做简单介绍。

承包人的设计文件应报发包人审查,审查的范围和内容在发包人要求中约定。发包人或监理人对承包人完成的施工图设计进行审查时可参照《装配式混凝土结构建筑工程施工图设计文件技术审查要点》的相关要求;此外,还要特别注意施工图内容和深度向前是否符合发包人提供的初步设计文件,向后能否满足预制构件加工设计和装配施工的要求。

除合同另有约定外,自监理人收到承包人的设计文件以及承包人的通知之日起,发包人对承包人的设计文件审查期不超过 21 天。承包人的设计文件对于合同约定有偏离的,应在通知中说明。承包人需要修改已提交的承包人设计文件的,应立即通知监理人,并向监理人提交修改后的承包人的设计文件,审查期重新起算。

发包人不同意设计文件的,应通过监理人以书面形式通知承包人,并说明不符合合同要求的具体内容。承包人应根据监理人的书面说明,对设计文件进行修改后重新报送发包人审查,审查期重新起算。合同约定的审查期满,发包人没有做出审查结论也没有提出异议的,视为承包人的设计文件已获发包人同意。

承包人的设计文件不需要政府有关部门审查或批准的，承包人应当严格按照经发包人审查同意的设计文件设计和实施工程。设计文件需政府有关部门审查或批准的，发包人应在审查同意承包人的设计文件后 7 天内，向政府有关部门报送设计文件，承包人应予以协助。

对于政府有关部门的审查意见，不需要修改发包人要求的，承包人须按该审查意见修改承包人的设计文件；需要修改发包人要求的，发包人应重新提出发包人要求，承包人应根据新提出的发包人要求修改承包人设计文件。上述情形还应适用于变更条款、发包人要求中的错误条款的有关约定。政府有关部门审查批准的，承包人应当严格按照批准后的设计文件设计和实施工程。

9.4.3　要点 3：费用

《建设项目工程总承包管理规范》（GB/T 50358—2017）规定“工程总承包项目宜采用总价包干的固定总价合同，合同价格应当在充分竞争的基础上合理确定，除招标文件或者工程总承包合同中约定的调价原则外，工程总承包合同价格一般不予调整”。采用工程总承包模式时，总价合同的每一个清单项目都是总价项目，除专用条款约定的变更、调价等合同风险发生外，合同价款不予调整。

1）合同价款约定

合同双方应在合同中约定如下条款：

①勘察费、设计费、设备购置费、总承包其他费的总额、分解支付比例及时间；

②建筑安装工程费计量的周期及工程进度款的支付比例或金额及支付时间；

③设计文件提交发包人审查的时间及时限；

④合同价款的调整因素、方法、程序、支付及时间；

⑤竣工结算价款编制与核对、支付及时间；

⑥提前竣工的奖励及误期赔偿的额度；

⑦质量保证金的比例或数额、预留方式及缺陷责任期；

⑧违约责任以及争议解决方法；

⑨与合同履行有关的其他事项。

相关费用支付说明如下：

①勘察费。按照勘察成果文件的时间进行支付分解。

②设计费。按照提供设计阶段性成果文件的时间、对应的工作量进行支付分解。

③总承包其他费。按照项目清单中的费用，结合约定的合同进度计划拟完成的工程量或者比例进行分解。

④设备购置费。按订立采购合同、进场验收、安装就位等阶段约定的比例进行支付分解。

⑤建筑安装工程费。宜按照合同约定的工程进度计划对应的工程形象进度节点和对应比例进行分解。

2)“计量支付”的合同约定

总价合同的每一个清单项目都是总价项目,其费用性质具有多样性,有的直接构成分部分项工程实体消耗量,有的与实体工程量的完成情况有关,所以必须根据总价项目的价格构成、费用性质、计划发生时间和相应工作量等因素分别约定合理的计量与支付方式,这在本质上要加强计量支付的阶段性约定,以确保“过程结算”的真正落实。其前提条件是项目实施前期做好充分的合同准备工作,一方面在合同中详细规定总价项目的项目特征、工作内容、计量方法以及相应的支付方式、支付程序和支付时间,从而体现“合同计量”的原则;另一方面工程总承包合同的许多费用项目要采用支付分解方式,双方应对关键形象进度节点和相应的支付分解计划做出合理且双方均认可的安排。

(1)工程量清单与合同进度计划的约定

工程量清单与合同进度计划是形成支付分解表的依据,作为计量支付工作的前提条件,直接影响着工程进度款的支付。总价合同中清单项目划分应与进度控制节点划分、质量验收项目划分密切衔接、协调一致,因为合同的计量支付需要以进度和质量满足合同约定为前提。

①合同中需要明确约定业主对清单中所列工程量的准确性不承担责任,因为该工程量不视为要求承包人实施工程的实际或准确的工程量。同样地,清单项目也不存在所谓的“漏项”一说,业主应该规定未列出的工作内容其费用视为包含在其他相应的清单项目价格中,不予单独计量。这一规定充分体现出合同计量和工程计量的区别。

②关于合同进度计划,发包人应在专用条款中对承包人编制进度计划的具体内容和期限,监理人应予批复的期限作出详细规定。例如《工程总承包计价计量规范》规定“承包人应在合同生效后15天内,编制工程总进度计划和工程项目管理及实施方案报送发包人审批。工程总进度计划和工程项目管理及实施方案应按工程准备、勘察、设计、采购、施工、初步验收、竣工验收、缺陷修复和保修等分阶段编制详细细目,作为控制合同工程进度以及工程款支付分解的依据”。经批准的合同进度计划并不能减轻或免除承包人的合同责任。

(2)支付分解的约定

虽然通用条款中对“工程进度付款”进行了规定,其中包括对不同费用的分类和分解原则,但是这远远不能满足具体实施过程的支付要求,必须细化到对每一清单项目的支付分解方式进行规定。对于进度节点明显的项目,发包人可在招标阶段就支付分解表的支付周期予以明确。承包人在投标报价时据此填写后续内容。签订合同时,发承包双方可就支付分解表协商调整后作为具有合同约束力的支付分解表。此外,还有对工程进度款支付方式、支付条件、付款申请报告的格式和内容等方面的详细规定。

(3)计量支付过程的约定

承包人应按照约定的形象进度节点支付时间和合同计量规则对各总价项目的工程量进行计量,确定应付金额列入进度付款申请单中,并附相应的支持性证明文件提交监理人审核。收到承包人的进度付款申请后,监理人和发包人应在规定的期限内完成审核或给予批复意见,否则将视为同意承包人的进度付款申请。该审核期限在《标准设计施工总承包招标文件》、《工程总承包计价计量规范》(征求意见稿)、《工程总承包合同示范文本》中都有具体约定。

项目的实际进度与合同进度计划往往存在偏差。当进度滞后时,应在合同中设置逾期赔偿规定,尤其是按形象进度节点计量支付时,若关键进度节点逾期,当期进度付款金额应扣除逾期赔偿额。

9.4.4 要点4:质量

装配式建筑工程的建设、勘察、设计、施工、监理、部品部件生产等单位,要建立健全质量安全保证体系,依法依规对工程质量安全负责。保证装配式构件和整个工程质量合格是承包人的重要责任。本节内容主要介绍各参与方的质量安全责任。

(1)建设单位质量安全责任

①在装配式建筑项目建设过程中,建设单位对其质量安全负首要责任,并负责装配式建筑项目设计、部品部件生产、施工、监理、检测等单位之间的综合协调。

②将装配式建筑项目交予有能力从事装配式建筑工程设计(含BIM应用)的设计单位进行设计。按有关规定将装配式建筑工程施工图设计文件送施工图审查机构审查。当发生影响结构安全或重要使用功能的变更时,应按规定进行施工图设计变更并送原施工图审查机构审查。

③将预制构件加工图交予有能力的单位进行设计。在部品部件生产前组织设计、部品部件生产、施工、监理等单位进行设计交底和会审工作。组织相关人员对首批同类型部品部件、首个施工段、首层进行验收。

④对采用无现行工程建设标准的技术、工艺、材料的,应当按照《建设工程勘察设计管理条例》《实施工程建设强制性标准监督规定》有关条款和相关标准、规范的规定,经审定合格后使用。

(2)工程总承包单位质量安全责任

采用工程总承包模式的项目,工程总承包单位对其承包工程的设计、采购、施工等全过程建设工程质量安全负责。

(3)勘察、设计单位质量安全责任

①勘察单位应严格按照国家和地方有关法律法规、现行工程建设标准进行勘察,对勘察质量负责。

②设计单位质量安全责任:

a.应严格按照国家和地方有关法律法规、现行工程建设标准进行设计,对设计质量负责。

b.施工图设计文件的内容和深度应符合现行《建筑工程设计文件编制深度规定》及国家和地方装配式建筑相关技术要求,满足后续预制构件加工图编制和施工的需要。在各专业施工图设计总说明中均应有装配式专项设计说明。结构专业装配式专项说明应包括设计依据、配套图集,以及预制构件生产和检验、运输和堆放、现场安装、装配式结构验收的要求;结构专业设计图纸中应包括预制构件设计图纸(含预制构件详图)。

c.施工图设计文件对工程实体可能存在的重大风险应进行专项说明,对涉及工程质量和安全的重点部位及环节进行标注，提出保障工程周边环境安全和工程施工质量安全的意见，必要时进行专项设计。

d.预制构件加工图设计的内容和深度应符合有关专项设计规定，依据施工图设计进行，满足制作、运输与施工要求。预制构件加工图由施工图设计单位完成，或由具备相应设计能力的预制构件生产商完成并经施工图设计单位审核通过。

e.施工图设计文件经审查合格后，设计单位向部品部件生产、施工、监理单位进行设计交底，并参与装配式建筑专项施工方案的讨论；按照合同约定和设计文件中明确的节点、事项和内容，提供现场指导服务；参加建设单位组织的部品部件、装配式结构、施工样板质量验收，对部品部件生产和装配式施工是否符合设计要求进行检查。

(4)部品部件生产单位质量安全责任

①对生产的部品部件质量负责。

②加强生产过程质量控制。根据有关标准、施工图设计文件、预制构件加工图等编制生产方案，生产方案须经部品部件生产单位技术负责人审批；严格按照相关程序对部品部件的各工序质量进行检查，完成各项质量保证资料。

③加强对成品部品部件的质量管理，建立部品部件全过程可追溯的质量管理制度。

④严格落实标准规范、施工图结构设计说明以及预制构件加工图设计中的运输要求，有效防止部品部件在运输过程中的损坏。

(5)施工单位质量安全责任

①根据装配式建筑施工的特点，建立健全质量安全保证体系，完善质量安全管理制度。

②对部品部件施工关键工序编制专项施工方案，经施工单位技术负责人审核，并按有关规定报送监理单位或建设单位审查；对于超过一定规模的危险性较大的分部分项工程专项施工方案，组织专家论证会，论证通过后严格按方案实施。

③对进场部品部件的质量进行检验，建立健全部品部件施工安装过程质量检验制度和追溯制度。

④装配式建筑项目施工前，按照专项施工方案进行技术交底和安全培训，并编制装配式建筑工程施工应急预案，组织应急救援演练；应进行部品部件试安装。

⑤对关键工序、关键部位进行全程摄像，对影像资料进行统一编号、存档。

(6)监理单位质量安全责任

①针对装配式建筑特点，编制监理规划、实施细则，必要时可安排监理人员驻厂。

②对施工组织设计、施工方案进行审查。

③核查施工管理人员及安装作业人员的培训情况；组织施工、部品部件生产单位对进入施工现场的部品部件进行进场验收；对部品部件的施工安装全过程进行监理，对关键工序进行旁站，并留存相应影像资料。

④逐层核查施工情况，发现施工单位未按要求进行施工时，签发监理通知单，责令其限时改正，并及时向建设单位或有关主管部门报告。

9.4.5 要点5：BIM应用

《建设项目工程总承包合同示范文本》(GF-2020-0216)指出，装配式建筑项目合同双方应在专用合同条件中就建筑信息模型的开发、使用、存储、传输、交付及费用等相关内容进行约定。

作为工程总承包合同文件的组成部分，BIM应用的规定包括BIM应用点和应用目标、模型采用的编码体系名称和现行标准名称，BIM模型在不同阶段应具备的LOD精细度以及符合应用要求的表达精度和信息深度的基本要求，各个阶段BIM交付成果的类别和方式，以及对软硬件工作环境和模型组织方式的要求，等等。承包商在承包范围内BIM辅助的设计任务和项目管理任务都必须遵照发包人提供的初步设计模型及其所属文件来执行；在进行BIM模型构件信息的创建和添加时，要对模型质量负责。

承包商依照招标文件的要求编制详细的BIM实施方案，包括不同应用点的BIM组织架构和总承包管理团队内部的人员配置与分工职责，基于BIM的相关应用点的业务流程和管理方案，以及BIM软件方案等。其核心内容是明确不同项目参与方之间跨组织边界的信息交换。协作过程关键是要明确"哪些信息在什么时候由哪个参与方负责创建或添加"，包括规定信息的输入方和输出方，信息交换的频率和时间节点、形式和格式等。

对于需要结合项目实际情况以及项目各参与方的BIM应用才能确定的内容，需要双方共同进行分析与沟通才能达成一致，包括相关BIM应用点的进度计划安排、项目协同工作平台的搭建与管理、数据访问和管理权限以及对模型信息和数据的所有权和知识产权的分配等。

9.5　合同全过程管理案例分析

1）合同简介

某自备电厂EPC总承包项目涉及的相关合同类型包括总承包合同、勘察设计分包合同、施工分包合同、调试分包合同、设备材料采购合同、保安服务合同、造价咨询委托合同、临建工程合同、租赁合同。合同管理工作包括合同履约管理、合同变更管理、合同违约索赔管理、合同收尾管理。

2）合同履约管理

履行阶段的合同管理是指总承包项目部在合同正常履行过程中的管理工作，包括合同主要内容的整理、承发包范围及责任划分管理、合同工期管理、合同费用管理等工作。

（1）合同条款的梳理

合同签订后，双方负责执行合同的项目人员需要全面熟悉合同要求。从全员参与管理合同的角度，要求项目部所有人员熟悉合同，并掌握合同中自身岗位所负责的工作。项目部根据合同约定建立了合同管理流程，并将合同目标分解，分阶段、分项目落实。项目部梳理合同的重点如下：

①分析、统计合同工作范围：包括合同双方从合同生效到终止的责任划分及其对应工作内容，将范围内的工作汇总成清单，明确界限划分，便于过程中管理。

②分析、理解工期要求：将所有工期要求汇总成清单，然后分解到每个单位工程，制订工程进度控制计划。

③熟悉合同工作目标及检验标准:包括质量优良率等质量控制目标、消防设施器材完好率等安全控制目标。

④统计、汇总合同中所有的罚则条款。

⑤对合同金额、结算规则、付款条件及付款方式条款的梳理。

由合同管理人员将上述收集的主要合同条件进行汇总,并填入统一格式的表格内,如内容较多,可以附件的形式附在主表后面。每份合同都建立了一份上述主要条件的台账,由合同管理人员保管,用作项目计划制订和结果检查的依据,便于查阅和过程管理。

(2)合同承发包范围、责任划分管理

由于合同内容不一定详尽,合同执行过程中也可能发生双方对具体范围理解的分歧,需要双方进一步明确。可以说合同范围管理及责任划分贯穿合同管理的整个过程,对最终合同结算额和工程建设的顺利进行有重要影响,须进行科学、规范的管理。

①总承包合同

总承包合同属于固定总价合同,对应着固定的工作内容、总承包范围,总承包合同的工作范围必须明确,应附有分项价格表。

项目实施前,项目部与业主代表沟通明确合同范围,有助于双方正确理解合同约定。由于初步设计的详尽程度不高,部分外部接口位置可能分界不明确,在施工图设计时与业主依据合同责任划分原则对具体范围进行明确,以会议纪要等书面形式予以确定。

在合同执行过程中,业主经常提出增加一些工作,项目部依据明确的总承包范围立即确定变更的工作量,以书面形式由双方进行确认。对于业主提出的工作量增加,承包商应迅速做出反应,及时与业主沟通达成书面一致。增加的工作量完成后,立即以书面形式报业主,形成业主验收意见。对于大范围的变更,应以补充协议的形式确定,如本案自备电厂的输煤总承包补充协议、化水系统变更协议等。

②工程分包合同

对于大型的总承包项目,往往会有多个分包标段,需要签订多个分包合同,包括设计、施工、调试、咨询等。本案自备电厂 EPC 总承包项目签订了 36 个分包合同、协议,其中设计 2 个、勘察 2 个、咨询 1 个、临建 5 个,多个合同在时间、空间上相互关联。分包合同范围管理的难点是分包合同间的界限确定及执行过程中责任的划分,如土建与安装间关于设备基础的验收移交、保管,如管道接口的划分等。在每个分包合同签订前必须明确与其他合同的分界和责任划分,如规定后施工一方负责管道整体清扫等。划分范围和责任应与预算定额规定相对应,否则无法核算费用划分,如设备基础误差是否包含在“安装垫铁施工”定额中?

合同执行过程中会发生交叉施工等现象,难免会出现分包方关于责任划分的分歧。在执行的合同签订后,项目部组织相关分包方进行了交底,依据分包合同明确了范围、责任划分,如施工区域内的主要单位负责施工垃圾的清除管理和成品保护,辅助施工的单位负责费用分摊。对于合同中有遗漏的项目,组织办理了合同变更或另行委托。

减少分包合同间责任分歧的关键是科学、有效地划分标段。如将建筑和装饰分开分包容易出现装饰单位的装修质量问题责任难以界定、装饰单位将建筑物破坏、建筑单位导致装饰单位窝工等问题,应尽量将建筑和装饰、小安装分包给一个单位,将一个系统的安装工程分包给另一个单位。

分包合同的范围应于执行过程中进一步明确，便于验收和结算。在施工图发放时，通过通知单的形式将合同范围对应的图样进行了明确，详细到卷册内的每张图样，减少了范围分歧。

③物资合同

物资合同是总承包单位分包的一个重要项目，合同数量多、类型多，范围管理工作量较大。物资合同范围管理中易出现问题的地方是设备配件、设备间的接口划分。本案自备电厂EPC总承包项目的设备供应商经常以“合同分项价格表中未计列”为由拒绝提供相关配件，导致出现紧急采购，影响了工期和质量。对于该类问题，在合同签订时就应明确合同价格所包含的范围，尤其是设备外部接口位置，对于供货加安装的物资合同尤为重要。除在设备招标时认真复核供货范围外，项目部在合同签订后组织盘点合同漏项，及时组织采购。

(3)合同工期管理

总承包合同一般实行里程碑节点控制，并依据里程碑完成情况支付总包款。每个里程碑节点完成后，立即向业主申报里程碑证书，形成里程碑付款的直接依据。总承包项目部将分包合同各节点的实现事件及时予以记录，并组织双方进行书面确认，作为工期进度的记录文件予以保存。记录中说明工期提前或滞后的原因。

(4)合同费用管理

本案自备电厂EPC总承包项目部在费用控制方面的主要措施是：按期催要总包款，保留支付依据；以进度款支付周期为节点，定期核算分包已完工作量和增加的签证费用、注意扣减相应款项，杜绝进度款超付；定期整理、归档合同结算所需资料；根据实际，适当调整付款比例；在允许的范围内，合理安排工程、物资等分包的付款时间，尽量避免集中付款，使月度净资金流量始终保持为正值。

3)工程变更管理

由于合同签订时的设计深度和合同管理的水平有限，合同变更是不可避免的。合同变更需要在一定条件下进行，否则合同变更不发生法律效力。为了能够有效维护当事人的合法权益，需要掌握合同变更的条件及变更后的法律效果。合同变更分为约定变更和法定变更。工程建设中发生最多的是约定变更，本案自备电厂EPC总承包项目共发生约定变更32个，其中总包4个、分包7个、物资21个。

总承包合同易发生工程变更的方面包括范围、质量标准、性能要求；分包合同易发生工程变更的方面包括范围、质量标准、单价；物资合同易发生变更的方面包括供货数量、供货进度。合同变更依据包括合同范围、工期、目标、性能要求、合同单价、报价清单(工程量报价清单)、费用结算依据等。

工程变更应按照程序执行。项目部根据合同及相关规定制订了详细的项目合同变更管理程序，用于指导、规范合同变更管理，并将管理责任落实到了项目部各岗位。合同变更后应更新合同台账，将最新变更附在台账的后面，保持台账时刻符合实际情况。

4)违约索赔管理

工程建设过程较长、较复杂，容易产生违约现象，因此违约索赔及争议处理是合同管理中处理最多的工作。

(1)违约定义依据

一方是否违约是依据合同对该方的工作要求定义的，所以项目部应首先组织研究、理解合同中对双方的要求。

(2)违约证据收集

发生违约事件时，应立即收集所有相关证据，尤其是书面证据。就国内工程而言，违约证据应遵循优先提供原件或者物证的原则。应尽量为书面、图片等直观形式的证据，应保存好原件，并应尽量保证是由监理等第三方予以见证违约事实的资料，如签审意见，提高违约证据的有效性。总承包项目部在与业主的联系文件中加入了监理审核栏，通过监理见证事实。

总承包商面对的违约事件较多，应注意全面收集证据。收集完后应分析证据的有效性，对证据进行分类，对重要的证据应加强保管，尽量采用存档的形式保管，有利于保证索赔和反索赔工作的效果。违约证据应全面反映违约行为，包括违约的时间、数量、费用等，提高违约证据的有效性。

如为了全面规范地收集物资合同履约情况，本案总承包商设计了“某某项目物资供方人员现场服务记录单”，将系统调试过程中物资供方人员到场指导及消缺情况予以记录，将时间、事件、人员情况形成统一格式的书面记录，并由相关方签字确认。本表格应在设备厂加工服务结束或阶段性服务结束后办理，主要由项目物资部人员落实填写，各方会签确认后移交项目物资部存档。

(3)合同抗辩权

我国《民法典》规定，合同双方都可履行抗辩权，包括同时履行抗辩权、先履行抗辩权和不安抗辩权。抗辩权是对抗辩权人的一种保护措施，应合理、有效利用。对于总包合同，总承包方可能遇到总包合同款支付无保障问题，这时要应用不安抗辩权，如 20××年业主付款严重不足，为躲避风险减缓了施工进度；针对分包方未执行合同要求的，总承包商可以行使先履行抗辩权，不支付相关费用；针对预付款支付后分包方未遵守合同要求的问题，总承包商可用不安抗辩权，暂停付款，并扣留履约保证金。要行使抗辩权，必须注意先期沟通，并留有书面依据。项目部特别注意保留第三方证据，如经业主、监理等第三方签审的联系单等。

(4)索赔时效问题

根据《民法典》的有关规定，诉讼具有时效性，通常普通诉讼时效为 2 年。FIDIC 编制的银皮书中规定索赔通知于事件发生后的 28 天内提出，如未能及时提出索赔。就失去了就该事件请求补偿的索赔权利。所以，发生违约事件或变更通知时，项目部一般于 2 日内以书面形式提出索赔通知。

5)合同收尾管理

因为合同费用对应着合同要求的工作，所以每个合同执行完毕后都应有关于合同执行情况的评价。人们一般重视最终验收，却忽视中间验收和最终评价，导致出现合同分歧，结算缺乏依据。承包商认为，对合同执行结果的评价不分合同大小，不分阶段，只要承包方在某个位置、系统的工作结束，就对其工作结果进行检验、评价，如设备基础交安装验收、建筑交装饰验收等。总承包商将合同中相关要求的执行结果予以汇总，形成对合同标的物及工作的评价，既是合同履行阶段工作的关闭，也是合同价款结算的直接依据。

验收、评价要形成书面文件，应能全面反映标的物的质量、性能、状态（如缺陷清单、照片等）。因此，本案总承包商设计了"物资供方合同执行情况记录单"，组织项目人员对物资供应合同的履行情况进行了评价，对存在的问题进行了说明，并附上证明文件，提交给公司采购部作为后期付款调整的证据。

6）合同管理体会

本案自备电厂总承包商项目部在合同管理中，紧抓重点，实行规范管理，使众多分包合同能够有序实施，结算及时、准确，取得了较好的管理效果。随着市场经济规则逐步渗透到经济生活的各个方面，合同的依据作用越来越重要。总承包项目部的管理应以完成合同目标为出发点，抓住各合同管理的重点，制订配套管理措施，实行规范管理，才能有效地管理好总承包项目众多的合同。

课后思考题

1.你认为装配式建筑项目在实施的过程中各参与方之间会有哪些合同纠纷？

2.预制构件和建筑部品生产企业属于在装配式建筑发展过程中出现的新兴市场主体。由于我国尚处于建筑工业化的初期阶段，追求面广量大，而混凝土预制构件生产企业数量有限。你认为政府应该鼓励现有的什么样的企业转型，尽快提高预制构件、部品的产能，以适应建筑工业化的推广？

3.为什么装配式建筑项目总承包适宜采用总价合同？

4.装配式建筑项目招标时，采用综合评估法进行详细评审，你认为应该选择哪些指标对投标人的标书进行打分？

延伸阅读

[1] 中华人民共和国《标准设计施工总承包招标文件》2012 年版。

[2] 住房和城乡建设部发布的《建设项目工程总承包管理规范》（GB/T 50358—2017）。

[3] 住房和城乡建设部等编制的《建设项目工程总承包合同示范文本》（GF-2020-0216）。

第 10 章　装配式建筑项目安全管理

主要内容：在装配式建筑施工安全管理中，存在较大安全隐患的环节主要包括吊装作业、临时支撑体系、临边高处作业防护、临时用电等环节。本章将介绍装配式建筑安全管理的特点，梳理装配式建筑施工危险源，并提出装配式建筑安全管理的建议。

重点、难点：本章重点在于熟悉装配式建筑安全管理特点，掌握装配式建筑危险源识别及安全管理的影响因素；难点在于结合实际项目落实具体的安全措施。

学习目标：通过本章学习培养学生的安全意识，掌握安全管理的基本原则和装配式建筑安全管理的关键技术，培养学生的装配式建筑项目危险源识别能力和现场安全管理能力。

10.1　装配式建筑安全管理的特点及存在的问题

由于装配式建筑功能的不同，使建筑的规模、材料和工艺方法多样化，建造时的机械设备、施工技术、现场环境也存在千差万别，以及工作场所、工作内容是动态的、随时变化的。随着各种条件发生变化，装配式建筑安全管理的侧重点和作业人员的周边环境会经常发生变化，所以说装配式建筑施工的安全管理具有复杂性。

(1)装配式建筑的安全管理的特点

装配式施工的每一道工序，对技术的要求、周围施工环境、施工的机械设施以及施工人员的要求都不同。每一道工序施工时的材料、施工方法的多样性决定了每一道工序在施工时安全管理的独特性。通过对装配式建筑工程的安全管理文献进行梳理总结，结合《装配式混凝土建造技术标准》(GB 51231—2016)、《装配式钢结构住宅建筑技术标准》(JGJT 469—2019)，总结得出装配式建筑的安全管理具有如下特点：

①预制构件重量较大，选择塔吊等垂直运输工具必须进行吊装审查，确保塔吊起重范围内的构件均能满足吊装要求，并且使塔吊处于安全稳定状态。因此，这一阶段安全管理的特点是对吊装有较高的要求，需加强吊装过程的安全管理。

②装配式建筑采用现场拼装的方式，现场湿作业较少，施工人员数量比传统施工现场较少，方便人员管理。但是，装配式建筑施工工艺与传统建筑有较大差别，需加强对人员的安全培训。

③预制剪力墙、柱等竖向结构构件在吊装就位、吊钩脱钩前，需要设置钢管斜撑等形式的临时支撑来维持构件稳定，预制梁、板等横向构件在吊装就位、吊钩脱钩前，需设置钢管

立柱、盘扣式支撑架等形式的临时支撑。临时支撑的拆除，应按照安全专项方案实施。

④采用钢筋套筒灌浆连接、钢筋浆锚连接的预制构件施工，应采用可靠的固定措施控制连接钢筋的中心位置及外露长度满足设计要求；应检查预制构件上套筒、预留孔的规格、位置等；应检查被连接钢筋的规格、数量、位置和长度。

(2)装配式建筑的安全管理存在的问题

装配式建筑结构体系较多，如框架结构、框架-剪力墙结构、剪力墙结构、筒体结构等。而相关技术体系标准并不完善，导致参建单位的施工水平参差不齐。装配式建筑在施工安全管理方面也存在较多问题，具体如下：

①安全管理保障体系不完善，安全相关政策、规范未及时跟进，目前仅有湖北省发布了关于《装配式建筑施工安全技术规程》的地方标准。涉及安全的政策措施、规范标准缺失，使得项目各参与方相关管理职责、制度，工作流程不明确，与目前装配式发展不匹配。适用于装配式建筑的施工安全技术标准，如安全防护、脚手架、机械机具等专用标准缺失，使得现场安全生产技术指导依据不够。

②项目建设周期长，项目各参与方众多，难以进行有效的沟通，并且安全管理制度不完善，现场监督未落实。建立并严格落实安全生产责任制度的项目只占25%。安全生产责任制度未完善落实，也是影响装配式建筑安全管理的重要因素之一。

③临时支撑不到位。预制构件在吊装就位、吊钩脱钩前，需要设置临时支撑维持构件稳定，临时支撑搭设的牢固程度决定着工程的安全性，如果作业人员在未安装临时支撑条件下作业，会导致构件失稳滑落。目前施工现场临时支撑的问题主要有：地面不平整造成后支撑梁的立杆与基础间出现悬空现象；支架结合处错位，导致难以连接或者连接不牢等。

④预制构件的吊装是装配式建筑施工的关键环节，也是事故发生率较高的阶段。起重机选择不当，吊装工人操作不规范，吊点受力不均等都会加大安全事故发生的可能。

⑤施工人员专业水平低，现场安全培训不到位。如吊装工人技术水平低，在吊装过程中构件剧烈晃动或摆动幅度较大，会导致构件在吊装时碰撞、伤人。作业人员未接受相关技术交底，未在灌缝前清除板缝内杂物，灌缝混凝土未严格振捣，都会产生严重的安全问题。

⑥高空外围护措施不完善。装配式建筑施工过程中，采用吊装运送构件，无法搭设传统施工的安全防护内外脚手架。在构件拼装时，施工人员进行高空临边作业，必须设置相应的外围防护措施，否则将加大施工人员高空坠落的概率。

10.2　装配式建筑危险源识别与分析

10.2.1　装配式建筑危险源识别

引起施工安全事故特别重要的原因是工作人员不按照法律法规和规范要求行事。事故项目的危险源可以划分为两类即第一类和第二类危险源，这是依据能量意外释放原理确定的。事故发生后的后果如果是一般事故、较大事故、特大事故或特别重大事故由第一类危险源确定；事故发生的概率由第二类危险源确定。第一类危险源的存在是第二类危险源出现的先决条件。第二类危险源的出现是第一类危险源引发事故所必须的条件。

第一类危险源是指可能发生意外释放的能量或危险物质，包括物的不安全状态及不安全的环境因素。根据危险源可能存在的地点、所处的施工阶段、导致的安全事故后果以及施工项目所在的地域，将第一类危险源分为存在性危险源、潜在性危险源和境遇性危险源三类。第二类危险源主要包括人的行为不符合法律法规的要求和管理不到位。

危险源辨识的步骤主要为：对施工现场的设备、工序、作业情况进行调查，以此对危险源进行划分；根据相关事故及行业规程标准，找出危险因素，填写登记表；最后进行危险评级，确定危险源识别结果。危险源辨识的方法，主要包括：

①现场观察和调查。通过仔细观察装配式建筑施工项目的运营环境以及与熟悉项目现场的员工进行沟通，可以大致确定项目的潜在危险。

②获取信息和外部信息。确认建筑公司的事故和职业病记录，并获得有关物品、文件和专家问题等存在危害的信息。

③工作任务分析。对组织成员工作内容相关的伤害进行分析，能够辨识存在的危险源。

④安全检查表。检查前先编制安全检查表，按表对项目施工现场的各个问题进行核对，可辨识能导致事故的危险。

⑤故障树分析（ETA）。从第一个原因起分析每一步骤发展过程结果，对项目所有工序进行分析，辨识出危险源。

⑥故障树共享（FTA）。以能够发送或已发送事故后果为依据，分析引发事故的人、事、物、环境，识别出导致事故的危险源。

10.2.2 装配式建筑危险源分析

(1)预制构件吊装

预制构件吊装是装配式建筑施工的关键环节，起重设备的选型、数量确定、规划布置是否合理则关系整个工程的施工安全、质量与进度。应依据工程预制构件的形式、尺寸、所处楼层位置、质量、数量等分别汇总列表，作为所选择起重设备能力的核算依据。

在制定装配式建筑施工分区与施工流水的基础上，施工单位应建立装配式建筑施工定时定量施工分析制度，将未来近期每日的详细施工计划按照当日的时段、所使用的起重设备编号、所吊装的构件数量及编号、所需工人数量等信息，通过定时定量分析表的形式列出，按表施工。如遇施工变更，应及时对分析表进行调整。

预制构件往往自重较大，因此对塔吊等起重设备的附着措施要求十分严格。建设单位与施工单位应于预制构件工厂生产阶段之前，将附墙杆件与结构连接点所处的位置向预制工厂交底，在构件预制过程中便将其连接螺栓预埋到位，以便施工阶段塔吊附着措施的精确安装。附墙杆件与结构的连接应采用竖向位移限制、水平向转动自由的铰接形式（见图10.1、图10.2）。

附墙措施的所有构件宜采用与塔吊型号一致的原厂设计加工的标准构件，并依照说明书进行安装。因特殊原因无法采用上述标准构件时，施工单位应提供非标附墙构件的设计方案、图纸、计算书，经施工单位审批合格后组织专家进行论证，论证合格后方可制造、安装、使用。

图 10.1　装配式施工塔吊附着措施

图 10.2　附墙杆件与结构的铰接点

预制构件如采用传统的吊运建筑材料的方式起吊，可能会导致吊点破坏、构件开裂，严重的甚至会引发生产安全事故。应根据预制构件的外形、尺寸、质量，采用专用吊架（平衡梁）来配合吊装的开展。如图 10.3 所示为采用专用吊架对预制外墙、楼梯进行吊装的现场情况；图 10.4 为吊装预制楼板的专用吊架。采用专用吊架协助预制构件起吊，一方面构件在吊装工况下处于正常受力状态，另一方面工人安装操作方便、高效、安全。

图 10.3　专用吊架吊装预制墙板与楼梯

图 10.4　预制楼板专用吊架

(2)临时支撑体系

预制剪力墙、柱在吊装就位、吊钩脱钩前,需设置工具式钢管斜撑等形式的临时支撑以维持构件自身稳定。斜撑与地面的夹角宜呈 45°~60°,上支撑点宜设置在不低于构件高度的 2/3 位置处;为避免高大剪力墙等构件底部发生面外滑动,还可以在构件下部再增设一道短斜撑。

预制梁、楼板在吊装就位、吊钩脱钩前,根据后期受力状态与临时架设稳定性考虑,可设置工具式钢管立柱、盘扣式支撑架等形式的临时支撑。临时支撑体系的拆除应严格依照安全专项施工方案实施。对于预制剪力墙、柱的斜撑,在同层结构施工完毕、现浇段混凝土强度达到规定要求后方可拆除;对于预制梁、楼板的临时支撑体系,应根据同层及上层结构施工过程中的受力要求确定拆除时间,在相应结构层施工完毕、现浇段混凝土强度达到规定要求后方可拆除。

(3)高空作业

对于装配式框架结构尤其是钢框架结构的施工而言,工人个体高处作业的坠落隐患凸显。除了加强发放安全带和安全绳、防高坠安全教育培训、监管等措施,还可通过设置安全母索和防坠安全平网的方式对高坠事故进行主动防御。在框架梁上设置安全母索能达到的防高坠效果示意,安全母索能为工人在高处作业提供可靠的系挂点,且便于移动性的操作。

通过在框架结构的钢梁翼缘设置专用夹具或在预制混凝土梁上预埋挂点,可将防坠安全平网简便地挂设在挂点具有防脱设计的挂钩上,可实现对梁上作业工人意外高坠的拦截保护作用。

(4)装配式建筑构件间局部现浇结构施工

在预制装配式建筑施工时,构件间的连接一般设计采用现浇钢筋混凝土浇筑连接,因混凝土养护时间较长,模板不能及时拆除,外挂防护架已经提升,建筑物外围一般无防护设施。在拆除临边模板及支架和进行临边作业时就存在模板、扣件、工具等物体坠落打击和高坠事故风险。另外,装配式建筑的钢筋搭接、机械连接、焊接接头不合规范,外墙板接缝防水材料、构件节点处后浇混凝土强度不合要求,预制构件连接处坐浆有空隙,灌浆料性能差、钢筋锈蚀,连接节点处隐蔽项目检查不严,孔道灌浆技术难以掌握。

(5)预制构件节点连接

预制构件节点连接是最容易出现质量安全问题的环节,也是整个施工过程的核心,节点连接主要有梁—柱连接、柱—柱连接、墙—墙水平连接与纵向连接等类型。根据不同的节点连接类型选择连接方式,在节点处绑扎钢筋,采用套筒灌浆、预留孔浆锚等方式进行节点连接;将结合面设置为粗糙面、键槽等,进行表面清理后洒水湿润,对特殊节点处进行加固处理。

预制构件节点连接方式分为湿连接和干连接两种,湿连接的整体性较好、工期比较长,干连接施工更便捷、但恢复力与延展性较差。在预制构件安装过程中应根据实际情况采用易于施工的连接方式,并保证节点的连接质量,避免节点连接不牢固,埋下安全事故隐患。

采用钢筋套筒灌浆连接、钢筋浆锚搭接连接的预制构件施工,应采用可靠的固定措施控制连接钢筋的中心位置及外露长度来满足设计要求;应检查被连接钢筋的规格、数量、位置和长度;出现偏差时,严禁随意切割、强行调整定位。

采用焊接或螺栓连接的施工应符合国家现行标准,应避免损伤已施工完成的结构、预制构件及配件。

(6)部品安装

装配式混凝土建筑的部品安装宜与主体结构同步进行。预制外墙安装应设置临时固定和调整装置,应在轴线、标高和垂直度调校合格后永久固定。现场组合骨架外墙安装应平直,间距满足设计要求;空腔内的保温材料应连续、密实,应在隐蔽验收合格后方可进行面板安装。龙骨隔墙应与主体结构连接牢固,位置准确。

(7)设备与管线安装

设备与管线需要与结构构件连接时宜采用预留埋件的连接方式。当采用其他连接方法时,不得影响混凝土构件的完整性与结构的安全性。当管线需埋置在桁架钢筋混凝土叠合板后浇混凝土中时,应设置在桁架上弦钢筋下方,管线之间不宜交叉。

10.3　装配式建筑的安全管理要素

10.3.1　装配式建筑施工安全人员因素

人员因素是指由于管理人员与施工人员缺少安全知识、缺乏安全意识等而产生违章指挥、违规作业等不安全行为,从而直接引发安全事故的因素。在 112 起建筑生产安全事故案例分析与装配式施工安全管理要点的基础上,从装配式混凝土建筑的安全标准规范与研究文献中全面识别从业人员的不安全行为、动作、状态、心理、生理等因素,将影响施工安全的人员因素进行归纳、合并、剔除语义相近或表达相同的因素,整理形成人员的一次性行为与习惯性行为两部分。

一次性不安全行为指人员的不安全动作引起的施工安全风险,习惯性不安全行为是指由于施工人员缺乏安全知识、安全意识等长期行为造成的施工安全风险。根据装配式混凝土建筑施工安全标准规范,结合建筑生产安全事故的致因分析与装配式施工的安全管理要点,将施工安全人员影响因素归纳为不安全动作、安全知识不足、安全意识淡薄、安全习惯不良、安全心理欠缺和安全生理不佳六种类型,见表 10.1。

表 10.1　施工安全人员影响因素分类

<table>
<tr><th colspan="2">识别依据</th><th colspan="2">影响因素</th><th>具体内容</th></tr>
<tr><td rowspan="4">人的不安全行为</td><td rowspan="3">一次性行为</td><td rowspan="3">不安全动作</td><td>不安全指挥</td><td>错误判断;违章指挥;违章起吊;配合作业失误</td></tr>
<tr><td>不安全操作</td><td>作业方式不当;违章操作;指令执行不到位</td></tr>
<tr><td>不安全行动</td><td>冒险作业;随意翻越防护栏杆;进入安全警示区</td></tr>
<tr><td>习惯性行为</td><td colspan="2">安全知识不足</td><td>技术水平欠缺;未经安全培训或技术交底;未掌握安全操作规程;无资质作业;安全生产知识匮乏</td></tr>
</table>

续表

识别依据		影响因素	具体内容
人的不安全行为	习惯性行为	安全意识淡薄	自我保护意识薄弱;疏于观察,漠视危险源;未按要求佩戴或使用安全防护用品
		安全习惯不良	习惯性违章;简化安全操作规程
		安全心理欠缺	侥幸冒险心理、盲目自信、明知故犯、不听劝阻
		安全生理不佳	疲劳作业;带病上岗;生理缺陷或不良

10.3.2 装配式建筑施工安全物的影响

通过分析建筑生产安全事故案例的起因,可发现施工过程中的物体具有随机性和必然性的特点。随机性是指导致安全事故发生的设备设施、构件等具有分散性、流动性、环境的不确定性等特点;必然性是指由于受到技术条件、维修管理的限制,物体的设计和使用必然会出现不同程度的缺陷。随机性和必然性特点致使物体的安全性和使用功能与预期目标出现偏差,长期处于不安全状态,因此人员在使用或操作这些物体的过程中容易引发起重伤害、物体打击、火灾等安全事故。

施工安全物的影响因素包括机械设备因素和预制构件因素。其中,机械设备因素包括塔吊、汽车起重机等大型机械设备的状态、适用性、可行性以及维修管理等因素,预制构件因素包括构件的生产质量、运输、堆放管理是否完善等因素,具体见表 10.2。

表 10.2 施工安全物的影响因素汇总

划分依据	影响因素		具体内容
物的不安全状态	机械设备	设备状态	设备处于非正常运转状态;存在设备基础不稳、受力不均、支顶不牢固等安全隐患
		设备管理	大型机械设备的安装、拆卸未按施工方案操作;未对设备定期检修;未配备安全保护装置;未设置安全警示标志
		设备适用性	设备选型不合理、布置不合适;辅助工具选用不合理或存在缺陷
		设备可行性	设备性能衰退;超负荷作业;操作方式不当;多台设备交叉作业构件状态
	预制构件	构件状态	质量缺陷、管理不善、施工技术差等使构件处于不安全状态
		构件质量	未编制生产方案;构件的原材料、质量、精度、强度不合格
		构件运输管理	运输前未进行安全技术交底;运输车辆选用不合理;未提前检查运输路线;未采取支撑与减震措施;未按装卸顺序进行构件卸车
		构件堆放管理	未设置构件专用堆场;堆场不满足平整度和承载力要求;构件未按照规格品种、吊装顺序分类堆放;堆放区未悬挂安全警示牌

10.3.3　装配式建筑施工安全技术影响

技术因素指在装配式混凝土建筑施工过程中采取的施工工艺、施工技术或施工方法不当而诱发安全事故的因素。在预制构件的生产、运输、堆放、吊装和安装过程中，频繁使用大型机械设备，对构件吊装、准确定位、节点连接等施工技术要求较高，因此施工工艺和技术方法的适用性与成熟度尤为重要。施工安全技术影响因素从施工工艺、施工方案、吊装技术、安装技术与施工监测五个方面对技术影响因素进行分类整理，具体见表 10.3。

表 10.3　施工安全技术影响因素分类

划分依据	影响因素	具体内容
技术缺陷	施工工艺	吊装设备的附着措施等存在施工工艺缺陷；构件施工未严格遵循施工工艺
	施工方案	安全技术方案存在缺陷或不合理；未编制或未论证、审批专项施工方案
	吊装技术	吊装机械及辅助工具的选用不合理；吊装顺序不合理；构件吊装、定位等技术技术成熟度不够；吊装过程未采取安全防护措施；安全防护技术存在缺陷
	安装技术	安装前未制定安装防护预案；未严格控制构件的轴线位置、标高、开间尺寸等；在永久固定连接的混凝土构件不稳定时拆除临时固定措施
	施工监测	安全监测技术不到位；未明确监测报警值、监测方法、监测点的布置及周期

10.3.4　装配式建筑施工安全管理影响

管理因素是指在装配式混凝土建筑施工过程中由于人员组织或配备不合理、安全生产主体责任未落实、安全监督检查不到位等直接或间接导致事故发生的影响因素。通过对建筑生产安全事故案例的致因分析，可以发现几乎所有的事发项目均存在项目各参与方安全管理疏漏的现象，例如建设单位未履行安全生产管理职责，施工单位未落实安全生产主体责任，监理单位未履行安全生产监理职责，政府相关部门未有效履行安全监管职责，等等。

根据装配式混凝土建筑生产、施工过程的安全管理要点，装配式混凝土建筑的施工安全管理影响因素具体见表 10.4 。

表 10.4　施工安全管理影响因素分类

划分依据	影响因素		具体内容
管理疏漏	安全组织管理	安全管理制度不健全	未按法律要求建立健全安全管理制度；未落实安全生产主体责任制、未落实安全岗位职责
		组织机构不完善	安全管理责任分工不明确、专职安全人员配备不足、聘请无资质人员施工作业
		劳动组织管理不良	项目管理人员不到位；非特种作业人员进行特种作业；违规交叉作业；安全生产条件不足
		忽视人员身心健康	作业人员长时间从事高强度劳动；对作业人员的健康状况把关不严，出现带病上岗、疲劳作业等情况

续表

划分依据	影响因素		具体内容
管理疏漏	安全技术交底		作业前未进行安全技术交底和班前交底;安全技术交底针对性不强;对交底情况检查不严
	安全监督管理	安全监督检查不力	未发现制止作业人员的无证上岗、违章作业、带病上岗、冒险作业等行为;未对施工现场进行监督检查
		安全监理不到位	业主未委托工程监理;安全监理人员不足;业务流程管控缺失;未通知督促施工单位整改安全隐患
		安全监管缺失	相关部门对违法违章行为的查处和控制工作不到位;施工安全监管不严,执法力度不够
		安全隐患排查	未进行安全隐患排查;未整改消除安全隐患;未将隐患位置、危险程度等信息及时向员工通报提醒
	安全教育培训		从业人员未经安全教育培训上岗;安全教育培训收效甚微;从业人缺乏必要的安全生产知识
	安全应急管理		未制定应急管理预案;应急预案存在缺陷;应急演习不到位;没有充足的应急器材、救援延误
管理疏漏	安全防护措施	劳动防护用品	未为作业人员提供劳动防护用品;未指导教育作业人员正确佩戴使用劳动防护用品安全防护
		作业防护措施	临边作业未设置密目式安全立网;未安装安全防护栏杆;危险区域未设置安全警示标识
		安全操作规程	未制定安全操作规程;安全操作规程存在缺陷;未指导教育从业人员遵守安全操作规程
	安全投入		对人员、机械设备、安全防护措施、安全教育培训等预防性成本投入较少;对应急救援处理、家属赔偿、事故恢复等损失性成本投入较少

10.3.5 装配式建筑施工安全环境影响

装配式混凝土建筑项目的施工现场、周边环境、自然环境等存在大量的安全隐患,与人、物、技术、管理等因素相互作用,从而引发安全事故,因此全面识别环境因素能够有效减少安全事故的发生,保证施工作业的安全有序进行,提高施工安全管理水平。

结合建筑生产安全事故的案例分析与装配式的施工安全管理要点,从作业环境、自然环境和周围环境三个角度来看,装配式混凝土建筑施工安全环境影响因素具体见表10.5。

表10.5 施工安全环境影响因素分类

划分依据	影响因素		具体内容
环境因素	作业环境	施工现场环境	施工现场杂乱;总平面布置不合理;临边、洞口防护不到位;施工用电不合理;对废水、污水和废弃物等管理不善
		构件运输环境	运输车辆不整洁;场内道路污染,坑洼不平

续表

划分依据	影响因素		具体内容
环境因素	自然环境	天气情况	雨、雪、雾天气；风力大于6级
		自然灾害	台风、洪涝、地震、冻结等
	周围环境	周边环境设施	油库、危险品仓库、军事设施等；周围在建项目的脚手架、安全网、机械设备等施工障碍物
		地下管线	原有管线错综复杂；地下管道爆裂等
		环境污染	周围环境水体污染、水土流失、地面沉降等

10.4　装配式建筑安全管理建议

10.4.1　装配式建筑安全管理措施

建筑施工企业为了企业的长远发展计划应该积极投入人力、物力和财力资源，促进企业安全管理技术升级的现代化。从良好的危险源辨识和控制建设入手，严格落实安全施工责任制，安全施工教育和培训体系，完善建立安全管理机构，配备有专职的安全管理人员，严格做好安全检查；同时应精心施工设计工作，根据施工组织设计施工安全工作的合理组织；提前预警做好技术测试工作，设立较为明显的安全警示标志，在施工现场，还应预备做好季节性安全防范工作，临时搭建施工现场的建筑物必须符合安全要求，由于相邻建筑物可能被在建建设项目所损坏，构筑物和地下管线等应采取特殊的措施；同时还应细致培训操作者，正确使用个人防护设备，工作人员应符合强制性标准的施工安全规章和程序，正确使用安全设备、机械设备等。

政府相关部门应加强安全管理技能培训，使拥有先进的技术、优良的管理能力、高素质的人才走向施工现场，无论是合同工，外包工人，必须按规定进行有效的安全培训。有效行使安全生产“一票否决制”，安全生产和商业智能，安全智能，项目经理资质，招投标和企业绩效与领导业绩挂钩。加大对那些责任事故的处罚，迫使企业领导高度重视，真正议程的安全性，有效地树立“安全第一”的理念，时时处处重视安全生产措施。

在日常安全监督管理中，首先是根据安全生产目标考核的规定，报告和监督紧密联系在一起发出施工许可证的安全性，对未建立规章制度，不设立现场安全保证体系，而不是根据特征的有效的安全措施发展的网站，没有任何现场施工安全生产文明施工承诺的企业，将不予办理安全监督。对于安全监督已办理的建设项目，要按照《建筑施工安全检查标准》，采取定期（每季度，半年检查，检验）和不定期安全生产，施工验收的文明标准，监督施工企业要建立和完善建筑施工安全管理、保证制度，完善安全生产规章制度，落实安全责任到人、到部门，正确处理安全与生产、安全与效益的关系，使企业做到意识到位、领导到位、责任到位、措施到位、努力降低工伤事故率。

安全生产责任到人指的是项目指定的若干重点的监督，一旦施工开展，那么安全生产就要同时跟进。项目经理的安全控制点,明确全面负责制定安全管理,作出承诺,在确保安全的条件下,对项目的安全情况做预计,有效落实安全体系,建立其责任机制,做到整个过程中对安全问题的预防,其重中之重是过程中施工前的监督和管理。

建筑企业应在施工现场开展有计划、有步骤的安全生产准备工作。做好施工前的研究。记录一切可能会导致安全隐患的潜在因素。在建设施工工程现场容易发生事故的处所,开展好安全生产的宣教,认真开展安全常识及技术学习与考核,根据现场施工情况进行记录,同时做好安全技术交底工作。

依据《中华人民共和国安全生产法》,施工单位必须先行签订相应条约,明确法人责任。需要相关单位制订相应的目标,对于责任要有明确分配,另外施工过程中五十名以上一线作业必须安排专职安全员,建筑面积达到 10 000 m^2 以上要安排 2~3 名专职安全工作人员;超过 50 000 m^2 根据专业安排专职安全员,成立施工的安全管理小组,设立各级安全管理工作人员,企业对于施工现场安全相应检查应该寻常化,保证施工全程安全。

建设施工项目部门应建立健全安全施工责任制,落实安全职责目标到每一个岗位,目标分解到每一个人。要根据建设工程特殊的条件,科学地安排所有人力、财力、物力,保证现场施工过程的安全。按照"依图施工"的根本原则,进行施工前班组安全学习活动,同时安排好所有安全预防和应急措施的验收工作,做到安全管理能掌控施工现场管理全部安全动态,一旦发现隐患,及时纠偏,规范可能的违规违纪操作。

安全标准建筑施工物料的选择和使用是建筑安全的最根本要求。所以有关的材料管理机构需要对运抵施工现场的所有材料进行抽样检查。因此该类机构工作人员就需要更好地熟悉业务,了解不同的施工材料在各方面的规格和要求,还要妥善地存储和堆放。其中,如果检验错误,就必将导致不合格产品运用,最终将会造成极恶劣后果。

建筑施工安全管理人员,应该在曾经发生的安全事故经验教训中好好归纳总结,找到规律或一般性问题,并制订相应的整改措施。相关的组织设计应该包括可能发生的任意一个环节,主要作用在于消除潜在安全威胁,防止事故发生,以及可能出现的人身财产安全问题。施工安全的措施包括:高空及立体操作的保护;地面及深坑操作的防护;施工安全用电;机械设备的安全维护与使用;制订有针对性、安全技术措施应用于新工艺、新材料、新技术和新结构;制订防爆防火措施和预防自然灾害措施。

在日常施工中,如若发现安全隐患必须当场分析形成原因,即时纠偏,限期整顿改造。对施工安全事故应采取预防举措,并监督其实施过程和实施效果,同时进行跟踪验证,并保存验证记录。除以上办法还可以建立经济奖罚制度,以经济手段,控制施工安全生产实效。

安全监理贯穿整个建设工程施工过程始终,对于安全管理问题应负有主要责任,施工现场的不安全行为以及人力,物力不安全状态直接影响施工的质量,监理人员负责生产安全,充分行使监督的权利,在建筑现场需有敏锐的观察能力,能够及时发现和纠正施工人员不安全行为或施工现场已经存在或潜在的安全隐患。如果建设工程施工单位存在安全问题,就应被立即责令整改。可能风险排除并经安全管理权威机构审查合格后才可复工。因此建设工程施工安全监理,构筑了施工安全防御的第二道防线。

加强构件质量管控,为了提升装配式建筑在施工过程中的整体建筑质量,施工人员需要不断提高对各类构件的检测力度，保障预制产品的尺寸正确。在结束施工后，需要对各类构件进行抽查，保障建筑的质量安全。在抽查中，相关人员要明确预制的构件吊装顺序并且能够给出相对应的平面图，保障吊装施工能够正常进行下去。

施工场地的总体布置和优化，在各项施工启动之前，工程师需要提前了解现场的气候以及物品情况，根据了解科学规划各种设施的搭建布置。在了解过程中，工程师需要考虑材料的运输情况，尽量做到一次运输。起重、龙门吊等设备需要提前预留出相应的运输道路，保障施工能够顺利进行。只有现场的条件达到了施工的要求后，施工才能继续进行下去。在施工时，对于有温度要求的材料，相关人员要在特定温度区进行装配。

加强安全管理能力，企业在施工开始前需要提前要求专业人员对整个施工现场的情况进行考察。同时在施工过程中，重视对施工人员的人身安全保护，树立保护意识。在不断提高的建筑楼层中加强对施工人员的安全保障，对高层建筑，企业必须加大投资，减少安全事故的发生。安全重于泰山，对于一个建筑来说，安全生产重于泰山，相关企业不能重效率而轻视安全，对于相关责任的划分要明确化，提高安全责任生产机制，开展安全防控工作，只有这样，企业的后期发展才能顺利。加强工作人员的自我安全意识，由于工作的相关性质导致施工人员大部分属于进城务工人员，其安全意识不强且综合素质不高，容易在施工过程中出现各种安全事故。因此，相关企业要加强对员工的自我安全意识的教育与培训工作，要求员工必须按照施工要求进行科学规范化操作，提高自我安全意识。员工综合素质提高的同时可以保障建筑物的质量，减少相关事故的发生，有利于企业的发展。因此，在工作过程中，企业要将员工的安全问题同建筑的质量放在同等重要的位置上进行施工，不能顾此失彼。

对高支模监测，针对高支模施工，根据其施工结构特点和实际使用情况，监测支架及模板沉降、立杆轴力、杆件倾斜等实时信息，并根据分析的数据判断当前情况以及预估未来一段时间内的沉降和位移，为风险预警提供参考。结合物联网和无线传输技术，开发高支模关键风险点监测管理平台，实现风险作业期间关键风险点的实时预警。

10.4.2　装配式建筑安全管理信息化措施

施工企业智慧安全解决方案

施工过程的风险比较大，此时需要采取强制性的风险管控措施，做好施工过程的安全管理工作。主要牵涉如下内容：其一，要对项目技术管理人员、现场作业人员进行定期教育培训，将专业知识学习作为基本内容，全面提升施工人员的自身技术素养；其二，加强管理，使施工质量与管理人员和作业人员的收入挂钩，以增加他们的压力，提高他们实现质量目标的动力；其三，施工招标时选择资质高、信誉好、装配式建筑施工经验丰富的承包商；其四，将 BIM 等先进信息技术引入到施工项目管理中，提高施工安全、进度、质量、成本等项目管理的效率和效果。

建立健全各项安全管理制度，建立安全生产责任制度，安全生产例会制度，考核奖惩、安全教育、安全检查、特殊工种操作人员持证上岗、人脸识别智能系统控制等制度，明确责任人，特别是要建立对重大危险源辨识、作业地点挂牌警示制度。

加强工人安全生产教育培训，对在场施工人员均应进行有针对性的安全教育，学习各项安全操作制度和操作规程，特别是塔吊司机、司索信号（指挥）工、驾驶人员等特殊工种操作人员的安全教育,增强施工安全责任心,强化施工人员的安全防范意识。定期或不定期地组织施工人员学习事故案例,以案警示,杜绝违章作业,才能消除人的不安全行为带来的安全风险。

加大安全检查力度,不留隐患死角。在施工现场要成立预制构件质量安全验收小组,对进场的预制构件进行现场全面检查,以降低因预制构件的质量缺陷带来的施工安全风险。项目专职安全管理人员严格执行安全检查制度,跟班作业,对违章操作和违章指挥一律制止,排查现场安全隐患,不留隐患死角。每班次施工前对机械设备进行保养维护检查和施工监督检查,每天巡视各施工作业面,把事故消灭在萌芽状态中,以消除物的不安全状态带来的安全风险。

在施工各个重点环节应制订切实可行、有针对性的专项安全管控措施。在运输进场环节,主要是对运输车辆、构件车上稳定、运输路线、施工现场道路、安全驾驶进行管控。PC构件运输车辆在运输过程中一定要匀速行驶,严禁超速、猛拐和急刹车。场外公路运输线路选择从PC构件生产厂到工程施工位置,综合考虑运输时间,提前对拟选运输道路进行详细勘测,对沿途可能经过的桥梁、桥洞、车道的承载能力、通行高度、宽度、弯度和坡度,沿途上空有无障碍物等实地考察并记载,必要时可进行试运输。运输时间应注意避开早晚出行高峰期。PC构件进场后堆场中预制构件堆放以吊装次序为原则,并对进场的每块板按吊装次序编号,以防发生二次搬运。

存放堆垛宜设置在吊装机械工作范围内并避开人行通道。在现场堆放、吊装环节上,依据不同PC构件必须采用专用支架、吊梁或吊索,以保证吊装对PC构件的成品保护和吊装的安全性,达到安全施工。在吊装(多台塔机同时)作业环节,要严格落实塔机安装、加节顶升、拆除和防碰撞措施。现场必须严格按照《塔机安装、拆除专项施工方案》和《塔机防碰撞专项施工方案》进行组织施工,严格防碰撞措施落实,加大塔机检查、维保频次,以消除塔机使用的安全风险。在临边高处作业环节,严格落实防物体打击和防高坠措施,做好临边防护。地面防物体打击坠落半径范围(建筑物周边6 m范围)内设置防护隔离栏,安全通道一律设置双层防护棚。临边作业人员必须一律系挂安全带,做好安全防护措施。

10.4.3 项目管理部门的安全管理建议

装配式建筑的项目管理部门应建立健全安全施工责任制,落实安全职责目标到每一个岗位,目标分解到每一个人。要根据建设工程特殊的条件,科学地安排所有人力、财力、物力,保证现场施工过程的安全。按照“依图施工”的根本原则,进行施工前班组安全学习活动,同时安排好所有安全预防和应急措施的验收工作,做到安全管理能掌控施工现场管理全部安全动态,一旦发现隐患,及时纠偏,规范可能的违规违纪操作。

建立安全标准,规范建筑施工物料的选择和使用是建筑安全的最根本要求。所以有关材料管理机构需要对运抵施工现场的所有材料进行抽样检查。因此该类机构工作人员就需要更好地熟悉业务,了解不同的施工材料在各方面的规格和要求,还要妥善地存储和堆放。其中,如果检验错误,就必将导致不合格产品的运用。

安全监理贯穿整个建设工程施工过程始终,对于安全管理问题应负有主要责任,施工现场的不安全行为以及人力、物力不安全状态直接影响施工的质量，监理人员负责生产安全，充分行使监督的权利，在建筑现场需有敏锐的观察能力，能够及时发现和纠正施工人员不安全行为或施工现场已经存在或潜在的安全隐患。如果建设工程施工单位存在安全问题，就应被立即责令整改。可能风险排除并经安全管理权威机构审查合格后才可以复工。因此建设工程施工安全监理，构筑了施工安全防御的第二道防线。

课后思考题

1.装配式建筑安全管理的特点是什么？

2.装配式建筑危险源分析有哪些？

3.装配式建筑施工安全物的影响有哪些？

4.请结合实际情况，谈谈具体的装配式建筑安全管理措施有哪些。

延伸阅读

[1] 熊付刚，陈伟.装配式建筑工程安全监督管理体系[M].武汉：武汉理工大学出版社，2019.

[2] 潘峰.装配式混凝土建筑口袋书——安全管理[M].北京：机械工业出版社，2019.

[3] 杜常岭.装配式混凝土建筑 施工问题分析与对策[M].北京：机械工业出版社，2020.

第 11 章 装配式建筑项目智能化管理

主要内容:本章主要讲述了装配式建筑项目智能化管理相关内容,首先介绍装配式建筑项目智能化管理的概述、装配式建筑项目智能化管理支撑技术及其之间的逻辑关系,然后根据装配式建筑项目的特点,分别阐述装配式建筑项目在预制构件生产阶段和现场施工阶段的智能化管理,最后展望了装配式建筑项目智能化管理的发展趋势。

重点、难点:本章重点为装配式建筑项目智能化管理支撑技术及其之间的逻辑关系;预制构件智能化生产管理中智能化物料管理、生产安全及质量的智能化管理、构件的存放与运输的智能化管理;装配式建筑项目施工现场智能化管理中的施工机械、物料、人员的智能化管理,施工现场空间、进度、质量、成本、安全的智能化管理;本章的难点为装配式建筑项目智能化管理技术之间的逻辑关系,预制构件生产阶段物料智能化管理、构件的存放与运输的智能化管理,现场施工阶段施工机械的智能化管理、施工现场空间、进度、成本、安全的智能化管理。

培养能力:本章主要培养学生现代化信息技术应用于智慧建造管理的能力,激发管理创新能力。

11.1 装配式建筑项目智能化管理概述

(1)智能化管理概念

智能化管理,就是协同发挥人类智能和人工智能、个人智能与组织智能、企业智能与社会智能以应对可持续挑战的管理模式。

智能化管理的一般特征:

①解决可持续发展难题。企业以实现人类社会可持续发展为宗旨的,主动承担社会责任报告,自觉履行社会责任的“全球契约”行动,利用智慧化管理解决可持续发展的各种难题。

②广泛拓展基于开发人类智能的知识管理。企业积极组织开发专家系统,建立知识共享平台,实行开放式的研究开发政策,提升了企业的智能水平,增加产品和服务的知识价值含量。

③大量开发及应用人工智能工具。企业各项业务和管理领域纷纷应用人工智能技术,取代人类完成越来越多的管理工作。

④构建和完善智能化管理环境。企业为实现智能化管理积极创造条件,为建立信息化

平台统一通信标准,为加强沟通、促进创新而进行组织变革,为适应信息系统运行要求而进行流程再造。

(2)装配式建筑项目智能化管理

装配式建筑的工程施工管理与传统现浇建筑工程施工管理大体相同,同时也具有一定的特殊性。对于预制混凝土装配式建筑的施工企业管理,不但要建立传统工程应具备的项目进度管理体系、质量管理体系、安全管理体系、材料采购管理体系以及成本管理体系等,还需针对预制混凝土装配式建筑工程施工的特点,行相应的施工管理,包括构件起重吊装、构件安装及连接、注浆顺序,构件的生产、运输、进场存放和塔式起重机安装位置等,补充完善相应的管理体系。

装配式建筑项目智能化管理是在传统的装配式建筑项目管理的基础上,协同发挥人类智能和人工智能、个人智能与组织智能、企业智能与社会智能以应对预制混凝土装配式建筑项目管理的模式。以传统项目管理为基础,针对装配式建筑项目施工特点,以现代化智能管理技术为手段,提升和优化装配式项目管理效率和效果。

11.2　装配式建筑项目智能化管理支撑技术

装配式建造是建筑产业新型工业化建造的重要组成部分。随着建筑产业新型工业化发展,装配式建筑项目进入了全面发展时期,其通过设计先行和全系统、全过程的设计控制,统筹考虑技术的协同性、管理的系统性、资源的匹配性。装配式建筑项目智能管理的主要支撑技术为 BIM 技术、大数据、物联网、云计算及边缘计算、5G 技术、人工智能和机器学习、系统协同平台。目前,装配式建造智能化所需的各项技术的逻辑关系如图 11.1 所示。目前,装配式建筑的智能化建造及管理以 BIM 为平台,关联 3D 扫描、无人机、LOT 等技术提供的数据支撑,这些数据通过数据的挖掘、机器学习进行数据训练和通过人工智能进行数据分析之后为 BIM 平台提供所需的优化数据,同时优化的数据可以关联机器人和可穿戴设备,并借助 5G 通信技术关联到 BIM 平台的数字孪生系统,通过数字孪生为 BIM 平台提供决策数据,BIM 平台把 BIM 信息与其他技术提供的信息综合之后为 VR/AR、机器人提供数字模型实现装配式建筑的智能化建造及智能化管理。

1)BIM 技术

加快推进 BIM 技术在新型建筑工业化全寿命周期的一体化集成应用。充分利用社会资源,共同建立、维护基于 BIM 技术的标准化部品部件库,实现设计、采购、生产、建造、交付、运行维护等阶段的信息互联互通和交互共享。试点推进 BIM 报建审批和施工图 BIM 审图模式,推进与城市信息模型(CIM)平台的融通联动,提高信息化监管能力,提高建筑行业全产业链资源配置效率。

(1)定义

BIM(Building Information Modeling,建筑信息模型)技术并不仅仅是将建筑信息进行集合,而是进一步将这些信息进行开发利用,实现设计、施工、保养等全寿命周期管理的手段。

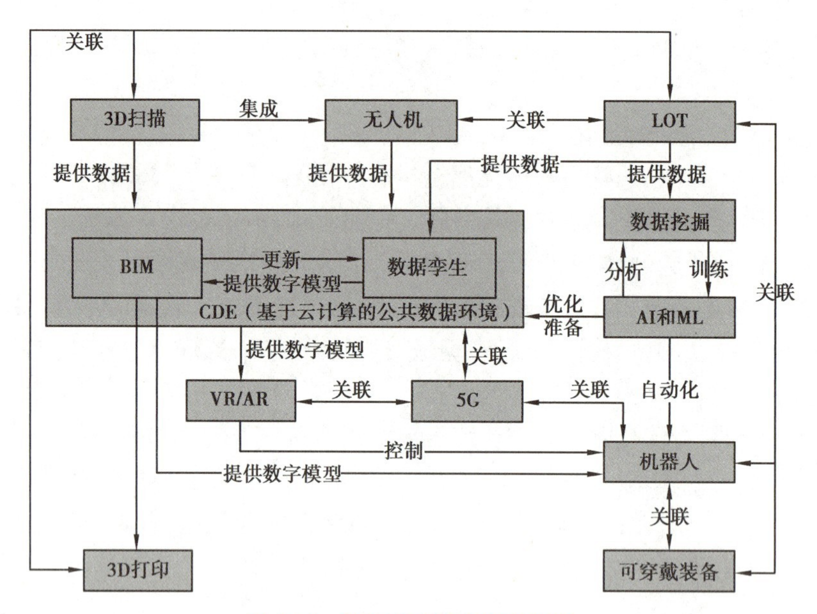

图 11.1　新技术之间的逻辑关系

BIM 最早是由美国的 Chuck Eastman 教授提出来的“建筑描述系统”概念：将工程项目的设计方案、施工进度、成本、运营维护等全部信息集成整合到三维数字模型中，形成完整的系统。

国际标准组织建设信息委员会(Facilities Information Council，FIC)对 BIM 的定义：在开放的工业标准下对设施的物理和功能特性及其相关的项目生命周期信息的可计算或者可运算的形式表现，从而为决策提供支持，以便更好地实现项目的价值。

美国国家 BIM 标准(NBIMS)对 BIM 的定义由 3 部分组成：①BIM 是建设工程的物理和功能特性的数字表达；②BIM 是共享的知识资源，项目参与方可以通过 BIM 建设共享项目的信息资源，为建设项目全生命周期中的所有决策提供可靠依据；③在项目的不同阶段，各利益相关方通过在 BIM 模型中插入、提取、更新和修改信息，实现基于 BIM 平台的协同作业。BIM 技术能够动态监测施工危险源，模拟优化施工方案，有望解决装配式混凝土建筑的施工安全管理难题。

美国 McGraw-Hill 公司对 BIM 技术定义：BIM 技术是对建筑项目数字模型的创建和使用，对施工和运营管理的有效方法。

住房和城乡建设部工程质量安全监督司对 BIM 的定义：BIM 技术是一种基于数据的工具，应用于工程设计和施工管理。它通过参数模型整合有关各个项目的相关信息，并用于项目计划和运营中，在维护和维护的整个生命周期中共享和传输，使建筑信息模型在整个过程中为总承包商、设计团队、施工单位等参与方进行协调合作提供信息平台与工作依据，通过此技术可大大提高建筑建设效率，缩短工期与成本，为建筑行业的发展提供巨大助力。

我国《建筑信息模型应用统一标准》(CB/T 51212—2016)对 BIM 的定义：在建设工程及设施全生命期内，对其物理和功能特性进行数字化表达，并以此设计、施工、运营的过程和结果的总称。

BIM 技术在智能化管理支撑技术上的重要性如图 11.2 所示。

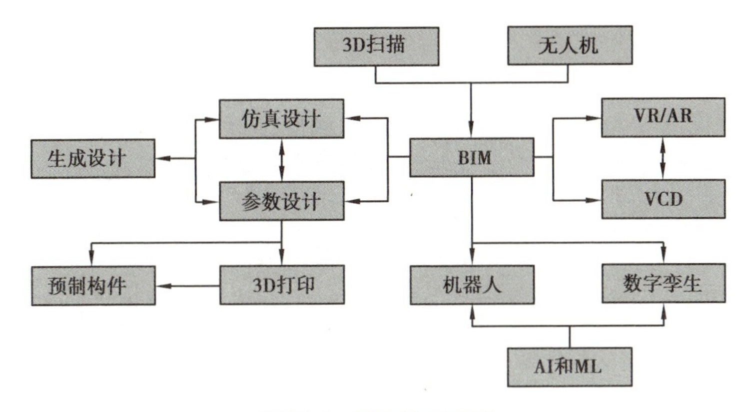

图 11.2　BIM 的重要性

(2)BIM 的技术特点

BIM 技术可以将建设项目各阶段的建造信息汇总于 BIM 信息模型中,为项目各参建单位提供一个不同专业、不同阶段协同工作的信息平台。其主要具有以下特点。

①可视化。传统的施工图纸通过二维线条来描述施工信息,BIM 技术提供了可视化思路,在 BIM 信息模型中可以直观地看到三维立体实物图形,构件之间形成互动性的可视,建筑物的外观及细部信息等一目了然,可以用来对项目完工后的效果进行展示。同时,在项目各阶段参建单位均是在可视化的状态下进行沟通、讨论,使得决策更具有科学性。

②协同性。设计阶段,传统的方式缺少信息交流平台,各专业设计人员不能充分沟通,在施工阶段会出现不同专业之间施工碰撞问题。在 BIM 信息模型中,各专业设计人员可以通过 BIM 信息模型实现不同专业之间的协同设计,在项目施工前期将不同专业设计模型汇总于一个整体中,进行碰撞检查,形成碰撞检查报告,针对发现的设计冲突,不同专业之间及时进行协同解决。

③仿真性。BIM 技术不仅可以对已经设计出的建筑物模型仿真,还可以对现实世界中难以进行操作的事项仿真。设计阶段,可以对建筑物的节能、日照、热能传导等性能仿真;施工阶段,可对施工组织设计仿真,可以发现施工组织中存在的问题,及时进行优化;在运营阶段,可以对地震、火灾等突发紧急情况进行模型,提前制订应对策略。

④优化性。基于 BIM 信息平台,项目各参建单位可以直观看到项目运营效果,及时发现项目建造及管理过程中可能出现的各种问题,不断对项目各阶段出现的问题进行优化。

⑤可出图性。BIM 技术可以生成经过碰撞检查并优化后形成的建筑设计图纸及构件加工图纸,并且可以将经过模拟、优化后的高质量设计图纸导出,将更有针对性地指导施工阶段的工作。

2)大数据与数据分析

(1)大数据

大数据为新型技术产业,正在成为融入经济社会发展各领域的要素、资源、动力、观念。大数据以容量大、类型多、存取速度快、应用价值高和客观真实性为主要特征,通常无法在一定时间范围内用常规软件工具进行捕捉、管理和处理。通常大数据的热性归纳为 5 个 V,即 Volume(数据量巨大),Velocity(高速及时有效分析),Variety(种类和来源的多样化),

Value(价值密度低,商业价值高),Veracity(数据的真实有效性)。

大数据的巨大价值得到广泛重视,已成为“战略资源”,云计算为大数据的汇聚和分析提供了基础计算设施。大数据的分析方法为:预测性分析、可视化分析、大数据挖掘算法、语义引擎、数据质量和数据管理。大数据的梳理一般包括数据采集、数据存储、数据预处理、数据分析、数据可视化与交互分析等。

大数据技术,是指大数据的应用技术,涵盖各类大数据平台、大数据指数体系等大数据应用技术。大数据技术的战略意义在于对庞大的、含有意义的数据进行专业化处理,是实时交互式的查询效率和分析能力。

(2)大数据分析

高级分析的目的是从大数据库中提取知识形式的价值,检查庞大的数据集,发现其中隐藏的相关性、趋势、模式和进一步的统计指标。具体来说,分析是对数据或统计数据的系统计算分析,用于发现、解释和交流数据中有意义的模式,并将发现的数据模式应用于有效的决策。分析依赖于同时应用统计学、计算机编程和运筹学来量化性能。

大数据分析提供了传统系统无法提供的洞察力,提供了有关准确预算估计、与警报阈值相关的风险水平、最佳开工时间的安排、设备购买和租赁的最佳组合、如何更有效地使用燃料以降低成本和环境影响,等等。

(3)数据分析主要内容

数据分析包含文本分析、多媒体数据分析、网络分析。

①文本分析是指从包含在文档、电子邮件、网页、博客和社交网络帖子中的非结构化文本中提取信息和知识。它也被称为文本挖掘,主要利用自然语言处理技术、ML和统计分析来开发用于主题识别(主题建模)、问题的最佳答案搜索(问题回答)、用户对某些新闻的观点识别(观点挖掘)等目的的算法。

②多媒体数据分析,它使用ML算法来提取对图像、视频和音频内容的语义描述有用的低层和高层信息,包括基于文本标注的自动标注(多媒体标注)和基于视觉或声音特征提取(特征提取)的索引(多媒体标引)和推荐算法(多媒体推荐)。

③网络分析,自动分析网页和超链接,以获取有关网页内容、结构和使用的信息和知识,通过使用文本和多媒体分析,并使用跟踪超链接的爬行算法重建拓扑结构,以揭示网页或网站之间的关系。

3)物联网技术

(1)概念

物联网技术是通过射频识别(RFID)、红外感应器(IR)、全球定位系统(GPS)、激光扫描器(LS)等信息传感设备,按约定的协议,实时采集任何需要监控、连接、互动的物理或者过程的信息,将任何物品与互联网相连接,进行信息交换和通信,以实现智能化识别、定位、追踪、监控和管理的一种网络技术。“物联网技术”的核心和基础仍然是“互联网技术”。

(2)特征

①获取信息的功能,主要是指信息的感知、识别。信息的感知是指对事物属性状态及

其变化方式的知觉和敏感;信息的识别是指能把所感受到的事物状态用一定方式表示出来。

②传送信息的功能,主要是指信息发送、传输、接收等环节,最后把获取的事物状态信息及其变化的方式从时间(或空间)上的一点传送到另一点的任务。这就是常说的通信过程。

③处理信息的功能,是指信息的加工过程,利用已有的信息或感知的信息产生新的信息,实际是制定决策的过程。

④信息施效的功能,是指信息最终发挥效用的过程,有很多的表现形式,比较重要的是通过调节对象事物的状态及其变换方式,始终使对象处于预先设计的状态。

(3)物联网与互联网的关系

互联网创造了一个虚拟的世界,而物联网打开了由虚拟转向现实之门。互联网在虚拟世界中实现人与人的联系,物联网实现了物与物的联系,两者很好地实现了虚实互通和相伴。物联网是一个网络系统,而物联网是一个建立在互联网基础设施上的庞大应用系统。

物联网平台的运用是指通过使用 BIM、物联网、云数据和其他现代信息工具来辅助施工管理的形式。通过利用 BIM 在深化设计、施工技术模拟,质量和安全控制等方面的成熟应用,并结合项目部实际需求搭建基于 BIM 的项目管理协同工作平台,再通过二维码技术对预制构件的加工、运输、装配等信息化管理的全过程。

4)云计算和边缘计算

(1)云计算

美国国家标准与技术研究院(NIST)认为,云计算是一种基于互联网的,只需最少管理和与服务提供商的交互,就能够便捷、按需地访问共享资源(包括网络、服务器、存储、应用和服务等)的计算模式。根据 NIST 定义,云计算具有按需自助服务、广泛网络接入、计算资源集中、快速动态配置、按使用量计费等主要特点。NIST 定义的三种云服务方式是:

①基础设施即服务(IaaS),为用户提供虚拟机或者其他存储资源等基础设施服务。

②平台即服务(PaaS),为用户提供包括软件开发工具包(SDK)、文档和测试环境等在内的开发平台,用户无须管理和控制相应的网络、存储等基础设施资源。

③软件即服务(SaaS),为用户提供基于云基础设施的应用软件,用户通过浏览器等就能直接使用在云端上运行的应用。如图 11.3 所示。

"云"实质上是一个网络。狭义上,云计算就是一种提供资源的网络,使用者可以随时获取"云"上的资源,按需求量使用,并且资源可以看成无限扩展的,只要按使用量付费即可。从广义上说,云计算是与信息技术、软件、互联网相关的一种服务,该计算资源共享池被称为"云"。

云计算引发软件开发部署模式的创新,并为大数据、物联网、人工智能等新兴领域的发展提供基础支撑。云计算能够提供可靠的基础软硬件、丰富的网络资源、低成本的构建和管理能力,是信息技术发展和服务模式创新的集中体现。在云计算模式下,软件、硬件、平台等信息技术资源以服务的方式提供给使用者,有效解决政府、企事业单位面临的机房、网络等基础设施建设和信息系统运维难、成本高、能耗大等问题,改变传统信息技术服务架构,推动绿色经济发展。

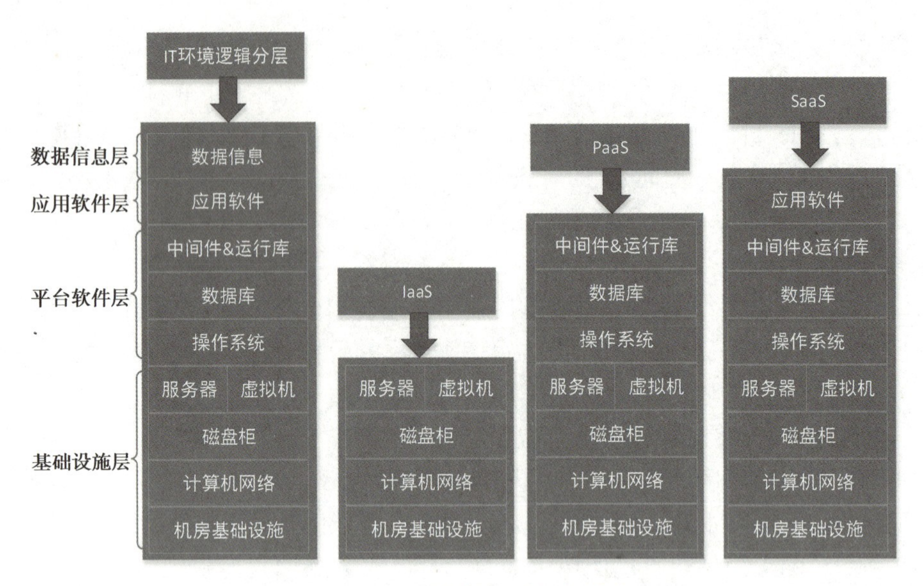

图 11.3　云计算的三种服务模式

①云计算的特征：a.广泛的网络访问；b.快速弹性；c.高可靠性；d.资源共享；e.计费服务；f.按需自助服务。

②云计算的层次：基础设施及服务（IaaS）、平台及服务（PaaS）和软件及服务（SaaS）。如图11.3所示。

③云计算的核心技术：分布式海量数据、存储技术、虚拟化技术、云平台技术。

(2)边缘计算

在将数据发送到云之前，可以在设备层面进行部分分析，这种新兴的范式被称为边缘计算（"在网络边缘的计算"），一种计算拓扑，在这种拓扑中，信息处理和内容收集和传递被放置在更靠近信息来源的地方。即边缘设备把摄像头、扫描仪、手持终端或传感器收集到的所有信息在数据的源头执行部分或全部处理，而非发送到云端进行处理。边缘计算技术可以有效地补充和扩展云处理，从而提高带宽效率，减少响应时间，降低网络压力，最大限度地减少能源消耗。多个物联网设备可以通过边缘网关连接，收集的数据在本地处理，并根据需要提供服务，这提高了性能、隐私和安全性。此外，在网络边缘处理数据也有助于防止私人信息被泄露。个人信息的重要数据在发送到云中心之前，可以在边缘服务器上进行数据提取和加密等预处理，以确保只有最必要的数据以更安全的方式发送出去。

5)移动通信技术——5G

移动通信技术是一种无线电通信系统，主要有蜂窝系统、集群系统、AdHoc 网络系统、卫星通信系统、分组无线网、无绳电话系统、无线电传呼系统等。

目前国内已经有比较成熟的 5G 系统，5G 为第五代移动通信技术。具有高上行速率、低延时、高可靠、海量连接、高能效、高安全等工业特征。

移动系统网络结构可分为三层：物理网络层、中间环境层、应用网络层。物理网络层提供接入和路由选择功能，它们由无线和核心网的结合格式完成。中间环境层的功能有 QoS 映射、地址变换和完全性管理等。物理网络层与中间环境层及其应用环境之间的接口是开放的，它使发展和提供新的应用及服务变得更为容易，提供无缝高数据率的无线服务，并运行于多个频带。这一服务能自适应多个无线标准及多模终端能力，跨越多个运营者和服务，提供大范围服务。

6）人工智能和机器学习

（1）人工智能和机器学习

人工智能（Artificial Intelligence，AI），指由人制造出来的机器所表现出来的智能。通常人工智能是指通过普通计算机程序来呈现人类智能的技术。人工智能于一般教材中的定义领域是“智能主体（intelligent agent）的研究与设计”，智能主体指一个可以观察周遭环境并作出行动以达到目标的系统。约翰·麦卡锡于1955年的定义是“制造智能机器的科学与工程”。安德里亚斯·卡普兰（Andreas Kaplan）和迈克尔·海恩莱因（Michael Haenlein）将人工智能定义为“系统正确解释外部数据，从这些数据中学习，并利用这些知识通过灵活适应实现特定目标和任务的能力”。人工智能的研究是高度技术性和专业的，各分支领域都是深入且各不相通的，因而涉及范围极广。人工智能包括一系列智能的系统，使用先进的算法来识别模式，得出推论，并通过自己的判断支持决策过程。在这一过程中至关重要的是机器学习（Machine Learning，ML），即人工智能在没有方向性指导的情况下，使用数据的数学模型来帮助计算机学习的过程及从数据中学习的能力。

（2）人工智能和机器学习的应用

在设计阶段，AI和ML可以通过预测建筑在运营阶段可能的形式和技术选择的性能，从最初阶段就支持设计选择，通过生成设计的方法允许根据项目目标优化设计选择。ML提供了开发替代模型的可能性，这些模型甚至在概念设计的早期阶段就能提供快速和足够准确的建筑性能预测。基于AI的生成设计比手工设计有更广泛的设计选择范围。人工智能分析利用项目素材的数千张蓝图的新知识进行设计。ML最近开始被用于识别与设计变化相关的潜在错误和不兼容性。

人工智能和ML工具在改造项目中尤其有用，在这些项目中，它们可以利用大量的建筑库存数据和可比干预措施，以支持识别改造潜力、评估不同的节能措施和需要干预的建筑特征。

人工智能和ML工具在施工阶段的应用。智能物料验收系统、智能AI钢筋点数以及仓库信息化管理有效提升项目物资验收效率和准确率，助力项目降本增效；门禁人脸识别系统、云筑劳务实名制管理系统精准掌握工人考勤情况、安全专项教育落实情况、信用评价等信息，强化项目劳务管理，有效降低劳务纠纷风险。远程视频监控系统和智慧工地·慧眼AI为工程提供“自动化监控”和“智能化管理”，全时侦测、分析前端视频图像，提供人员、环境、设备等安全风险事件识别和报警服务。智能环境管理系统、自动喷淋系统、再生能源管理以及智能水电管理，响应国家绿色施工号召，减少环境污染，降低能源消耗。

7）协同平台——智慧工地

分布式无人机平台

（1）智慧工地概念

将现场系统和硬件设备集成到一个统一的平台，将生产的数据汇总和建模形成数据中心，基于平台将各子应用系统的数据统一呈现，形成互联，项目关键指标通过直观的图表形式呈现，智能识别项目风险并预警，问题追根溯源，帮助项目实现数字化、系统化、智能化，为项目经理和管理团队打造出一个智能化指挥中心。

（2）智慧工地的平台架构

智慧工地的平台架构主要包括视频监控、环境监测、机械设备监测、智能基坑监测、进度管理、质量管理、安全管理等，有些还包括3D扫描技术和无人机等（见图11.4）。

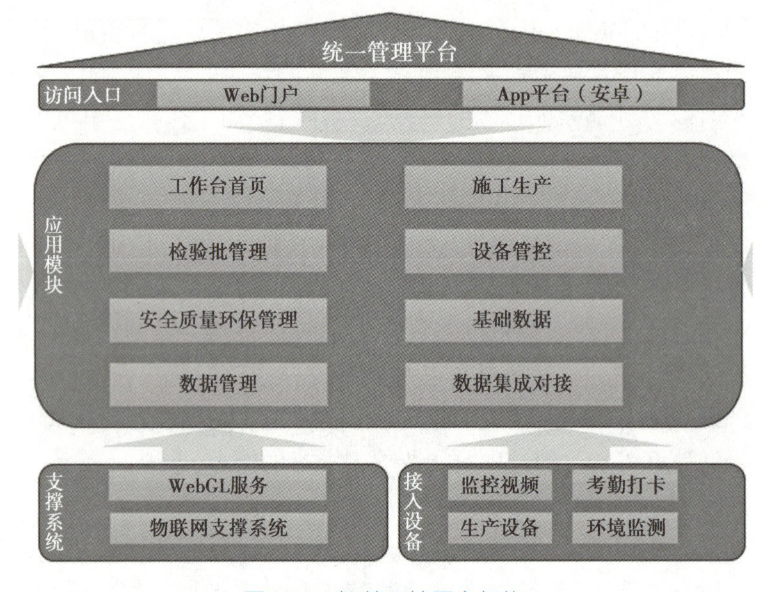

图11.4　智慧工地平台架构

（3）智慧工地平台特点（见图11.5）

图11.5　智慧工地平台支撑体系

①集成平台、统一入口。提供数据可视化看板，整体呈现工地各要素的状态和关键数据。

②应用系统集成。通过建立工地现场的数据标准、数据通信协议标准、各应用间认证和数据交换标准，支持多个应用间的数据共享和数据交换。

③智能硬件接入。智慧工地平台使用工业级物联网平台，对连接的硬件设备进行系统连接认证、建模和管理，保障接入设备数据传输的可靠性和稳定性（见图11.6）。

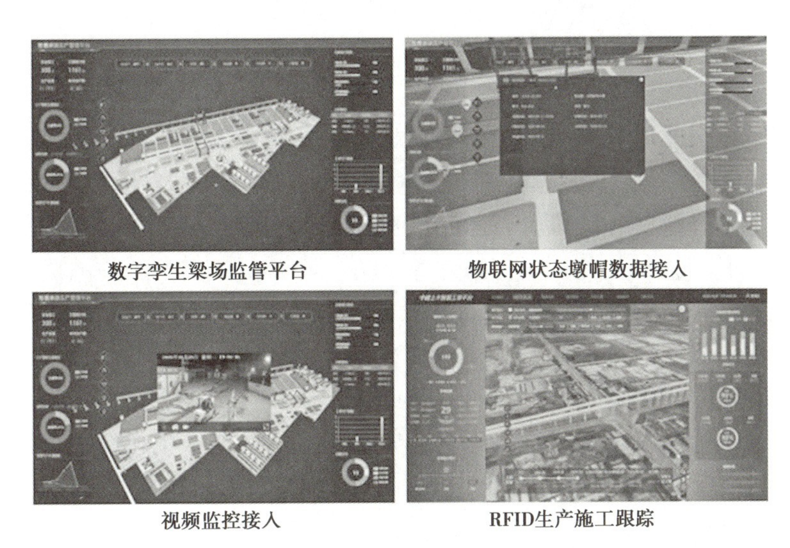

图 11.6　关键技术的应用

11.3　预制构件智能化生产管理

装配式建筑项目与传统建筑项目最明显的区别在于,装配式建筑项目需要预制构件的生产、运输与现场吊装。

11.3.1　智能生产及其特征

智能生产,是制造业引入建筑领域的新概念,主要是基于物联网、BIM 技术和 3D 打印技术来完成的,三种技术发展的成熟度和在实际施工过程中的适用性决定了智能生产能否在建筑建造过程中得以实现。

智能生产的最终目的是使得建筑建造在工业化的基础上,与信息化深度融合,达到全程的智能化。与传统建造方式相比,装配式建筑项目的预制构件的生产更容易实现智能生产。

装配式构件厂的智能化生产,即把制造业智能化生产的概念引入装配式构件厂,利用智能化集成制造系统,将预制构件设计的信息流、优化管理的数据流等虚拟网络信息与实际生产过程集合成一个整体,把工业化和信息化融合在一起,得以实现具有“人工智能”的特性。

智能生产的特征:

①生产现场无人化,真正做到“无人”工厂。

②生产数据可视化,利用大数据分析进行生产决策。

③生产设备网络化,实现车间“物联网”。

④生产文档无纸化,实现高效、绿色制造。

⑤生产过程智能化,工厂“神经”系统智能化。

11.3.2　智能化物料管理

物料管理是对企业生产经营活动所需的各种物料的采购、验收、供应、保管、发放、合理使用、节约和综合利用等一系列计划、组织、控制等管理活动的总称。

物料管理智能化需要构建物料管理系统。物料管理系统基于 BIM 轻量化,将 BIM 信息与物料的二维码信息集成共享。采用“云+端”的模式,BIM 的数据、现场采集的数据、协同的数据均存储于系统,各应用端调用数据。PC 端作为管理端口进行 BIM 数据和现场数据的集中展示及分析,移动端口以系统为核心,BIM 轻量化集成,以二维码为主体进行材料的跟踪、现场表单的填写。

物料智能化管理主要为创建物料二维码、物料单全过程追踪、物料出入库管理、物料进度管理。

(1)物料二维码的创建

物料二维码分为材料跟踪二维码和资料管理二维码两类。①材料跟踪二维码是构件加工企业在对物料规范化、标准化管理进行编码的基础上,基于 BIM 模型的构建 ID 号自动获取模型信息,快速生成和打印构件的二维码。此二维码主要用于材料跟踪、进度管控、出入库管理。②资料管理二维码是在构件进场或者施工过程中,定位构件在模型中的位置,将工程相关的图片、表单、视频等附件与二维码关联。此类二维码主要用于辅助技术管理、质量管理、安全管理及后期的运维管理等。

通过 PC 端选择单构件或者组构件,根据构件类型及分类编码生成二维码,根据需求添加二维码体现的信息,链接与 BIM 协同管理系统配套打印机,打印成贴纸形式。未粘贴二维码的构件、设备等不得进场。

(2)物料单全过程追踪

物料智能化管理需要实现物料单全过程追踪。物料单全过程追踪主要是追踪物料管理系统生成所需要物料数据。①通过接口提取物料数据,由物料部提交物料单即下单;②生产管理负责人根据生产实际进度,审核物资部门提交的物料单是否合理;③物料单通过审核后,按照时间、规格型号、数量等物料信息,加工生产、扫码出货、上传相应检验批资料等;④产品扫码入库;⑤扫码出库,运输至进入施工现场。

(3)物料出入库管理

以二维码为物料流转信息的载体,为物料粘贴对应的二维码标识,保证物料的有序控制,经系统移动端的 App 扫描后出厂;物料部接受物料时,利用二维码扫码入库,系统信息实时反馈给构件厂、工程部等用户;工程部监控物料的使用状态,合理组织施工。

(4)物料进度管理

物料的进度管理主要体现在物料表单下单情况。表单数据在现场填写,后台按不同颜色展示完成进度,主要分析与展示物料计划入库与实际入库,计划安装与实际安装之间的差别。构件厂和施工各方通过进度图了解实际进度和预测进度,保证物料及时到位,同时避免占用库存,更有利于成本控制和场地周转的无缝对接。

11.3.3 生产流程智能化管理

1)智能调度系统

在建造准备阶段,智慧调度系统基于客户个性化需求,快速实现对工厂产能、项目现场资源的模拟试算，并自动进行任务智能排程，自动生成相关联的生产、运输、施工任务，并按任务之间的搭接关系，分发给相关单位及责任人。

施工现场管理人员通过工序及末位计划驱动现场的流水化作业，并联动工厂工业化的生产线，分析工厂物料、模具等资源，智能进行排产和生产调度，并生成物料采购计清单等。各个工厂的生产进度及生产状况都实时反馈到智慧调度系统，智能分析判断是否需要调整生产计划和资源配置。

物流调度任务由智慧调度系统根据工厂、施工现场需求自动生成合理运输方案，并将运输任务发送给相关的运输单位。一方面要保障及时运输到场，另一方面要保障构件到场顺序满足施工要求，实现运输产能最大化。运输单位在进行装车时，通过扫描内嵌构件中的 RFID 或电子标签，对运输物品进行识别和确认。通过平台对构件或材料的运送过程进行全时跟踪，实时获取运输车辆位置及运输物品动态信息，对运输过程中可能出现和已经出现的状况进行分析与预测，并及时调整方案或启动应急预案，保障施工现场不受影响。

构件、部品部件送达现场后，通过智能设备进行进场检验，并及时反馈给施工作业人员。通过智能机械设备，甚至是机器人进行现场装配与施工作业。现场施工装配完成后，完成情况不仅会反馈到智慧调度系统，同时还会由智慧调度系统分析判断是否对后续的生产、运输、安装工作计划进行优化，从而形成从构件、部品部件的生产、运输到施工交付的闭环控制，实现厂场联动。

2）智能扫描系统

在构件生产厂内，对预制梁、预制叠合板、预制墙板的模具和构件进行抽样扫描。通过对扫描结果的分析，研究 3D 激光扫描技术在预制构件质量控制中的适用性，并对预制构件生产进行指导。根据研究内容，确定实施流程包括外业扫描和内业数据处理两部分。外业扫描是指用 3D 激光扫描仪分别对模具和构件进行扫描，获取数据。根据模具使用次数和构件产出数量，确定外业扫描的频率为两周一次。内业数据处理是指经过三维建模、点云建模、点云比对分析和制图等过程，得出模具变形情况，以及构件尺寸偏差。

3D 激光扫描突破了单点测量的方式，扫描出对象的空间模型，对其三维形状、位置尺寸均可以进行精确度量。运用这个特性，在预制构件生产阶段，用 3D 激光扫描仪代替传统测量方法，对钢模具的尺寸和变形、预制构件尺寸偏差进行测量，以提高测量精度和效率。用 3D 激光扫描仪对模具和构件进行扫描后，形成空间点云模型，分别与其标准模型对比，得出模具变形位置和大小，以及构件尺寸偏差。运用分析结果，指导日常生产活动中模具的养护和更换，以及预制构件的抽查（见图 11.7）。

图 11.7　BIM+三维激光扫描仪的应用

3）自动化流水线施工管理

自动化生产线采用基于 SYMC 和以太网的 PMS 中央控制系统，集中控制、可视化操作，可实现各个工位的启停、监控及各工位状态实时显示，实现生产线的全自动流转控制，并具有故障自动诊断、人员行动捕捉等功能，以确保安全生产。PMS 中央控制系统可与公司生产管理系统相匹配，保证生产质量，提高生产效率。物流管理将采用集成 PC 专用 EPR 系统.可实现订单、采购、生产、仓储、发运、安装、维护等全生命周期管理。

流水线作业的主要环节：

①自动清扫机清扫钢平台模板桌。

②电脑自动控制放线。

③钢平台上放置侧模及相关预埋件，如线盒、套管等。

④脱模剂喷洒机喷洒脱模剂。

⑤钢筋自动调直切割，格构钢筋切割。

⑥工人操作放置钢筋及格构钢筋，绑扎。

⑦混凝土分配机浇注，平台振捣（若为叠合墙板，此处多一道翻转工艺）。

⑧立体式养护室养护。

⑨成品吊装堆垛。

11.3.4 智能化生产安全管理

1）安全教育

安全知识教育主要从 PC 工厂基本生产概况、生产预制工艺方法、危险区、危险源及各类不安全因素和有关安全生产防护的基本知识着手，进行安全技能教育。

结合工厂内和车间中各专业的特点，实施安全操作、规范操作技能培训，使受培训的人员能够熟练掌握本工种安全操作技术。

在开展安全教育活动中，结合典型的事故案例进行教育。事故案例教育可以使员工从所从事的具体事故中吸取教训，预防类似事故的发生。

案例教育可以激发工厂员工自觉遵纪守法，杜绝各类违章指挥、违章作业的行为。

2）安全培训形式

①安全教育、培训可以采取多种形式进行。如举办安全教育培训班，上安全课，举办安全知识讲座。既可以在车间内的实地讲解，也可以走出去观摩学习其他安全生产模范单位的 PC 生产线的安全生产过程。既可以请安全生产管理的专家、学者进行 PC 构件安全生产方面的授课，也可以请公安消防部门具体讲解消防安全的案例。

②在工厂内采取举办图片展、放映电视科教片、办黑板报、办墙报、张贴简报和通报、广播等各种形式，使安全教育活动更加形象生动，通俗易懂，使员工更容易理解和接受。

③采取闭卷书面考试、现场提问、现场操作等多种形式，对安全培训的效果进行考评。

3）日常安全检查智能化

①PC 生产线和钢筋生产线的每个作业工班，是否严格执行班中的巡回检查和交接班

检查,是否进行生产设备和工器具的检查。生产线中设备的高压气泵、液压油位是否正常;操控室和设备上的各种仪表显示是否正常;翻板机液压系统是否漏油;码垛机的钢丝绳是否顺直,有无扭结现象,钢丝绳的断丝根数是否超限;配电柜的使用是否规范等。

②拌和站拌制混凝土过程中,是否有作业班次之间的交接班记录;拌和前有无对拌和锅、配料机、输送带的安全检查;拌和后清理拌和锅时,是否有人现场安全值班,并关闭主电源和锁闭操控室;夜间拌制混凝土时,封闭料仓内的照明是否满足装载机安全行驶要求。混凝土输送料斗的放料门闭合是否严密等。

③如在日常安全检查中发现事故隐患,要及时下发整改通知单,督促被检查车间和班组及时整改,消除安全隐患,确保工厂的安全生产。

④车间内各班组在生产前要进行安全隐患自查。

4)PC 生产线设备操作安全措施

①PC 生产线翻板、清扫、喷涂、振捣等工位的作业和操作人员,必须经过设备安全操作规程的严格培训,考核合格后上岗。

②电工、电焊、起重等操控人员需要取得特种作业证,方可上岗。

③PC 生产线翻板、清扫、喷涂、振捣等设备作业前,应检查设备各部件功能是否正常,线路连接是否可靠。

④在距离设备安全距离外设隔离带,工作区与参观通道隔离,非工作人员不得进入工作区。

⑤机器作业时不允许移除、打开或者松动任何保险丝、三角带和螺栓。

⑥在每天工作结束后要及时关闭 PC 生产线的各设备的电源,并定期维护和保养设备。

11.3.5　构件质量管理

(1)构件生产质量管理内容

①模板检查与验收。模具组装前的检查;刷隔离剂;模具组装、检查。

②钢筋及钢筋接头检查与验收。钢筋加工前应检查、钢筋加工成型后检查、钢筋丝头加工质量检查、钢筋绑扎质量检查、焊接接头机械性能试验取样。

③混凝土制备检测。混凝土基本要求检查、混凝土坍落度检测。

④构件质量检查验收。记录构件生产中各种质量问题,运用数据统计手段分析构件出现生产质量的问题的原因,并通过系统实时反馈的质量及实验数据进行质量控制(见图 11.8)。

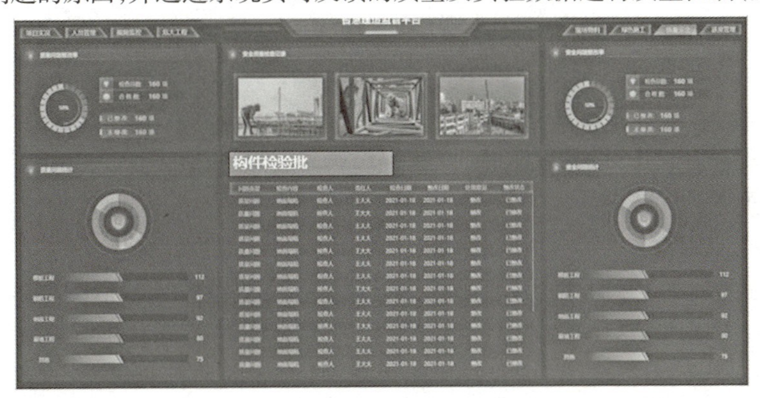

图 11.8　构件的检验批管理

(2)构件质量追溯系统

构件质量追溯系统是以单个构件为基本单元,以 RFID 芯片或者二维码为跟踪手段,采集原材料进场、生产过程检验、入库检验、装车运输、施工装配、验收等全过程信息,通过唯一性编码,关键构件生产、运输、施工装配等各环节信息,实现装配式预制构件的生产企业、物流企业、施工单位、监理单位等各方提供预制构件质量追溯信息查询。

11.3.6 构件的存放

(1)埋设芯片与张贴二维码

为了在预制构件生产、运输存放、装配施工等环节,保证构件信息跨阶段的无损传递,实现精细化管理和产品的可追溯性,就要为每个 PC 构件编制唯一的“身份证”——ID 识别码(二维码或芯片)。并在生产构件时,在同一类构件的同一固定位置,置入射频识别(RFID)电子芯片或粘贴二维码(见图 11.9)。

图 11.9　预制构件的二维码

竖向构件埋设在相对楼层建筑高度 1.5 m 处,叠合楼板、梁等水平放置构件统一埋设构件中央位置。芯片置入深度 3~5 cm,且不宜过深。

二维码粘贴简单,相对成本低,但易丢失;芯片成本高,埋设位置安全,不宜丢失。

(2)标识读取

构件芯片(二维码)编码要与构件编号一一对应。为方便在存储、运输、吊装过程中对构件进行系统管理,有利于安排下一步工序,构件编码信息录入要全面,应包括:原材料检测、模板安装检查、钢筋安装检查、混凝土配合比、混凝土浇筑、混凝土抗压报告、入库存放等信息。获取产品信息,可用微信扫描读取二维码,用 RFID 扫描枪扫描 RFID 电子芯片等方式,即可查询到产品数据。

(3)车间内临时存放

在车间构件内设置专门的构件存放区。存放区内主要存放出窑后需要检查、修复和临时存放的构件。特别是蒸养构件出后,应静置一段时间后,方可转移到室外堆放。

车间内存放区内根据立式、平式存放构件,划分出不同的存放区域。存放区内设置构件存放专用支架、专用托架。

车间内构件临时存放区与生产区之间要画出并标明明显的分隔界线。

同一跨车间内主要使用门吊进行短距离的构件输送。跨车间或长距离运送时，采用构件运输车运输、叉车端送等方式。

(4)车间外(堆场)存放

预制构件在发货前一般堆放在露天堆场内。在车间内检查合格，并静置一段时间后，用专用构件转运车和随车起重运输车、改装的平板车运至室外堆场分类进行存放。

在堆场内的每条存放单元内划分成不同的存放区，用于存放不同的预制构件。根据堆场每跨宽度，在堆场内呈线型设置墙板存放钢结构架，每跨可设 2~3 排存放架，存放架距离龙门吊轨道 4~5 m。在钢结构存放架上，每隔 40 cm 设置一个可穿过钢管的孔道，上下两排，错开布置。根据墙板厚度选择上下临近孔道，插入无缝钢管，卡住墙板(见图 11.10、图 11.11)。

图 11.10　堆场墙板堆放

图 11.11　堆场叠合板堆放

因立放墙板的重心高，故存放时必须考虑紧固措施(一般以楔形木加固)，防止在存放过程中因外力(风或震动)造成墙板倾倒而使预制构件破坏。

11.3.7　构件运输管理

①构件码放入库后，根据施工顺序，将某一阶段所需的 PC 构件提出、装车，这时需要用读写器一一扫描，记录下出库的构件及其装车信息。

运输车辆上装有 GPS，可以实时定位监控车辆所到达的位置。到达施工现场以后，扫码记录，根据施工顺序卸车码放入库(见图 11.12)。

图 11.12　构件运输车

②运用 RFID 技术有助于实现精益建造中零库存、零缺陷的理想目标。根据现场的实际施工进度,迅速将信息反馈到构件生产工厂,调整构件的生产计划,减少待工待料的发生。

根据施工顺序编制构件生产运输计划。利用 BIM 和 RFID 相结合,能够准确地对构件的需求情况做出判断,减少因提前运输造成构件的现场闲置或信息滞后造成构件运输迟缓。同时,施工现场信息的及时反馈也可以对 PC 工厂的构件生产起指导作用,进而更好地实现精益建造的目标。

11.4 装配式建筑项目智能化施工管理

11.4.1 施工机械智能化管理

施工机械智能化管理主要针对装配式建筑项目施工现场的施工机械进行智能化管理。比如起重机、施工升降机、卸料平台等,除了现场施工机械的管理,对施工机械的进出也要实现智能化管理,即出入口管理系统智能化。

(1)出入口管理系统

智慧工地的出入口管理系统需要具备对工程车辆进行权限放行和对其他车辆进行认证管理的功能。出入口管理系统主要由以下 4 个系统组成。

①车辆检测与识别系统,接受地感线圈反馈信号,检测有无车辆;若有车辆,通过车辆识别相机实现视频监控、车辆图片抓拍、车牌识别等前端数据采集功能。

②道闸系统,从物理上阻拦车辆,控制车辆进出。

③信息显示系统,发布及语音播报信息。

④管理平台,实现系统设备统一管理控制,以及提供业务应用服务。

通过出入口管理系统可以对工程车辆进出进行科学、高效管理,对提高工程车辆有序进出场起到至关重要的作用。

(2)起重机监测系统

起重机监测系统利用物联传感技术、无线通信技术、大数据云存储技术,组合了安全监控管理系统、施工升降机人机一体化安全监控管理系统以及盲区可视化系统,实时采集当前起重机运行的载重、角度、高度、风速等安全指标数据,传输至平台并存储在云数据库中(见图 11.13)。只要有网络覆盖的地方,就可以知道起重机的操作具体人员、维保具体人员,同时操作人员和维保人员还可以通过吊装盲区的可视化系统,以便做到吊装全过程可视,提前防控“人的不安全行为”和“物的不安全状态”,降低事故或者风险发生的概率。

(3)卸料平台超重警报系统

卸料平台超重报警系统是将质量传感器固定在卸料平台的钢丝绳上,通过质量传感器实时采集卸料平台的载重数据并在屏幕上进行实时显示,当出现超载时现场进行声光报警。设备支撑通过 GPRS 模块进行数据的上传,管理人员可通过系统实时查看卸料平台的实时数据、历史数据及报警数据,从而便于监管。

今日运行数据		运行数据对比				
吊重限位器：4.70/7(t)	正常	项目	今日	昨日	日历史平均	日项目基准
力矩限位器：82.60/100(%)	正常	运行	0	0	18.94	19.21
幅度限位器：40.80/43(m)	正常	超限运行	0	0	0.79	3.06
高度限位器：46.90/47(m)	正常	防碰撞预警	0	0	3.52	1.93
回转限位器：360.00/540(°)	正常					
查看运行记录	查看塔群动画					
吊重限位器：4.40/8(t)	正常	项目	今日	昨日	日历史平均	日项目基准
力矩限位器：48.50/100(%)	正常	运行	0	0	24.32	19.21
幅度限位器：37.70/39(m)	正常	超限运行	0	0	0.01	3.06
高度限位器：51.40/51(m)	一级	防碰撞预警	0	0	0.37	1.93
回转限位器：360.00/540(°)	正常					
查看运行记录	查看塔群动画					
吊重限位器：4.70/7(t)	正常	项目	今日	昨日	日历史平均	日项目基准
力矩限位器：52.40/100(%)	正常	运行	0	0	25.90	19.21
幅度限位器：42.00/43(m)	正常	超限运行	0	0	0.04	3.06
高度限位器：34.00/33(m)	二级	防碰撞预警	0	0	0.35	1.93
回转限位器：359.90/540(°)	正常					
查看运行记录	查看塔群动画					

图 11.13　起重设备实时检测管理

(4)施工升降机安全监控管理系统

施工升降机安全监控系统集智能化、可视化施工电梯/升降机/物料提升机安全监测、数据记录、预警及智能控制系统。该系统能够全方位实时监测施工升降机的运行工作情况,并在有危险源时及时发出警报和输出控制信号,全程记录升降机的运行数据,同时将工作情况数据传输到远程监控中心。施工升降机安全监控管理系统可实现以下功能:

a.实施载重检测及超载报警;

b.门锁等开关状态检测;

c.驾驶员身份识别及后台信息推送(驾驶员姓名、身份证号码),并且对每次认证识别后,可以设置所能使用的有效时间(见图 11.14);

图 11.14　升降机人脸识别图

d.倾斜度、高度实时监测；

e.制动输出；

f.预留轿厢拍照功能，当超载时，拍照图 11.14 升降机人脸识别图传输到后台系统。

11.4.2 物料及预制构件的智能化管理

物料智能化管理可以实现数据的手机和辅助管理，它区别于传统的人工物料管理方式，通过信息化手段实现公司对项目在“收料—发放—核算”环节的实时管控，整合内部各项数据并对其进行分析优化，减轻人员工作量，将复杂琐碎的流程，大幅提高企业的工作效率，降低错误发生率，督促项目定期按时核算，以实现对工程项目所涉及物资进行规范化、统一化管理。

物料智能化管理系统运用物联网技术、通过地磅周边硬件智能监控功能作弊行为，自动采集精准数据；运用数据集成和云计算技术，及时掌握一手数据，有效积累、保值、增值物料数据资产；运用互联网和大数据技术，进行多项目数据检测和全维度智能分析；运用移动互联网技术，随时随地掌控现场、识别风险，零距离集约管控、可视化决策（见图 11.15、图 11.16）。

图 11.15　预制构件的进场检验

图 11.16　预制构件进场存放

11.4.3 劳务智能化管理

劳务智能化管理主要通过智能安全帽系统和人脸识别系统完成。

1）智能安全帽系统

智能安全帽系统主要由手持终端、智能安全帽、“工地宝”接收器和 App 组成。手持终端进行实名登记，实现施工人员进出场管理；智能安全帽集成多种传感器，用于施工人员身份识别及作业信息收集；“工地宝”接收器用于工人作业时的数据分析、回传与分享，可实现智能语言播报；App 用于管理者实时信息查看，进行移动管理，可实现远程语音遥控。以上四种系统通过广联云完成数据远程传递。

智能安全帽具有以下功能：a.落实劳务实名制；b.无感考勤；c.施工人员定位、轨迹和分布；d.智能语音安全预警；e.人员异动信息自动推送。

2）人脸识别系统

人脸识别系统主要由人脸识别设备和工地监督平台构成。人脸识别设备主要用于识别人脸、采集数据。通过网络把数据传输到平台，平台的人脸识别库把获取的数据与库中预先初始化的人员信息进行匹配，并与应用相关联（匹配安全帽、开关闸机、统计考勤和识别特种设备等），如图 11.17 所示。通过人员识别系统，可以规范施工人员管理秩序，提高安全操作等级，提升管理效率。

人脸识别系统的功能：a.人员配置情况；b.人帽合一管理；c.闸机管理；d.考勤管理 e.塔式起重机、升降机操作人员身份认证。

图 11.17　劳务考勤智能化管理

11.4.4　施工现场空间智能化管理

施工现场空间智能化管理为充分利用物联网、互联网以及云处理等技术，结合具体工程建设背景及项目特征开发的适用现场空间环境数字化控制管理方法。

空间环境数字化控制系统可以帮助施工管理者解决项目实施中可能出现的问题，还可以将数字化技术的信息作为数字化培训的资料。施工人员可以在三种模拟环境中认识、学习、掌握特种工序施工及大型机械使用方法等，实现不同于传统培训方式的数字化培训，从而提高培训效率、增强培训效果、缩短培训时间、降低培训成本。

施工现场空间智能化管理主要方式：

（1）施工现场临时设施的数字化布置

施工现场临时设施的数字化布置指运用 BIM 技术以工程建设项目的各项相关信息数据建立三维建筑模型，在三维建筑模型中模拟现场平面的布置。其具有信息完备性、关联性、一致性、可视化等特点，可实现各项目参与方在同一平台上共享同一建筑模型。

（2）施工现场场地的数字化布置

施工现场场地的数字化布置指建立具有场地布置的 BIM 模型（见图 11.18），可以模拟现场施工工况，找到可能产生冲突的关键位置，针对关键位置进行关键设施冲突检测，快速得到不同施工阶段下场地布置方案产生的空间安全冲突指标值，有助于全面、准确、高效地确定方案。

运用BIM技术的可视化场地布置图可以非常直观地展示工地建设效果,并可以进行三维交互式建设施工全过程模拟。同时,依托BIM系统中临时设施CI标准化库的建设、完善,可以实现标准化建设临时设施,满足施工生产需求的同时更好地展示了企业的CI形象。施工现场场地数字化管理更方便施工企业与地方政府部门就共建文明工地的沟通、交流、展示。

(3)施工现场材料及设备的数字化物流管理

基于现代化物流管理的理念,利用物联网、BIM等技术,通过将施工现场的主要原材料(如各类钢材、成型钢筋、混凝土、支撑等)、小型机械、大型装备等物料的存储、供应、加工、借还及调度等现场物流的关键环节进行数字化控制,明确施工现场物流流程中的各区域资源需求情况,降低现场库存压力,优化现场物流运输路线,降低因物流不规范造成的施工现场建筑材料剩余,可有效提高施工现场材料及设备的数字化物流管理水平。

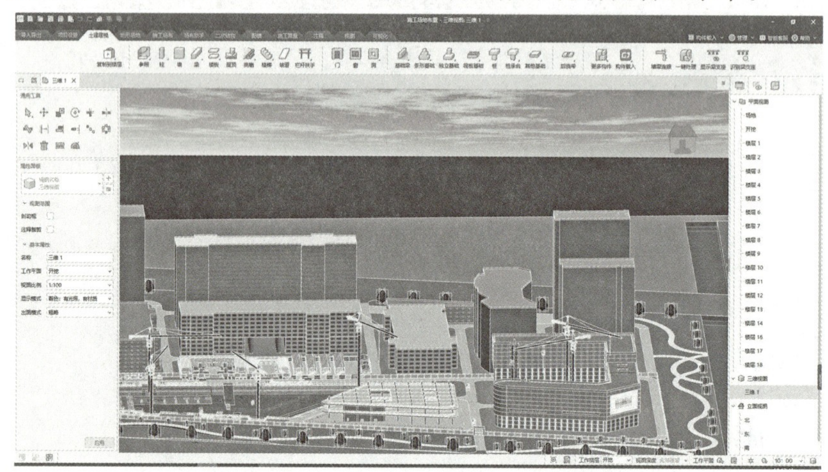

图11.18 某项目施工现场智能场布图

11.4.5 施工现场进度智能化管理

1)施工模拟及进度控制

在三维几何模型的基础上,增加时间维度,从而进行4D施工模拟。通过安排合理的施工顺序,在劳动力、机械设备、物资材料及资金消耗量最少的情况下,按规定的时间完成满足质量要求的工程任务,实现施工进度控制。根据不同深度、不同周期的进度计划要求,创建项目工作分解结构(WBS),分别列出各进度计划的活动(WBS工作包)内容。

根据施工方案确定各项施工流程及逻辑关系,制订初步施工进度计划,将进度计划与模拟关联生成施工进度管理模型。利用施工进度管理模型进行可视化施工模拟。检查施工进度计划是否满足约束条件、是否达到最优状况。若不满足,需要进行优化和调整,优化后的计划可作为正式施工进度计划。经项目经理批准后,报建设单位及工程监理审批,用于指导施工项目实施。结合虚拟设计与施工(VDC)、增强现实(AR)、激光扫描(LS)和智能监控及可视化中心等技术,实现可视化项目管理,对项目进度进行更有效的跟踪和控制。

在选用的进度管理软件系统中输入实际进度信息后，通过实际进度与项目计划间的对比分析，发现两者之间的偏差，指出项目中存在的问题。对进度偏差进行调整及更新目标计划，以达到多方平衡，实现进度管理的最终目的，并生成施工进度控制报告。

2)工程计量统计

施工阶段的工程计量统计，即在施工图设计模型和施工图预算模型的基础上，按照合同规定深化设计，按照工程量计算要求深化模型，同时依据设计变更、签证单、技术核定单和工程联系函等相关资料，及时调整模型，据此进行工程计量统计。工程计量统计的主要步骤如下：①形成施工过程造价管理模型，即在施工图设计模型和施工图预算模型的基础上，依据施工进展情况，在构件上附加“进度”和“成本”等相关属性信息。②维护模型，即依据设计变更、签证单、技术核定单和工程联系函等相关资料，对模型做出及时调整。③施工过程造价动态管理，即利用施工造价管控模型，按时间进度、施工进度、空间区域实时获取工程量信息数据，并分析、汇总和处理。④施工过程造价管理工程量计算，即依据 BIM 计算获得的工程量，进行人力资源调配、用料领料等方面的精准管理。

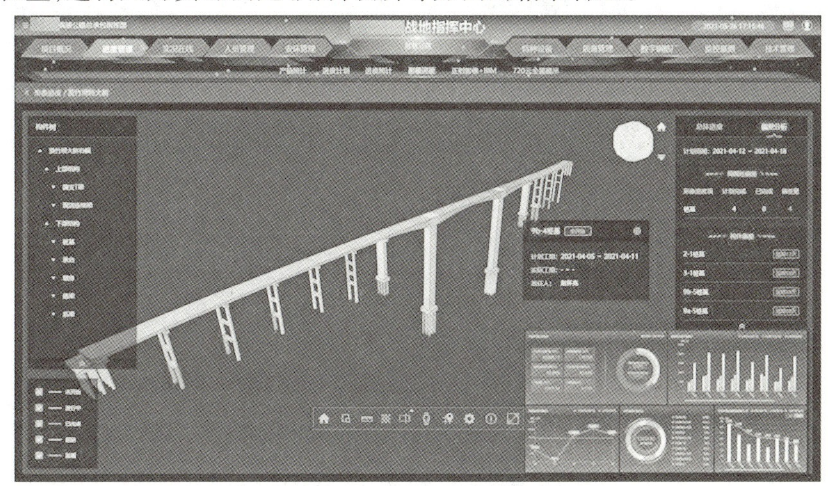

图 11.19　进度管理系统

3)设备与材料管理

应用 BIM 技术对施工过程中的设备和材料进行管理，达到按施工作业面配料的目的，实现施工过程中设备、材料的有效控制，提高工作效率，减少浪费。在深化设计模型中添加或完善楼层信息、构件信息、进度表和报表等设备与材料信息。按作业面划分，从 BIM 中输出相应的设备、材料信息，通过内部审核后，提交给施工部门审核。根据工程进度实时输入变更信息，包括工程设计变更、施工进度变更等。

4)基于 KanBIM 的施工进度管理

Rafael Sacks 提出了基于 BIM 平台并引入拉动工作流程的看板管理技术的工程进度管理方法，称为“KanBIM”。通过提供实时三维可视化的环境来展示工程进度实时状态和未来进度计划的内容，将其提供给所有现场人员并由他们实时反馈现场状况，使他们能够更好地管理每一天的工作。通过看板管理增强进度管理指令和反馈信息传递的准确性和时效性，打通参建各方的信息传递通道，实现工程项目的精益建造。

KanBIM 系统中包括了一个支持各方协同编制工程进度计划的子系统，子系统中包括了一个供存储项目进度计划的服务器和显示数据视图和模型视图的两块看板。项目管理人员、承包商和材料设备供应商等相关人员同时接入该系统协同完成进度计划的编制。

11.4.6 施工现场质量智能化管理

施工现场质量智能化管理应用智慧工地智能化管理系统中的质量管理，基于 BIM 的质量管理，检查记录检测数据，关键技术的质量监控，关键部位的质量监控，使施工现场质量安全管理信息化、智能化（见图 11.20）。采用“云端+手机 App”的方式，对施工现场实施监控、信息采集，系统自动进行归集整理和分类，根据隐患类别及紧急程度，对相关责任单位、责任人进行预警（见图 11.21）。

图 11.20　现场质量安全智能化管理

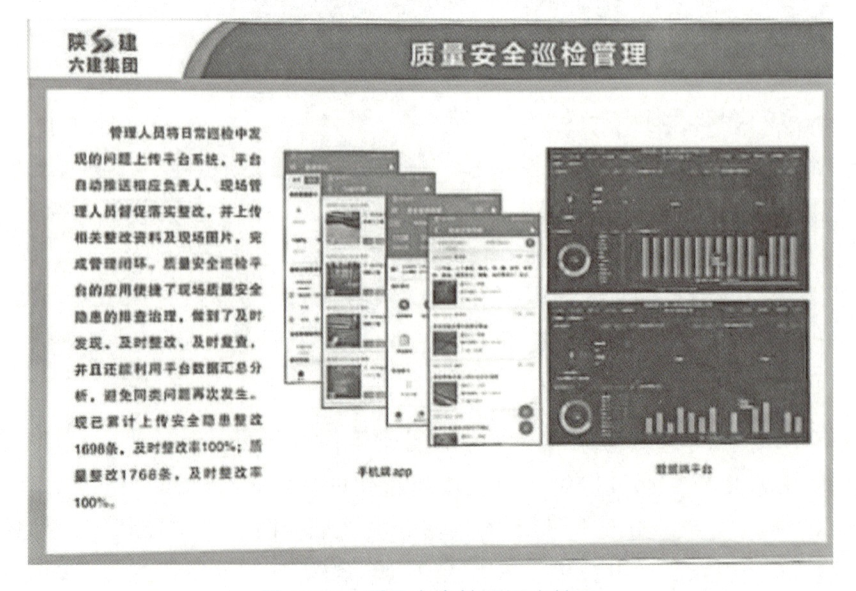

图 11.21　质量安全管理巡查管理

通过现场施工情况与模型的对比分析，从材料、构件和结构三个层面控制质量，有效避免常见质量问题的发生。BIM 技术的应用丰富了项目质量检查和管理的模式，将质量信息关联到模型，通过模型预览，可以在各个层面上提前发现问题。基于 BIM 的工程项目质量管理包括产品质量管理、技术质量管理和施工工序管理：

①产品质量管理。BIM 模型储存了大量的建筑构件、设备信息，通过软件平台，可快速查找所需的材料及构配件信息，规格、材质、尺寸要求等，并可根据 BIM 设计模型，可对现场施工作业产品进行追踪、记录、分析，掌握现场施工的不确定因素，避免不良后果的产生，监控施工质量。

②技术质量管理。通过 BIM 的软件平台动态模拟施工技术流程，再由施工人员按照仿真施工流程施工，确保施工技术信息的传递不会出现偏差，避免实际做法和计划做法不一样的情况出现，减少不可预见情况的发生，监控施工质量。

③施工工序管理。施工工序管理就是对工序活动条件即工序活动投入的质量和工序活动效果的质量及分项工程质量的控制。

11.4.7　施工现场成本智能化管理

以 BIM 为基础的成本管理系统的构建，可根据项目利润要求主要分为预算（收入）管理模块与支付（支出）。BIM 成本管理系统业务数据构建，根据不同的要求按照“创建—维护—共享”的规律支撑项目的精细化管理，提升项目利润空间。基于 BIM 成本智能化管理系统如图11.22所示。

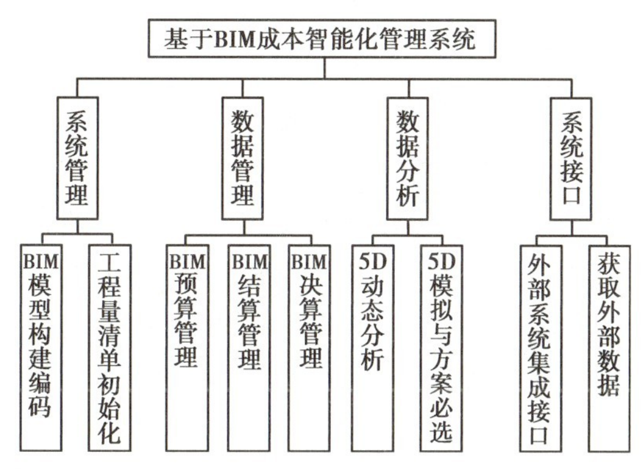

图 11.22　基于 BIM 成本智能化管理系统

1）预算（收入）业务

预算 BIM 是根据施工合同、施工图、图纸会审纪要及相关的国家规范、地方规范等与建筑单位书面确认技术核定单、签证单、工程联系单、变更单等的相关规则和文件内容，在进行工程项目预算书编制过程中所调整形成的工程量清单创建、维护、共享的 BIM 模型数据。从招标投标开始一直到竣工结束，以工程量清单为基础的预算 BIM 贯穿了整个项目管理全过程，是针对建设单位支付和向建设单位提交支付申请的重要依据手段。

当前，根据《建设工程工程量清单计价规范》，我国的工程承包合同模式主要有固定总价合同与固定单价合同。这两种合同模式的共同特点是在合同签订后施工过程中综合单价不予以调整(通常合同模式规定在竣工结束后如主材价格超过±5%予以调差)。因此,过程款无论是按照工程阶段(如地下一次结构处±0.000);或是按照月进度支付(通常每月25日进行进度款申报审核),都关系到过程预算中工程量的确定。预算BIM随时、随地、随意拆分工程量的特点正满足了这一需求。

另外,我国工程项目合同中包含的经济分析方式通常有清单和定额两种模式。清单又分为国标清单、港式清单和在前两种基础上演变的企业清单标准(如金地地产)。定额分为各地方定额和在地方定额基础上演变的企业定额标准(如绿地、保利等)。无论哪种方式都有其自身具备的计算规则、规范、项目划分等规定,预算BIM的计算符合在各种标准中切换的条件,极大地提高预算数据获取分析的效率。

预算BIM在全过程预算数据管理中的应用流程如下:

①在招标投标阶段建筑企业根据招标图样、招标文件、建设单位确定的分部分项清单列项明细、计算规则和相关规范建立第一个预算BIM以核对建设单位招标文件中提供的工程量等数据,做好投标报价策略分析。

②中标签订合同后,建筑企业项目部根据确定的施工图和图样会审纪要对预算BIM进行细化调整,以达到与图样和建设单位确认的相关规范一致的模型数据。

③在施工全过程中根据建设单位、监理单位签字确认的变更单、签证单、技术核定单、工程联系单等对预算BIM进行进一步的维护,并利用预算BIM数据的内容及时准确地调用分析,以满足月报、产值预计、过程结算的需要。通过对预算BIM动态维护,至工程项目竣工结算时,与建设单位进行最终工程量的数据核对(通常BIM技术人员根据自己的经验水平和商务谈判能力将预算BIM数据调整到规范所规定的上限)。预算BIM在项目全过程中保证了针对业主方数据的及时、准确和有利性,避免漏项和滞后。

2)支付(支出)子功能业务分析

施工BIM(传统意义上被称为"施工预算")是在预算BIM的基础上根据现场施工方案,实际技术、建筑企业自身规范、特殊工艺手法等在施工全过程中创建、维护、共享的BIM模型数据。从合同签订后的进场准备开始一直到竣工结束,施工BIM同样贯穿了整个项目管理全过程,是针对自身成本核算管理、分包班组结算、材料供应商结算的重要依据手段。

当前我国建筑企业(无论是国营、民营,还是直营、挂靠)都采用劳务班组的方式进行现场的实际施工操作,企业人员不参与实际的生产劳动,而是作为管理人员进行监督指导。因此,如果没有相关的操作规范条件,劳务班组所用的施工工艺、施工技术都大同小异。施工BIM具有一定的普遍性和通用性,根据管理用途不同,施工BIM作为项目管理的工具更偏重现场实际操作所产生的数据,是指导施工的利器。

为了提高工作效率,施工BIM通常是在同一项目的预算BIM基础上进行优化和细化。例如,大部分地区的楼梯混凝土量利用预算BIM是按照投影面积处理,而实际施工中混凝土计划用量就必须使用施工BIM进行体积量的测算。由上可知,施工BIM基于预算BIM创建完成后根据现场的实际情况调整维护。通常情况下预算BIM只考虑建设单位确认的或由于建设单位原因造成的变更。施工BIM侧重于全面考虑现场情况,需要在预算BIM基础上添加由于施工单位自己的失误所造成的变更,这部分工作量差异建设单位是不予承认的，但是施工单位在材料采购，工料分析时必须考虑。施工 BIM 更接近现场实际的特点表现在还可以利用 BIM 的三维虚拟表现的优势在三维状态下进行施工指导、碰撞检测和图样疑问分析。施工 BIM 提供及时、准确、贴近现场的"构件级"数据，为项目管理中的限额领料、材料计划、成本测算、资金计划、过程结算、分包商结算、供应商结算等提供了巨大的帮助，是支撑项目管理体系中数据管理的核心。BIM 成本管理系统业务分析如图 11.23 所示。

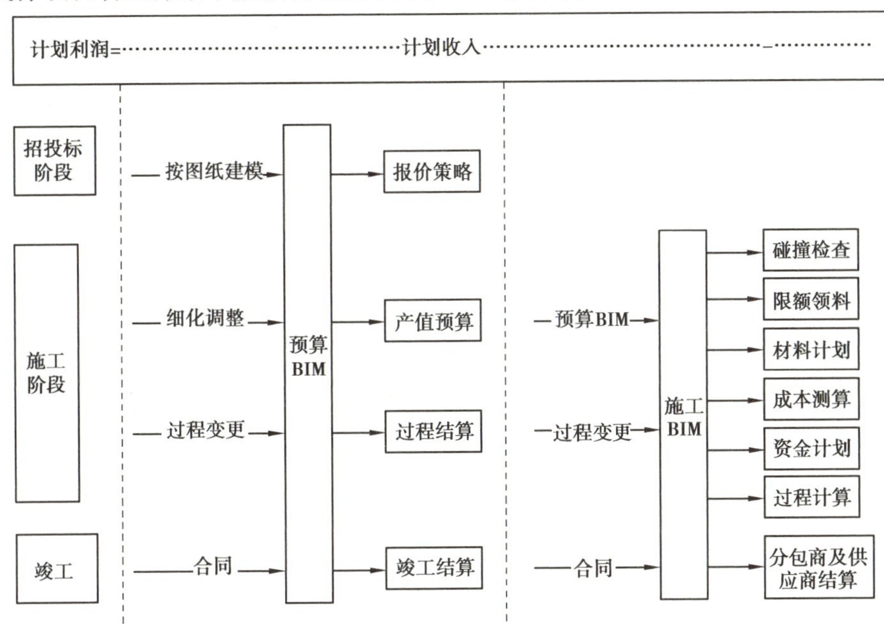

图 11.23　BIM 成本管理系统

3）使用效果业务分析

管理的支撑是数据，项目管理的基础就是工程基础数据的管理，及时、准确地获取相关工程数据就是项目管理的核心竞争力。预算和施工支付作为项目管理中"合同条线"与"施工条线"重要的数据支撑依据，为项目数据短周期的多算对比创造了可能。

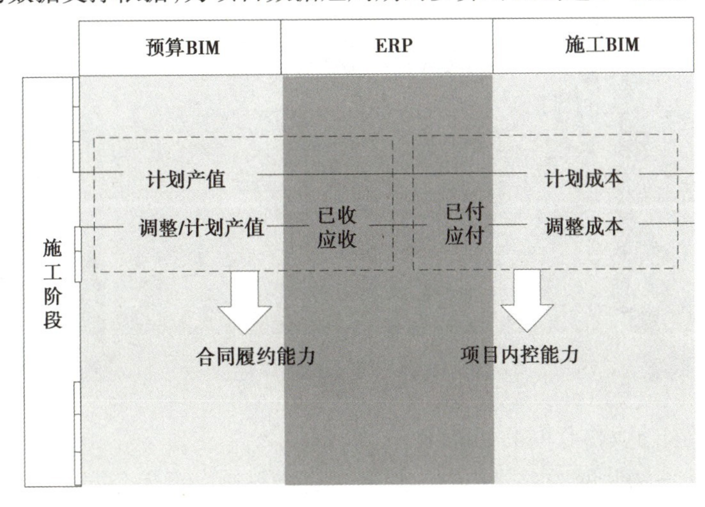

图 11.24　BIM 成本管理系统使用效果图

BIM 成本管理系统使用效果业务分析如图 11.24 所示。同一段周期时间点上，预算 BIM 是根据合同 WBS 系统快速、准确地获取三个维度的数据；施工 BIM 是根据施工 WBS 系统快速、准确地获取三个维度的数据。两者解决了 8 算对比中最难统计的 3 个计划数据（业主应当支付的已完进度款、业主尚未支付的剩余工程款和施工预计消耗）。ERP 系统中主要体现实际的发生情况：所获得的业主已付款项、已支付分包款项、实际已经发生的消耗等数据。BIM 与 ERP 的结合真正实现项目管理中短周期的多算对比，也就真正实现了通过数据管理解决项目利润流失的问题。

4）对外接口业务分析

BIM 技术作为建筑信息化大家庭的重要成员，同样肩负着从“信息化”到“自动化”再到“智能化”的发展使命。从 BIM 到 ERP，并完善对获取数据的分析功能是下一阶段建筑信息化和项目利润提升工具的发展重点。

BIM 成本管理系统具有将数据接口打通，使数据进行无缝对接的条件。BIM 数据从“构件级”到“材料级”的产品，并将进度计划和协同管理进行融合对接，工程项目管理“智能化”的时代即将到来。

11.4.8 施工现场安全智能化管理

1）安全管理内容

采用“云端+手机 App”的方式，对施工现场进行实时监控、信息采集，系统自动进行归集整理和分类，根据隐患类别及紧急程度对相关责任单位、责任人进行预警。

智慧安监眼镜

（1）BIM 技术应用于建筑施工安全管理

BIM 技术应用于建筑施工安全管理主要有以下几个方面：施工方案优化设计；危险源前置管理；可视化培训和教育（见图 11.25—图 11.27）；清单精细化管理。

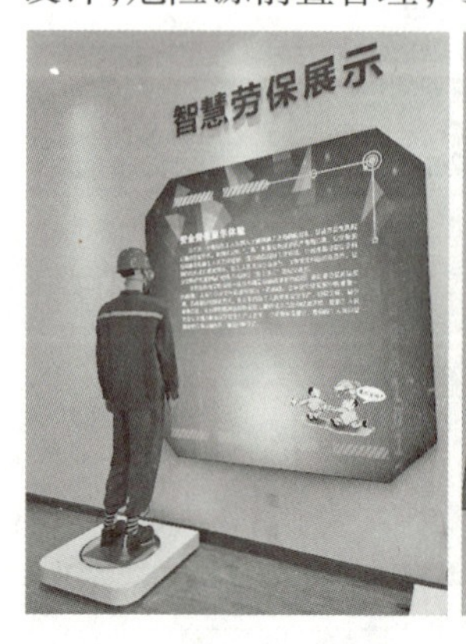

图 11.25　智慧劳保展示

图 11.26　电子消防体验

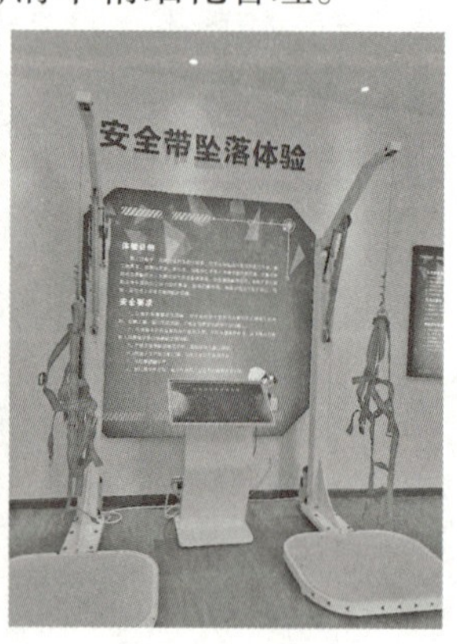

图 11.27　安全带坠落体验

（2）基于智慧工地+物联网的智能化安全管理

基于智慧工地+物联网的智能化安全管理主要体现在以下几个方面：

①人机料定位。

②人员权限识别。

③结构、危险源变形检测系统(见图 11.28)。

图 11.28　模架沉降及位移检测系统

④机械设备运行参数检测。

⑤工地可视化视频监控。

⑥环境危险源控制。

⑦高支模监控系统(见图 11.29)。

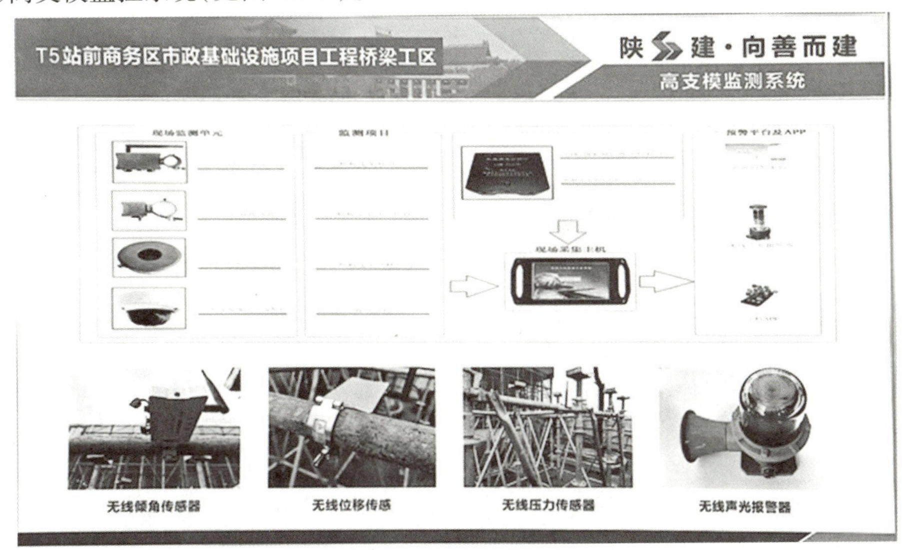

图 11.29　高支模检测系统

⑧特种作业人员管理系统。

2)施工现场的安全管控

BIM 技术不仅可以通过施工模拟提前识别施工过程中的安全风险,而且可以利用多维模型让管理人员直观了解项目动态的施工过程,进行危险识别和安全风险评估。基于 BIM 技术的施工管理可以保证不同阶段、不同参与方之间信息的集成和共享,保证施工阶段所需信息的准确性和完整性，有效地控制资金风险，实现安全生产。BIM 技术在工程项目安全施工的实施要点如下：

（1）施工准备阶段安全控制

在施工准备阶段，利用 BIM 进行与实践相关的安全分析，能够降低施工安全事故发生的可能性，如 4D 模拟与管理和安全表现参数的计算可以在施工准备阶段排除安全隐患，保障施工安全。

（2）施工过程仿真模拟

仿真分析技术能够模拟建筑结构在施工过程中不同时段的力学性能和变形状态，为安全施工提供保障。在 BIM 的基础上，开发相应的有限元软件接口，实现三维模型为结构安全施工提供保障。再附加材料属性、边界条件和荷载条件，结合先进的时变结构分析方法，便可将 BIM 4D 技术和时变结构分析方法结合起来，实现基于 BIM 的施工过程结构安全分析，有效预警施工过程中可能存在的危险状态，指导安全维护措施的编制和执行，防止发生安全事故。

（3）模型试验

对于结构体系复杂、施工难度大的结构，结构施工方案的合理性与施工技术的安全可靠性都需要验证，为此利用 BIM 技术建立试验模型，对施工方案进行动态展示，从而为试验提供模型基础信息。

（4）施工动态监测

对施工过程进行实时施工监测，特别是重要部位和关键工序，可以及时了解施工过程中结构的受力和运行状态。三维可视化动态监测技术较传统的监测手段具有可视化的特点，可以人为操作，在三维虚拟环境下漫游来直观、形象地提前发现现场的各类潜在危险源，更便捷地查看监测位置的应力应变状态，在某一监测点应力或应变超过拟定范围时，系统将自动报警。

（5）防坠落管理

坠落危险源包括尚未建造的楼梯井和天窗等。通过在 BIM 模型中的危险源存在部位建立坠落防护栏杆构件模型，研究人员能够清楚地识别多个坠落风险，并可以向承包商提供完整且详细的信息，包括安装或拆卸栏杆的地点和日期等。

（6）塔式起重机安全管理

在整体 BIM 施工模型中布置不同型号的塔式起重机，能够确保其同电源线和附近建筑物的安全距离，确定哪些员工在哪些时候会使用塔式起重机。在整体施工模型中，用不同颜色的色块来表明塔吊的回转半径和影响区域，并进行碰撞检测来生成塔吊回转半径计划内的任何非钢安装活动的安全分析报告。该报告可以用于项目定期安全会议中，减少由于施工人员和塔吊缺少交互而产生的意外风险（见图 11.30）。

（7）灾害应急管理

利用 BIM 及相应灾害分析模拟软件，可以在灾害发生前，模拟灾害发生的过程，分析灾害发生的原因，制定避免灾害发生的措施，以及发生灾害后人员疏散、救援支持的应急预案，使发生意外时减少损失并赢得宝贵时间。BIM 能够模拟人员疏散时间、疏散距离、有毒气体扩散时间、建筑材料耐燃烧极限及消防作业面等,主要表现为 4D 模拟、3D 漫游和 3D 渲染能够标识各种危险。且 BIM 中生成的 3D 动画、渲染能够用来同工人沟通应急预案计划方案。应急预案包括 5 个子计划:施工人员的入口/出口、建筑设备和运送路线、临时设施和拖车位置、紧急车辆路线、恶劣天气的预防措施。利用 BIM 数字化模型进行物业沙盘模拟训练,训练保安人员对建筑的熟悉程度,再模拟灾害发生时,通过 BIM 数字模型指导人员进行快速疏散。通过对事故现场人员感官的模拟,使疏散方案更合理;通过 BIM 模型判断监控摄像头布置是否合理,与 BIM 虚拟摄像头关联,可随意打开任意视角的摄像头,摆脱传统监控系统的弊端。

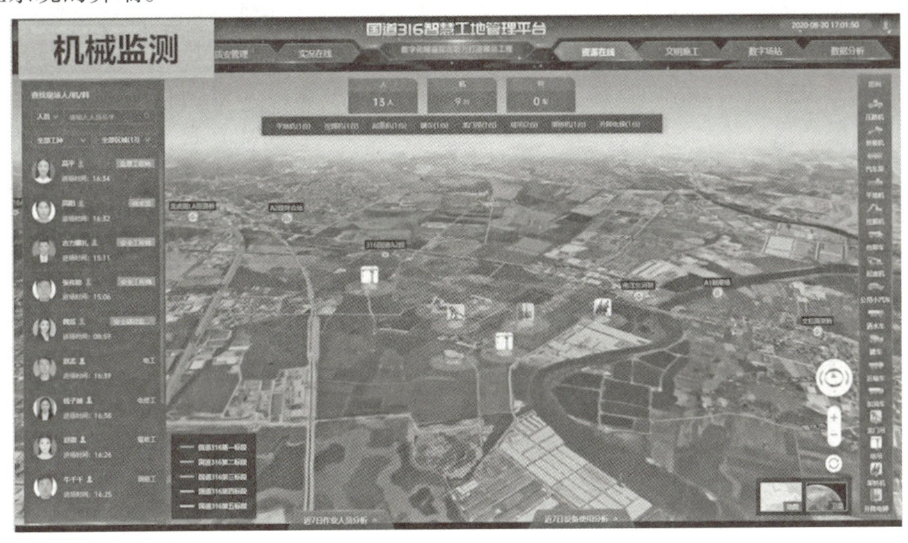

图 11.30　施工现场机械实时监测

11.4.9　交付智能化管理

1) 基于 BIM 的建筑工程信息交付

项目竣工时,应组织各参建方编制完整的竣工资料。对工程各参建单位提供的信息完整性和精度进行审查,确保按本方案要求的信息已全部提供并输入到竣工模型中,包括所有过程变更信息。对工程各参建单位提供的信息准确性进行复核,除了与实体建筑、基础资料进行核对,还应对不同单位的信息进行相互验证。对竣工信息模型的集成效果进行检测,运用专业软件进行模拟演示,检查各种信息的集成状况。将全专业的 BIM 文件进行整合校对,并在施工过程中根据项目的实际施工结果,实时修正原始的设计模型,使核型包含项目整个施工过程的真实信息,包括本工程建筑、结构、机电等各专业相关模型大量、准确的工程和构件信息,这些信息能够以电子文件的形式进行长期保存,形成竣工模型。

基于 BIM 的建筑工程信息交付是指在建筑工程项目全生命周期中为满足下游专业或下一阶段的生产需要所发生的建筑信息模型数据提交。从专业的角度划分,基于 BIM 的建筑工程信息交付一般包含建筑、结构、暖通、机械、电气、给排水等专业。从阶段的角度,国际上并没有对其进行统一的划分,我国将工程项目全生命周期划分为项目的策划与规划阶段、勘察与设计阶段、施工与监理阶段、运行与维护、改造与拆除阶段,其中大量的信息数据提交发生在勘察与设计到施工与监理阶段和施工与监理到运行与维护阶段。因此,基于BIM的建筑工程信息交付标准主要是针对这两个阶段而制定的。

基于BIM的建筑工程信息交付标准的核心是建立统一的基准,以指导建筑信息模型的数据在建筑项目整个生命周期中各阶段的建立与提交,以及在各阶段数据提交时应满足的要求。例如,如何保证数据提交时的准确性和统一性,如何保证数据在后续阶段使用时的有效性。

2)基于BIM的建筑工程信息交付特征

在传统的项目建设中,交付的过程通常是线性的,需要在规定的时间段提交一定数量的交付成果;而BIM环境下的交付过程是呈抛物线形的,所需交付的信息在模型的建立阶段其输出几乎是极少的,待模型完成以后,短时间内即可输出大量交付成果。传统方式与BIM交付成果产出对比如图9.22所示。BIM的核心是信息,BIM环境下的交付关键是信息交付时的表达方式及信息的交付模式,BIM技术的介入改变了传统2D设计模式下的交付物,同时也需对交付的模式重新定义。其特征主要体现在以下几个方面:

(1)数字化的交付物

BIM模型是参数化的数字模型。参数化建模是BIM建模相较于普通3D建模的重要区别。参数化建模是用专业知识和规则来确定几何参数和约束的一种建模方法。参数化赋予了构件灵魂,模型的所有图元都是有生命的构件,这些构件的参数是由其自身的规则驱动的,每个构件几何信息和非几何信息都以数字化形式保存在模型数据库中,整个数字化数据库包含了建筑模型和相关的设计文档,并且这些内容都是带有参数化属性和相互关联的联系。交付文件中那些用来体现项目各类信息的线条、图形及文字,都不是传统意义上“画”出来的,而是以数字方式“建造”出来的。

(2)可计算的交付数据

在BIM数据环境内,支持多种方式的计算、模拟、信息表达与传输。BIM设计软件支持结构计算、节能分析等各种性能分析;可以支持三维模拟甚至动画的方式显示,BIM环境下的信息更青睐于结构化形式的信息,因为这类信息可以直接被计算机读取,采用结构化形式信息的优点是可以提高生产效率、减少错误,而非结构化的信息可以采用双向关联的方式存入中央数据库,这样我们可以直接调取相关信息通过BIM工具对其进行管理、使用和检查。

(3)实时动态的数据库

BIM是由数字化模型集成的数据库,囊括了项目从策划、设计到施工及运营管理整个生命周期内的所有信息,BIM模型数据库的创建是一个动态的过程。从规划阶段到运营阶段的整个过程中,工程信息在数据库中逐步累积,最后形成完整的工程信息集合。设计阶段则是在规划阶段所积累信息的基础上进行专业深化设计,该阶段产生大量的数据共享再次共享进数据库,且各专业之间存在着参数化的关联;施工阶段则可以在以上阶段的基础上,通过对数据库中的信息提取,导入专业的施工软件进行分析,如4D的施工进度管理、成本造价分析等,这些新产生的信息会再次汇集到数据库中;到运营维护阶段,BIM模型的数据库中已经集成了之前三个阶段的所有工程信息,这些信息可随时被运营维护系统调用,如建筑构件信息、房屋空间信息、建筑设备信息等。

11.4.10　协同智能化管理

协同管理平台应用的目的是项目各参与方和各专业人员通过基于网络及 BIM 的协同平台,实现模型及信息的集中共享、模型及文档的在线管理、基于模型的协同工作和项目信息沟通等。因此,面向 BIM 应用的协同平台既需要具有传统项目协同管理功能,也需要支持在线 BIM 管理,还需要考虑诸如移动终端的应用等。

(1)BIM 协同管理平台的核心功能(见图 11.31)

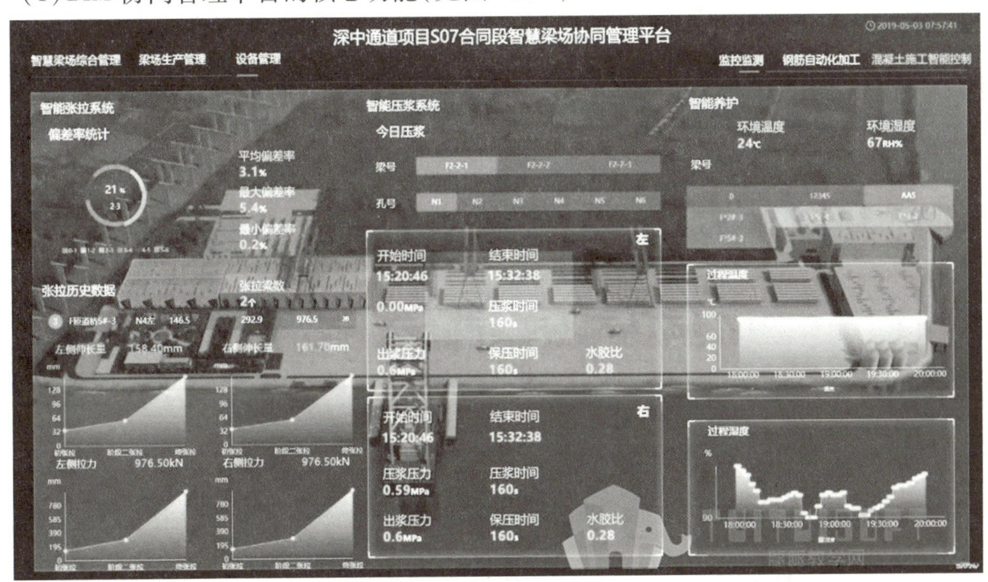

图 11.31　BIM 协同管理平台

①建筑三维可视化。可在计算机及移动终端的浏览器中,实现包括 BIM 的浏览、漫游、快速导航、测量、模型资源等管理及元素透明化等功能。

②项目流程协同。项目管理全过程各项事务审核处理流程协同,如变更审批、现场问题处理审批、验收流程等。需要考虑施工现场的办公硬件和通信条件,结合云存储和云计算技术,确保信息及时便捷传输,提高协同工作的适用性。

③图纸及变更管理。项目各参与人员能通过平台和模型查看到最新图纸变更单,并可将二维图纸与三维模型进行对比分析,获取最准确的信息。

④进度计划管理。实现 4D 计划的编辑和查看,通过图片、视频和音频等对现场施工进度进行反馈,或采用视频监控方式,及时或实时对比施工进度偏差,分析施工进度延误原因。

⑤质量安全管理。现场施工人员或监理人员发现问题,通过移动终端应用程序,以文字、照片、语音等形式记录问题并关联模型位置,同时录入现场问题所属专业、类别、责任人等信息。项目管理人员登录平台后接收问题,对问题进行处理整改。平台定期对质量安全问题进行归纳总结,为后续现场施工管理提供数据支持。针对基坑等关键部位,可通过数据分析,进行安全事故的自动预警或者趋势预测。

⑥文档共享与管理。项目各参建方、各级人员通过计算机、移动设备实现对文档在线浏览、下载及上传,减少以往文档管理受计算机硬件配置和办公地点的影响,让文档共享与协同管理更方便。

(2)BIM 协同管理平台的扩展功能

①模型空间定位。对问题信息和事件在三维空间内进行准确定位,并进行问题标注,查看详细信息和事件。

②图纸信息关联。将建筑的设计图纸等信息关联到建筑部位和构件上,并通过模型浏览界面进行显示,方便用户点击和查看,实现图纸协同管理。

③数据挖掘。随着平台的不断应用,数据不断积累,对数据进行挖掘与分析。

11.5 装配式建筑项目智能化管理发展趋势

11.5.1 智能化管理标准化

标准化装配式建筑智能化管理发展趋势之一,预制构件生产流程的标准化、装配式建筑项目现场管理的标准化为智能化管理提供便利。以标准化的思路解决装配式项目管理中存在的问题已经越来越广泛地为建筑企业行业主管部门所认识,近年来,从行业主管部门到建筑施工企业都出台了一系列的规章、制度、办法,采取了各种有效的措施推进项目管理的标准化。

项目管理标准化的根本目的是将复杂的问题流程化,模糊问题具体化,分散的问题集成化,成功的方法重复化,实现工程建设各阶段项目管理工作的有机衔接,整体提高项目管理水平,即项目管理标准化过程中所制定的项目管理标准具有保证使项目管理能够达到一定目的(结果)的倾向和本领。

项目管理标准化的根本目的是提高工程项目施工管理水平,使其达到优质高速安全低耗,项目管理标准的创造功能在于为完成项目中各种程式化的管理作业而构造出特别的逻辑工具,这些逻辑工具是项目有效活动的前提。反之,不能保证项目管理达到预期效果的做法、制度、规定、准则、依据等,属于可用可不用之列,都不是项目管理标准化的根本特征,也不应当成为项目管理标准。

11.5.2 多系统、多专业、全生命期信息协同化

智能化管理涉及装配式建筑项目的结构、环境、机械、电子工程、暖通、给水排水等多个学科领域、涉及装配式建筑的多个阶段、预制构件生产运输、预制构件现场安装、交付使用等多个阶段、涉及业主、设计单位、施工单位、监理单位、供应商等不同单位或部门。从收到客户需求到完成设计方案交底给施工单位进行施工建造,再到项目运行维护管理,业主、设计单位、施工单位、监理单位、供应商等不同单位或部门都不同程度地参与其中,在此过程中,资源整合问题、沟通理解程度、工作协调效率、工作标准问题等在很大程度上影响和制约着工程建造的效率和质量。

可见，智能化施工管理是一门跨专业、跨部门的技术体系，智能施工的发展需要社会各行各业的通力协作，呈现出协同化的发展趋势。在发展模式方面，需要有决策层的重视，通过强化顶层设计、整合与共享各类资源、统一质量标准体系、统一工作流程；在技术创新方面，需要充分发挥和利用信息技术的科学计算优势，从环境适用性、材料性能、结构功能属性出发，面向共性和个性用户需求，对建筑全生命周期的各类信息进行分析、规范、重组、融合。

11.5.3　智慧建造+绿色化管理+智能化管理

智慧建造是指在工程建造过程中运用信息化技术方法、手段最大限度地实现项目自化、智慧化的工程活动。它是一种新兴的工程建造模式，是建立在高度的信息化，工和社会化基础上的一种信息融合、全面物联、协同运作的工程建造模式。智慧建造意味着实现高质量施工、安全施工及高效施工。

智能建造具有接入互网能力的智能终端设备，支持人和物全面感知，施工技术全面智能、工作互通互联、信息协同共享、决策科学分析、风险智慧预控。其通过搭载各种操作系统应用于施工过程，可根据用户信种功能，实时查图纸、施工方案，三维展示设计模型，VR交底，对施工现场的“人、机、料、法、环”五大要素实现智能化管理，运用 BIM、物联网、云计算、大数据、移动通信和智能设备等技术，全面提升工地施工的生产效率、管理效率和决策能力。在工程项目的建造阶段，通过 BIM、物联网等新兴信息技术的支撑，实现工程现场施工智能测绘、施工管理智能化及建造方式智能化。

《国务院办公厅关于大力发展装配式建筑的指导意见》（国办发〔2016〕71 号）在（七）提升装配施工水平提出“绿色施工”，（九）推广绿色建材。提高绿色建材在装配式建筑中的应用比例。《住房和城乡建设部等部门关于推动智能建造与建筑工业化协同发展的指导意见》（住建部等〔2020〕60 号）（五）积极推行绿色建造。各地政府也积极响应国务院和住建部相关文件精神，积极建立绿色建造施工体系，积极制订和完善绿色装配式建筑评价标准、加强太阳能、生物质能、空气能、地热能等可再生能源在建筑中的应用，推进建筑产品绿色改造升级，支持绿色建筑关键技术科技创新。随着绿色施工和绿色技术的应用、绿色评价的推行，绿色化管理也将提上日程。

课后思考题

智慧广阳岛案例

1.简述装配式建筑项目智能管理关键技术对智能管理的影响。

2.如何利用智能管理及提高预制构件生产效率?

3.如何利用智能管理实现预制构件与施工现场的无缝对接?

4.智能管理未来还有哪些发展趋势?

延伸阅读

[1] Marco Casini.建筑4.0——建筑业数字化转型的先进技术、工具与材料[M].张静晓,张飞,徐琳,等译.北京:中国建筑工业出版社,2024.
[2] 王光炎.装配式建筑混凝土预制构件生产与管理[M].北京:科学出版社,2020.
[3] 郭学明.装配式建筑概论[M].北京:机械工业出版社,2018.
[4] 骆汉宾.数字建造项目管理概论[M].北京:机械工业出版社,2021.
[5] 刘文锋,廖维张,胡昌斌.智能建造概论[M].北京:北京大学出版社,2021.
[6] Zoghi M,Kim S.Dynamic Modeling for Life Cycle Cost Analysis of BIM-Based Construction Waste Management[J].Sustainability,2020,12.
[7] Bello S A,Oyedele L O,Akinade O O,et al..Cloud computing in construction industry:Use cases,benefits and challenges[J].Automation in Construction,2020,122:103441.

第12章 装配式建筑项目管理标准化

主要内容:装配式建筑的建造是一项复杂的系统工程,作为一种新型建筑形式,实现科学管理,更需要建立相关标准体系。本章将从装配式建筑项目管理标准化概述、标准体系构建与实施、装配式建筑标准实例三个方面进行阐述,并通过一个实践案例验证标准化管理的效果和效率。

重点、难点:本章重点为项目管理标准化与标准化管理的关系、项目管理标准化的原则,装配式建筑项目管理标准体系、装配式建筑标准化实施意义、装配式建筑标准化发展趋势等内容;本章难点为项目管理标准化与标准化管理的关系,装配式建筑项目管理标准体系构建。

培养能力:本章主要培养学生对项目管理标准化的理解能力,并提升学生把琐碎的管理工作进行程序化、系统化、制度化的能力,提高装配式建筑项目管理效率。

12.1 装配式建筑项目管理标准化概述

12.1.1 管理标准化与标准化管理

(1)管理标准化

管理标准是企业为了保证与提高产品质量,实现总的质量目标而规定的各方面经营管理活动、管理业务的具体标准。管理标准化是以获得最佳秩序和社会效益为根本目的,以管理领域中的重复性事务为对象而开展的有组织地制定、发布、实施标准的活动。把标准化应用到管理领域,即为管理标准化。

管理标准化在于制定、发布、实施管理标准。管理标准化包含三个活动:第一,管理标准的制定,将各种社会生产生活中的管理活动按一定要求制定规矩,进行规范,对管理活动提出具体应该做什么,怎么做,规定不应该做什么等。第二,管理标准的发布,把制定的相关标准或者标准文件通过规定的渠道进行公布。第三,管理标准的实施,相关的企业或其他相关群体按照该管理标准执行管理活动。

按照技术标准、管理标准与工作标准的划分来看,目前施工技术标准借鉴于各个国家成熟的体系,原有项目工程标准化管理都是基于现浇混凝土建筑项目为主,已经不再适用工业化生产的需要。在预制构件的制作过程中,尚未有标准化的管理,构件质量参差不齐;在现场施工过程中管理计划不突出,现场控制不顺畅,各工序之间重复工作多等问题突出,严重抑制了工期进度计划的实施，降低了装配式结构的质量，拉低了工作效率和工程的效益成本。工作标准也在逐步推进中，而管理标准则略有缺失。

(2)标准化管理

目前学术界标准化管理对此并没有统一的定义。标准化管理可以有两种理解：一是对标准化工作进行计划、组织、协调、监督等工作的总称；二是对于管理工作的内容、程序和依据等制定统一的标准，按照标准化管理的思想指导、实施全部管理工作。

本书根据以上理解，认为标准化管理则是使各种经济活动按照标准化要求落实在实际中的行为，使操作方法、使用的工具、机器和材料及作业环境等满足要求的现实活动。

(3)管理标准化和标准化管理的关系

①管理标准化是标准化管理工作的参照指南、必要“工具”和软件。管理标准化为由人或组织编写的文字型的介质或实物性的标杆，并把该文字性的介质或实物性的标杆通过规定的渠道公布，以引导企业或者其他相关群体进行标准化管理工作。即管理标准化是指导标准化管理的思想和准则。

②管理标准化包含标准化管理，标准化管理为管理标准化的内容之一。标准化管理是人或组织的行为，是企业或其他社会群体为维系生存和发展而依据管理标准化的相关要求进行的一种被束以规矩的活动。为管理标准化的第三个活动内容的体现。

③标准化管理为管理标准实施活动的深化和实践。管理的标准化更多是从战略框架的角度实施管理标准，而标准化从战术实践角度更加具象化的实施管理标准。标准化管理强调把为实现组织目标的行为过程以“具体的标准值”(通常是量化的目标值，如产值多少，合格率多少等)加以界定，并用“行为过程标准”(通常是行动要求，即教会管理者如何去做，被管理者严禁去做，如生产计划、施工组织设计、绩效考核办法等)来约束管理者和被管理者双方的行为。即标准化管理强调按照管理标准化思想和实施准则而进行的针对性现实活动，也是管理标准化思想和标准的深化和实践。

12.1.2 项目管理标准化

1)项目管理标准化概念

项目管理标准化更注重管理标准化的推行，项目管理标准化强调项目管理体系标准的制定、发布和实施。按上述对“管理标准化”和“标准化管理”两个概念的理解，项目管理标准化也是要先通过管理标准化，制定出项目管理标准化的“工具”，继而通过标准化管理，约束参与项目的组织和人的行为，从而实现项目管理的规范化，提高项目管理水平。

上述“通过管理标准化”制定出来的项目管理标准化的“工具”，是“文字型的介质或实物性的标杆”和“引导进行标准化管理工作的参照指南”。这些“工具”有多种表现形式和多个层次的制定主体，覆盖从项目营销到回访保修的项目管理全过程。

表现形式上，包括根据 GB/T1.1—2009 编制的规范的“标准”、规范，企业的项目管理手册、程序文件，项目管理的规章制度、规定、办法，定额、工法、条例，图例、实物、样板，看板、标牌、警示等。一切能够发挥“参照”“标杆”作用和规范行为作用的介质都可以成为项目管理标准化中的标准。

1992 年,国家技术监督局正式颁布了网络计划技术标准 GB 13400,这是我国第一个与项目管理技术相关的国家标准。

2002 年 1 月,建设部委托中国建筑业协会工程项目管理委员会组织编制的《建设工程项目管理规范》开始在全国颁布实施。该规范是我国建筑业企业首部专业内容全面、适用性强、具有重要指导性的管理规范。它标志着中国工程项目管理走上了规范化、科学化、国际化的道路,开创了国际通用、先进的项目管理方法在中国实践和理论研究创新发展的里程碑。

2)项目管理标准化的原则

(1)可操作性

项目管理标准化不能停留在办公室和文件上纸上谈兵,要注重项目管理的实践,对施工生产水平的不断提高发挥积极的推动作用,因此标准化工作应当排除任意性,以保证它的可学习性,便于应用和推广,便于指导施工生产活动。标准的确定还要考虑易于为企业中施工管理一线人员所理解和接受,似是而非或高深莫测都将使标准化工作很难甚至根本无法推行。

(2)可判别性

项目管理标准化着眼于工程建设的各个阶段,关系到项目施工的任一阶段和任一方面,有着特有的规范和准则,显然,标准化工作的结果不应是多义的,否则便会使执行走样,它应当是可以辨认的,它的应用过程和结果也应该是可以鉴别的。

(3)目的性

项目管理标准化的根本目的是将复杂的问题流程化,模糊问题具体化,分散的问题集成化,成功的方法重复化,实现工程建设各阶段项目管理工作的有机衔接,整体提高项目管理水平,即项目管理标准化过程中所制定的项目管理标准具有保证使项目管理能够达到一定目的(结果)的倾向和本领。项目管理标准化的根本目的是提高工程项目施工管理水平,使其达到优质高速安全低耗,项目管理标准的创造功能在于为完成项目中各种程式化的管理作业而构造出特别的逻辑工具,这些逻辑工具是项目有效活动的前提。反之,不能保证项目管理达到预期效果的做法、制度、规定、准则、依据等,属于可用可不用之列,都不是项目管理标准化的根本特征,也不应当成为项目管理标准。

(4)创造性

标准的执行具有使项目除了取得指定的结果——项目实施的优质高速低耗安全,还可以取得一系列其他成果的能力,在项目上这些成果似乎只是副产品,但对于整个企业来说却是主产品之一。例如,经营管理人才的锻炼成长和不断涌现,经营机制的不断完善,技术开发和工法的不断成熟,以及员工精神面貌和企业精神的培育,企业社会信誉和社会地位的不断提高等。一些推行标准化工作的企业以标准化为基点启动企业内部运行机制的调整和改革,正是看到了标准化所具有的创造能力。

(5)经济性

项目管理标准化强调节约管理资源,减少管理成本,讲求投入产出。有的企业标准化工作十分强调“硬件”,诸如现代化设备、最先进的机具、过剩的智力结构等。其实这些并不是标准化工作的本质特征,项目管理标准化强调经济性。日本大成公司在鲁布革水电站引水工程施工中,采用施工设备“不盲目追求单一机械设备的先进性、高效率,而是注重一机多用。配备得当、配套成龙,形成综合施工机械化作业线”,它们所用施工设备也并非世界第一流的产品,但日本人在这项工程中却创造出世界第一流的施工效率,日本人的做法给人以启迪。

3)项目管理标准化的基本内容

结合项目的特点,将项目管理标准大致分为5类,即项目管理体系、过程管理规范、施工现场管理、安全文明施工和岗位作业规程,如图12.1所示。

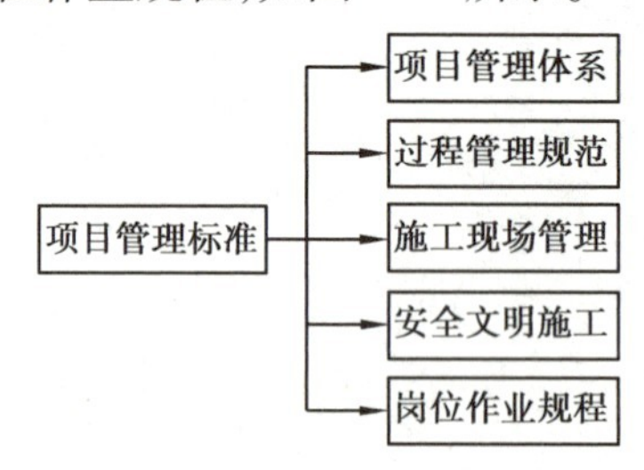

图12.1　项目管理标准化内容分类

(1)项目管理体系

项目管理体系解决的是项目管理模式、项目管理组织结构、策划活动、职责、过程和资源的标准化,包括:

①管理规范、制度方面,规范不同地区、不同业务的管理模式。通过建章立制,使各项工作程序清晰、有章可循、责任明确、奖罚分明。项目经理部所执行的制度应当结合业主的要求和企业的管理特点,以系统、全面、综合为主,辐射管理的各个层面和环节;直接承担施工任务的作业层则要以简洁、实用、统一为原则,直接面对操作人员。还需规范公司各职能部门应当对项目管理提供的支持、监督。

②资源配置方面,规范机构和岗位设置,满足管理要求;合理设置岗位及配备人员,并且明确其任职资格、工作职责、工作标准;规范施工设备、周转材料的配置标准、来源;规范项目经理部办公设备、生活设施的配置标准、要求等。

③过程控制方面,确定项目管理目标,并规范目标确定的方法与流程,目标分解的层次、内容、方法、程序;明确项目启动过程、策划过程、实施过程、控制过程、收尾过程各自的工作内容及工作标准;制定“四控制、两管理、一协调”的工作程序,规范过程的输入、输出和活动的先后顺序;制定工序责任制,明确工艺纪律;建立规范合理的评价评估监控体系,包括频次、准则、奖惩;关于财务风险的防范和对外关系处理等。

(2)过程管理规范

过程管理规范解决的是工程施工过程管理(包括施工条件、程序、方法等)的标准化,包括:

①施工进度控制的工作任务分解及责任落实、作业进度的科学合理安排、作业进度的检查、分析、调整原则及方法等。

②项目管理实施规划和施工方案的落实、技术交底、测量及核定工作、质量检验和试

验、技术措施计划审定及实施、工程验收、质量事故处理、各项技术资料的签证、收集、整理和归档等。

③材料采购的计划、审批制度，保证采购的及时性；材料使用上避免流失和浪费的限额领料、材料出入库登记制度等。

④成本控制环节的成本计划、成本对比分析、成本核算、成本考核等。

⑤质量控制环节的质量控制点确定、重点工序和重点部位的技术交底和现场指导及全过程质量监督、标准化作业指导书、三级验收制度等，保证施工能够满足验收标准的管理要求等。

⑥各相关工作的作业指导以及指导相关文件编制的规范，如技术交底编制指导、应急预案编制指导等。

⑦施工日志制度。

⑧工法的编写、学习和在工程施工中应用等。

(3)施工现场管理

现场管理标准化要求科学地组织施工生产，同时保持良好的施工环境和施工秩序，包括：

①文明工地建设工作标准，建设安全文明标准化工地。

②现场劳务管理标准，包括劳务用工实名制、分包队伍工作与生活环境、劳务人员工余生活安排、学习和娱乐场所、治安保卫制度、加班制度等。

③工地试验室建设标准，包括人员、设备、环境等。

④工地及生活区的各种检查制度和施工现场管理的定期分析制度等。

⑤绿色施工规范，包括环境保护、节能减排降耗低碳、资源利用、施工用地保护、"三废"处理、降噪降尘等。

⑥企业视觉形象识别系统(CI)在施工工地的运用规定。

⑦场容场貌标准。

⑧现场治安保卫制度。

(4)安全文明施工

这本是现场管理标准化的一项重要内容，但由于它有许多独特的要求，因此本书也将它单列为一项。包括：

①安全生产方面的危险源辨识、风险评价，有针对性的控制措施和方案；安全标志；脚手架材质、搭拆及管理维护、架体防护；基坑支护、排水措施、坑边荷载、上下通道、土方开挖作业环境；模板支撑系统、施工荷载、模板拆除区域警戒线及其监护、作业面孔洞及临边防护措施、垂直作业上下隔离防护措施；"三宝"使用、"四口"防护、"五临边"防护；"三级配电两级保护"、"一机一闸一漏一箱"、配电箱内多路配电标记、配电箱门、锁、防雨措施、施工现场照明、电器装置、变配电装置、线路过道保护、电缆架设或埋设；物料提升机(龙门架井字架)架体制作、限位保险装置、楼层卸料平台防护、安装验收、传动系统、联络信号、卷扬机操作棚；外用电梯及塔吊限位器、保险装置、安拆、使用、维护等。

②文明施工方面的工地四周围挡及其材料坚固、稳定、整洁、美观；施工现场进出口大

门、门卫、门头企业标志;工地地面硬化处理,道路畅通,排水通畅;各种建筑材料、构件、料具挂名称、品种、规格等标牌,堆放整齐;施工作业区与办公、生活区明显划分,宿舍周围环境卫生、安全;消防措施、制度、灭火器材配置,消防水源,动火审批手续、动火监护;生活区治安保卫制度,治安防范措施;施工现场大门口处"五牌一图",安全标语、宣传栏、读报栏、黑板报;工地厕所,食堂,卫生责任制,卫生饮水,淋浴室,生活垃圾管理;保健医药箱,急救措施和急救器材,经培训的急救人员,卫生防病宣传教育;防粉尘、防噪声措施,夜间施工措施,建立施工不扰民措施等。

(5)岗位作业规程

岗位作业规程指的是对项目部各项管理活动的规范性管理规定。

①内容和形式。包括:设备的操作、维修、保养规程;现场标准化图集,如通用性较强的用品(如配电箱,铸钢卸料平台、人货电梯、防护门,氧气乙炔瓶推车,钢筋棚、临建房,办公家具等);管理活动一致性的作业要求和国家标准、行业规范的补充。

②岗位作业规程应来自基层,使其具有可操作性。岗位作业规程应对照规范和相关制度,遵守怎么做就怎么写的原则,还要通过现场观察和听取一线工人的意见,可能时采用以图带文的方式。

③岗位作业规程规范的是管理作业,不是操作工人的施工作业。

4)项目管理标准化与企业管理标准化的关系

企业标准化是"为在企业生产、经营、管理范围内获得最佳秩序,对实际的或潜在的问题制定共同的和重复使用的规则的活动"。据此分析,企业标准化管理是依据事先由企业管理者和被管理者都认同的规矩及约定实施的管理。

建筑施工企业是以项目管理的方式生产满足社会和人民生活需要的工程产品。以标准化管理规范项目管理全过程的管理活动,有利于生产合格的工程产品,同时有利于工程成本和施工工期和产品质量的控制,有利于安全生产和文明施工。也就是说,标准化不仅要规范企业层次的各种管理活动,更要规范项目层次的施工生产过程的各项管理活动。因此,项目管理标准化是企业标准化的组成部分。项目管理标准体系是企业标准体系中最为重要的一项子体系。项目管理标准化不仅要遵照企业标准化的规律和要求,同时应当有项目自身的特殊要求。

《标准化法》和相关国家标准中对"标准"和"标准化"的解释,在《标准化工作导则》(GB/T 1.1—2009),《企业标准体系要求》(GB/T 15496—2003),《企业标准体系评价与改进》(GB/T 19273—2003)等标准中得到很好体现,是企业标准化工作应遵守的原则规定。但项目管理标准化涵盖的内容和对象更加广泛,它不仅涉及项目管理知识体系(Project Management Body Of Knowledge,PMBOK)的九大知识领域,同时也涵盖了技术标准、管理标准和工作(作业)标准三个层次上的管理工作对象。因此,项目管理标准化既是企业标准化的组成部分,项目管理标准体系是企业标准体系的一个子体系,同时,项目管理标准化又超出了企业标准化的范畴,项目管理标准体系中也包含着许多适用于且仅适用于工程项目的特殊标准。这是企业在推行项目管理标准化工作时应特别注意的。

12.2　装配式建筑项目管理标准化体系构建与实施

12.2.1　装配式建筑项目管理标准化体系现状

我国 2017 年修订的《中华人民共和国标准化法》将标准范围划分为国家标准、地方标准、团体标准和企业标准。从国家标准来看,我国于 2010 年先后制定了一系列建筑工业化相关标准规范文件,范围涵盖建筑项目全过程:从建筑设计、结构设计、施工生产到安装验收,都已建立了主要的技术规范与标准。2015 年 6 月住建部印发了由中国建筑标准设计研究院等多个单位编制的《建筑产业现代化国家建筑标准设计体系》,在该文中描绘了建筑产业化标准设计体系的总框架,为后续标准的编制与出台奠定了基础。上海市也出台了相应的装配式建筑地方标准。此外,由中国建筑科学院牵头,与国内多所知名高校、各单位主体组成联合体,共同参与"十三五"重点专项课题《建筑工业化技术标准体系与标准化关键技术》。企业级别的装配式建筑标准则多由装配式混凝土厂商自行修订的构件生产标准。综合来看,我国的装配式建筑国家标准还不完善,多个标准仍处于编制中,还有一些标准进行了修订和替换;行业和企业标准仍处于未成熟状态。

目前,我国现行装配式建筑设计国家标准见表 12.1;现行装配式建筑设计行业标准见表12.2;装配式建筑设计地方标准见表 12.3。根据现有国家规范统计可知,我国装配式建筑设计类的国家标准 10 本、行业标准 12 本、地方标准 45 本。无论从规模上、数量上、可操作性上与传统建筑设计标准相较还远远不够且不成体系。

表 12.1　我国现行装配式建筑设计国家标准统计表

序号	标准名称	标准编号
1	《多高层木结构建筑技术标准》	GB/T 51226—2017
2	《钢结构工程施工规范》	GB 50755—2012
3	《钢结构工程施工质量验收标准》	GB 50205—2020
4	《钢结构焊接规范》	GB 50661—2011
5	《钢结构设计标准》	GB 50017—2017
6	《装配式建筑评价标准》	GB/T 51129—2017
7	《建筑模数协调标准》	GB/T 50002—2013
8	《冷弯薄壁型钢结构技术规范》	GB 50018—2002
9	《门式刚架轻型房屋钢结构技术规范》	GB 51002—2015
10	《木结构工程施工质量验收规范》	GB 50206—2012
11	《木结构设计标准》	GB 50005—2017
12	《装配式钢结构建筑技术标准》	GB/T 51232—2016

续表

序号	标准名称	标准编号
13	《装配式混凝土建筑技术标准》	GB/T 51231—2016
14	《装配式建筑工程消耗量定额》	TY01—01(01)—2016
15	《装配式木结构建筑技术标准》	GB/T 51233—2016
16	《建筑门窗洞口尺寸协调要求》	GB/T 30591—2014
17	《工业化住宅建筑外窗系统技术规程》	CECS 437—2016
18	《住宅卫生间功能及尺寸系列》	GB/T 11977—2008
19	《住宅厨房及相关设备基本参数》	GB/T 11228—2008
20	《住宅部品术语》	GB/T 22633—2008
21	《住宅整体厨房》	JG/T 184—2011
22	《住宅整体卫浴间》	JG/T 183—2011

表 12.2　我国现行装配式建筑设计行业标准

序号	标准名称	标准编号
1	《低层冷弯薄壁型钢房屋建筑技术规程》	JGJ 227—2011
2	《非结构构件抗震设计规范》	JGJ 339—2015
3	《钢板剪力墙技术规程》	JGJ/T 380—2015
4	《钢骨架轻型预制板应用技术标准》	JGJ/T 457—2019
5	《钢结构高强度螺栓连接技术规程》	JGJ 82—2011
6	《钢结构住宅设计规范》	CECS 261—2009
7	《钢筋混凝土装配整体式框架节点与连接设计规程》	CECS 43:92
8	《钢筋机械连接技术规程》	JGJ 107—2016
9	《钢筋连接用灌浆套筒》	JG/T 398—2012
10	《钢筋连接用套筒灌浆料》	JG/T 408—2013
11	《钢筋套筒灌浆连接应用技术规程》	JGJ 355—2015
12	《高层建筑混凝土结构技术规程》	JGJ 3—2010
13	《高层民用建筑钢结构技术规程》	JGJ 99—2015
14	《建筑钢结构防腐蚀技术规程》	JGJ/T 251—2011
15	《交错桁架钢结构设计规程》	JGJ/T 329—2015
16	《矩形钢管混凝土结构技术规程》	GECS 159—2004

续表

序号	标准名称	标准编号
17	《空间网格结构技术规程》	JGJ 7—2010
18	《模块化雨水储水设施》	CJ/T 542—2020
19	《模块化雨水储水设施技术标准》	CJJ/T 311—2020
20	《夏热冬冷地区居住建筑节能设计标准》	JGJ 134—2010
21	《预应力混凝土用金属波纹管》	JG/T 225—2020
22	《预制预应力混凝土装配整体式框架结构技术规程》	JGJ 224—2010
23	《整体预应力装配式板柱结构技术规程》	CECS 52—2010
24	《装配式混凝土结构技术规程》	JGJ 1—2014
25	《装配式内装修技术标准》	JGJ/T 491—2021
26	《装配式住宅建筑检测技术标准》	JGJ/T 485—2019

表 12.3　装配式建筑设计地方标准、规程

序号	地方	标准、规程名称	标准、规程代码
1	北京	《装配式剪力墙住宅建筑设计规程》	DB11/T 970—2013
2	北京	《装配式剪力墙住宅结构设计规程》	DB11/T 1003—2013
3	甘肃	《预制带肋底板混凝土叠合楼板图集》	DBJT 25—125—2011
4	甘肃	《横孔连锁混凝土空心砌块填充墙图集》	DBJT 25—126—2011
5	广东	《装配式混凝土建筑结构技术规程》	DBJ 15—107—2016
6	河北	《装配式混凝土构件制作与验收标准》	DB13(J)/T 181—2015
7	河北	《装配式混凝土剪力墙结构建筑与设备设计规程》	DB13(J)/T 180—2015
8	河北	《装配式混凝土剪力墙结构施工及质量验收规程》	DB13(J)/T 182—2015
9	河北	《装配整体式混合框架结构技术规程》	DB13(J)/T 184—2015
10	河北	《装配整体式混凝土剪力墙结构设计规程》	DB13(J)/T 179—2015
11	河南	《装配式混凝土构件制作与验收技术规程》	DBJ41/T 155—2016
12	河南	《装配式住宅建筑设备技术规程》	DBJ41/T 159—2016
13	河南	《装配式住宅整体卫浴间应用技术规程》	DBJ41/T 158—2016
14	河南	《装配整体式混凝土结构技术规程》	DBJ41/T 154—2016
15	湖北	《装配整体式混凝土剪力墙结构技术规程》	DB42/T 1044—2015
16	湖北	《装配式叠合楼盖钢结构建筑技术规程》	DB42/T 1093—2015

续表

序号	地方	标准、规程名称	标准、规程代码
17	湖北	《装配式建筑施工现场安全技术规程》	DB42/T 1233—2016
18	湖北	《装配式混凝土结构工程施工与质量验收规程》	DB42/T 1225—2016
19	湖北	《预制混凝土构件质量检验标准》	DB42/T 1224—2016
20	湖南	《混凝土叠合楼盖装配整体式建筑技术规程》	DBJ43/T 301—2013
21	湖南	《混凝土装配-现浇式剪力墙结构技术规程》	DBJ43/T 301—2015
22	湖南	《装配式钢结构集成部品 撑柱》	DB43/T 1009—2015
23	湖南	《装配式钢结构集成部品 主板》	DB43/T 995—2015
24	湖南	《装配式斜支撑节点钢结构技术规程》	DBJ43/T 311—2015
25	吉林	《灌芯装配式混凝土剪力墙结构技术规程》	DB22/JT 161—2016
26	江苏	《施工现场装配式轻钢结构活动板房技术规程》	DGJ32/J 54—2016
27	江苏	《预制预应力混凝土装配整体式结构技术规程》	DGJ32/TJ 199—2016
28	江苏	《装配整体式混凝土剪力墙结构技术规程》	DGJ32/TJ 125—2016
29	江苏	《预制装配式住宅楼梯设计图集》	苏 G26—2015
30	江苏	《装配整体式自保温混凝土房屋结构技术规程》	DGJ32/TJ 133—2011
31	江苏	《预置装配整体式剪力墙结构体系技术规程》	DGJ32/TJ 125—2011
32	江苏	《轻型木结构建筑技术规程》	DGJ32/TJ 129—2011
33	江苏	《型钢辅助连接装配整体式混凝土结构(全砼体系)技术规程》	Q/320282SSE—2014
34	江苏	《模块建筑体系施工质量验收标准》	Q/321191ACZ002—2014
35	江苏	《钢筋桁架叠合板》	苏 G25—2015
36	辽宁	《装配式混凝土结构构件制作、施工与验收规程》	DB21/T 2568—2020
37	辽宁	《装配式混凝土结构设计规程》	DB21/T 2572—2019
38	辽宁	《装配整体式建筑设备与电气技术规程(暂行)》	DB21/T 1925—2011
39	辽宁	《装配式钢筋混凝土板式住宅楼梯》	DBJT 05—272
40	辽宁	《装配式钢筋混凝土叠合板》	DBJT 05—273
41	山东	《装配整体式混凝土结构工程施工与质量验收规程》	DB37/T 5019—2014
42	山东	《装配整体式混凝土结构工程预制构件制作与验收规程》	DB37/T 5020—2014
43	山东	《装配整体式混凝土结构设计规程》	DB37/T 5018—2014
44	上海	《工业化住宅建筑评价标准》	DG/T J08—2198—2016
45	上海	《装配整体式混凝土公共建筑设计规程》	DGJ 08—2154—2014

续表

序号	地方	标准、规程名称	标准、规程代码
46	上海	《装配整体式混凝土构件图集》	DBJT 08—121—2016
47	上海	《装配整体式混凝土住宅构造节点图集》	DBJT 08—116—2013
48	深圳	《预制装配钢筋混凝土外墙技术规程》	SJG 24—2012
49	深圳	《预制装配整体式钢筋混凝土结构技术规范》	SJG 18—2009
50	四川	《四川省装配整体式住宅建筑设计规程》	DBJ51/T 038—2015
51	四川	《装配式混凝土结构工程施工与质量验收规程》	DBJ51/T 054—2015
52	浙江	《叠合板式混凝土剪力墙结构技术规程》	DB33/T 1120—2016
53	浙江	《装配整体式混凝土结构工程施工质量验收规范》	DB33/T 1123—2016
54	重庆	《装配式混凝土住宅件生产与验收技术规程》	DBJ50/T 190—2014
55	重庆	《装配式混凝土住宅建筑结构设计规程》	DBJ50/T 193—2014
56	重庆	《装配式混凝土住宅结构施工及质量验收规程》	DBJ50/T 192—2014
57	重庆	《装配式住宅部品标准》	DBJ50/T 217—2015

12.2.2　装配式建筑标准化体系构建

我国装配式建筑发展晚于其他的发达国家，目前我国装配式建筑设计的规范标准比较分散且不够全面，相较于传统现浇混凝土建筑的设计规范，我国装配式建筑设计领域还未构建出一个完整的标准体系，导致国家标准、地方标准以及行业标准很混乱。尽管颁布实施的标准很多，但是标准之间的协调力度不够、标准应用起来既不系统也不方便。因此，为推动我国装配式建筑工程项目的设计工作完善发展，装配式建筑设计标准体系的构建必不可少。

装配式建筑设计标准的研究才刚刚开始，对于装配式建筑设计标准体系的研究甚少。尽管我国推广装配式建筑后不同地区出台了一些政策文件，但是对于装配式建筑行业的设计、制造、建设和验收仍然缺乏一套统一的国家标准。通过建立装配式建筑设计标准体系，可以为我国装配式建筑各个阶段提供国家层面的实施依据。

装配式建筑标准化体系需要依据各自的类别或者使用范围等进行构建。根据装配式建筑标准化体系的现状，装配式建筑标准化管理分类如下：

①根据适用地域范围可以分为国家标准、行业标准、地方标准、企业标准。

②根据装配式建筑项目不同的阶段可以分为设计标准、生产标准、施工安装标准、质量标准、验收标准、产品标准、评价标准等。设计标准化主要包含设计模数化、结构标准等，生产标准主要包含主要构件尺寸标准，施工标准主要包含各施工技术标准（钢筋套筒灌浆技术标准、内装修技术标准）、施工工艺标准，产品标准为部品标准等。

③根据建筑类型可以分为住宅建筑标准、公共建筑标准、工业建筑标准、基础设施标准等。

④根据装配式建筑材料不同可以分为装配式建筑钢结构标准、装配式建筑混凝土结构标准、装配式建筑木结构标准。

12.2.3 装配式建筑标准化体系构建和实施的意义

装配式建筑设计标准体系的构建和实施，能够对我国装配式建筑设计工作进行规范与监督，促进装配式建筑设计工作有序的进行，从而从根本上解决装配式建筑施工遇到的问题与不足，促使我国装配式建筑工程项目的质量和效率大幅度地提升，全面提高装配式建筑的科学性，为发展我国装配式建筑的设计技术，建造施工技术以及管理技术迈向工业化的可持续发展道路起到了非常重要而又有意义的作用。

①构建装配式建筑设计标准体系可以规范装配式建筑设计，施工等流程。常言道“无规矩不成方圆”，装配式建筑设计标准体系的构建就是为推进装配式建筑设计工作制定规矩的过程，通过构建装配式建筑设计标准体系，可以指导装配式建筑工程设计工作顺利有序的进行；法律法规的编制和修改对建筑工业化发展提供优化策略；为建筑工业化的市场监管提供理论依据，因此，构建装配式建筑设计标准体系避免了装配式建筑施工的盲目性，优化了装配式建筑项目完成的可行性。

②构建装配式建筑设计标准体系可以对各专业进行全程控制协调，从而提升装配式建筑项目工程的质量。装配式建筑设计过程同时也是各参与主体实时沟通的过程，尤其是当开发商作为建筑工程建设的主人，态度是一个重要因素。为提高工作质量，完善业主提出的要求，有必要严格控制和管理建设工程设计过程，配合调查，反馈和评估等各方面工作，进一步提高工程质量，项目建设。装配式建筑设计标准体系的建设和实施，为装配式建筑设计过程提供更加系统，更加规范的指导，实现最高质量的工程设计与建设。

12.3 装配式建筑标准化发展趋势

标准化向来是以一个体系的形态出现在企业面前的，其三个方面——管理标准化、技术标准化、作业标准化，相辅相成，相互作用。而这三个方面又各自有各自的体系，可能企业在某一个阶段会侧重于某一个方面，但是任何一个企业想要持续成功地发展，就不能忽视任何一个标准化方面，这不仅是企业全面综合发展的要求，更是应对未来环境多变、市场竞争日趋激烈的要求。

建筑施工行业所涉及的管理内容和利益相关者非常之多，以一个工程的管理标准化方面为例，会涉及人员配备、现场管理和过程控制标准化，建设单位管理标准化，设计单位勘察设计及现场配合标准化，施工单位现场施工管理标准化，监理单位监理工作标准化等，这些标准化的内容组成管理标准化的体系，缺少一个环节或者某一个环节做得不好，都有可能对工程的整体产生影响。这就要求建筑企业能够用一种系统的眼光和态度看待标准化的建设和实施，具体来说，建筑企业推进标准化工作要做到以下几点：

(1)先进性

以现代管理理论和系统工程理论为指导，吸收借鉴国内外大型项目建设管理的先进经验和管理方法，制定符合科学发展观要求的标准，与科技发展水平、社会经济发展水平、建筑工程形势及发展趋势相适应，并动态优化，始终保持其先进水平，积极运用 ISO901 质量体系、全面质量管理、网络计划技术等先进管理方法，大力提高工作效率和经济效益。

(2)系统性

企业层面管理标准化、技术标准化、作业标准化三者完备统一，项目层面明确建设项目不同单位、不同层面管理者、操作者的岗位要求和行为规范全面覆盖，相互联动，系统落实质量、安全、工期、成本、环保和技术创新的要求。

(3)文化性

持续深入推进标准化工作，自觉落实三大标准，努力营造人人参与其中、共创共享利益、标准成为习惯、习惯符合标准、结果达到标准的建设。在国家引导和大力扶持下，装配式建筑正朝着规范化方向稳步发展，现行标准不断完善。

12.4　装配式建筑标准化案例

1)装配式建筑项目常用部品构件

装配式混凝土结构的住宅、公共建筑、工业建筑可根据工程实际选用下列部品构件：

(1)结构性部品构件

预制柱、预制叠合柱、预制剪力墙板、预制承重复合墙板、预制叠合剪力墙板、结构保温一体化承重墙板等竖向部品构件；预制梁、预制叠合楼板、预制楼梯、预制阳台板、预制空调板等水平部品构件。

(2)非结构性部品构件

预制外挂墙板、预制女儿墙、泡沫混凝土墙板、蒸压轻质加气混凝土外围护墙板与内隔墙板，玻璃隔断、木隔断墙、复合轻钢隔墙、复合墙板等非砌筑式内隔墙。

(3)功能性部品构件

非砌筑式管线、装修一体化内隔墙，干式工法楼面、地面，集成厨房，集成卫浴等部品构件。

下面以某个装配式混凝体结构住宅建筑为例，对比在采用装配式建筑的情况下与传统建筑项目效率的差异。

2)实践案例项目概况

南京某住宅项目，拟采用剪力墙结构，全板式布局模式，共有 12 栋建筑，其中 9 栋为小高层住宅，总建筑面积为 126 677 m^2，其中地上建筑面积为 84 455 m^2。

标准化设计是装配式建筑的首要特征。该项目在平面设计中首先进行模数化、模块化等标准化优化，汇总归集模块的类型和尺寸，选用标准化部品部件库的 BIM 模型进行组合设计，以达到构件重复使用率高、“少规格、多组合”的课题示范工程目标。

3)案例项目装配式建造方式及预计效果

该项目原设计为现浇结构，通过采用装配式建造方式进行优化并达到了以下效果：

①全装修住宅交付。

②使用预制外墙体，且预制外墙体的水平截面积超过相对应地面以上规划总建筑面积的 2%。

③预制装配率不低于 50%。

4）案例项目的平面标准化设计优化

原有建筑方案户型种类繁多，为此以“少规格、多组合”对建筑平面进行优化：

①居住建筑宜选用大开间、大进深的平面布置，增加建筑布局的灵活性；

②各户型中南阳台较多是镜像关系，可考虑调整为平移复制关系；

③建筑楼梯、阳台、空调板宜采用标准化产品；

④凸窗有 1 700 mm、1 800 mm、2 000 mm、2 100 mm、2 300 mm 等不同尺寸，可在一定范围内进行归并，同时凸窗位置可考虑居中布置；

⑤厨房、卫生间存在尺寸规格、布置相近的情况，可以将其规格归并统一；

⑥提高每一项内装部品部件的标准化程度，厨房和卫生间的平面尺寸满足标准化整体橱柜及整体卫浴的要求。

5）案例项目模块化设计

（1）楼梯和电梯模块化设计

该项目将部分户型的公共楼梯、电梯间采用模块化设计，楼梯间的净宽为 2 500 mm，长度为 5 600 mm，如图 12.2 所示。

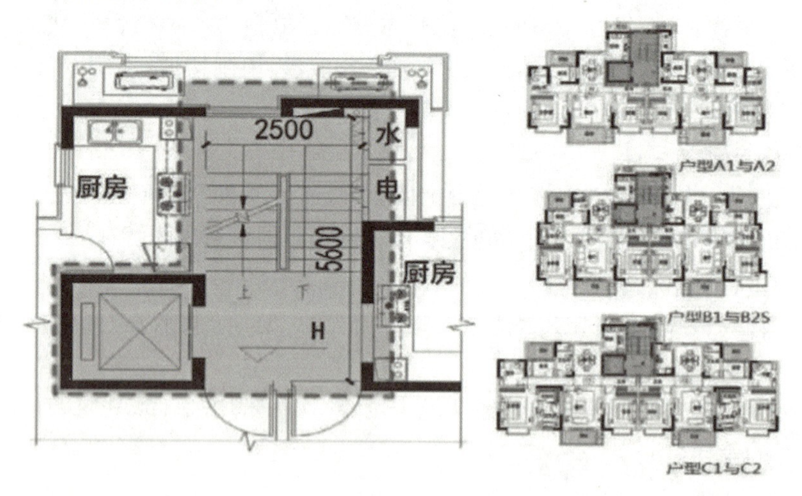

图 12.2　楼梯、电梯的模块化设计

（2）厨房模块化设计

户型 A1、B1、C1 的厨房采用模块化设计，其开间为 1 950 mm，进深为 3 350 mm，如图 12.3 所示。

（3）主卧模块化设计

户型 A1、A2 主卧采用模块化设计，模数为 3 400 mm×3 700 mm，如图 12.4 所示。

（4）卫生间模块化设计

户型 A1、A2 的公共卫生间采用模块化设计，模数尺寸为 1 500 mm×2 900 mm，如图12.5 所示。

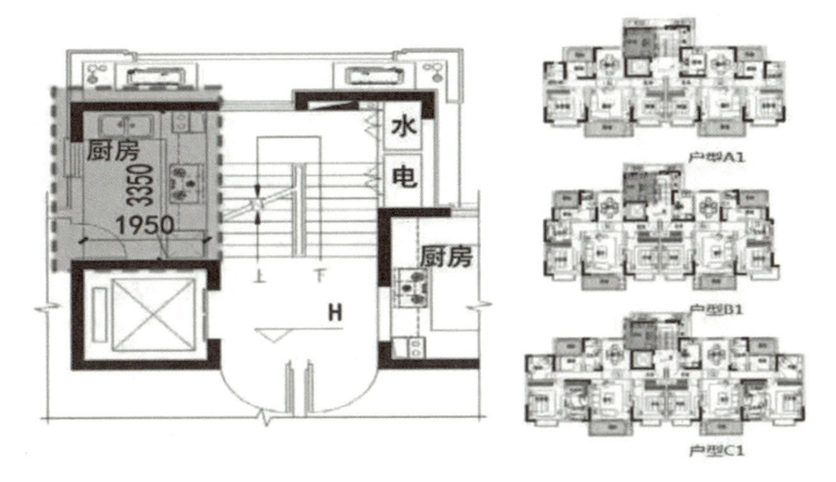

图 12.3　厨房模块化设计

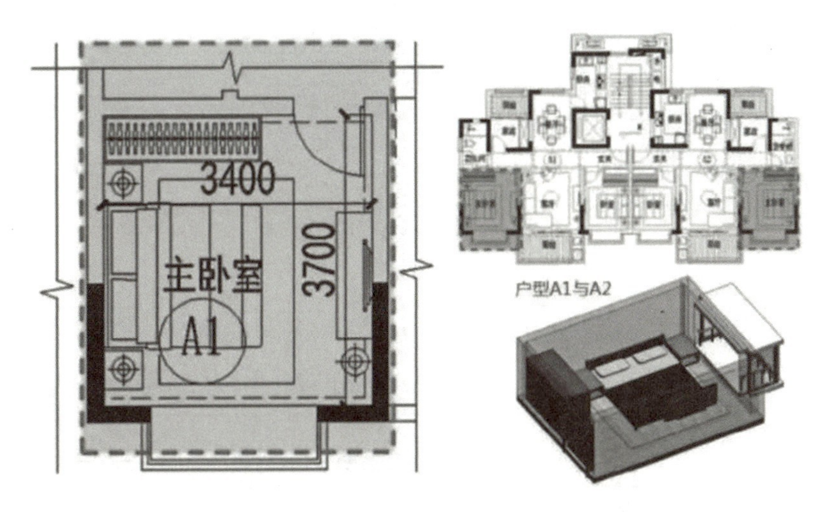

图 12.4　主卧模块化设计

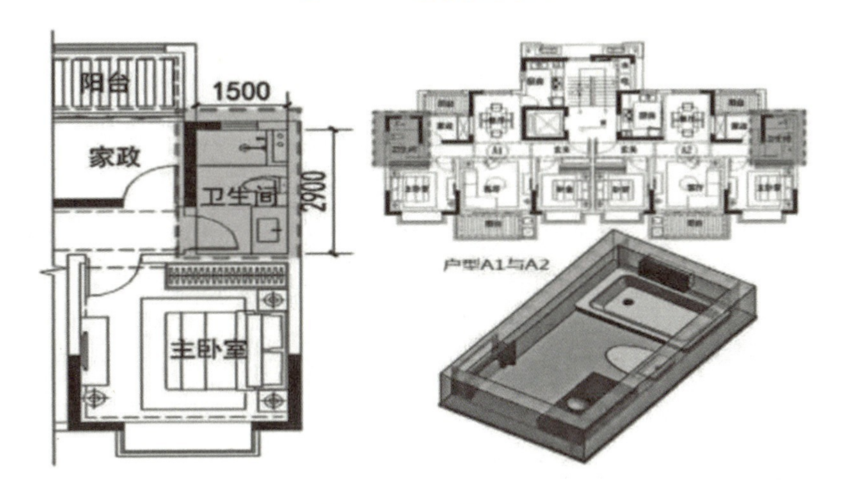

图 12.5　卫生间模块化设计

(5)客厅和阳台模块化设计

户型 A1、A2、户型 C1、C2 的客厅和阳台采用模块化设计,阳台的面宽为 3 900 mm,外挑尺寸为 1 800 mm;客厅的开间为 3 700 mm,如图 12.6 所示。

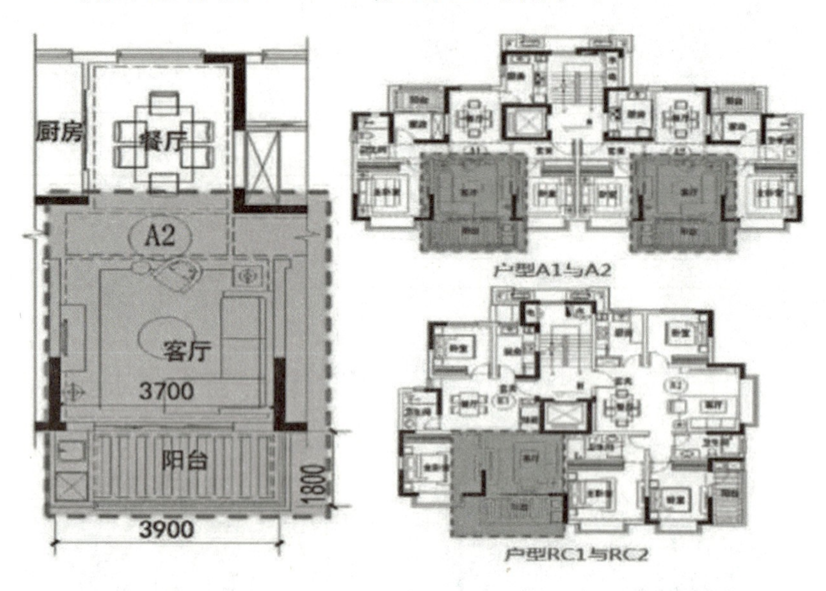

图 12.6　客厅和阳台模块化设计

6)案例项目标准化设计优化结果

通过对原建筑方案进行标准化设计与优化后,户型种类得到合理归并,构件类型大为减少,大多数均采用标准化构件,从而减少了预制构件的开模数量,降低了 PC 构件的预制成本,取得了良好的经济效益。优化后的标准户型见表 12.4。

表 12.4　标准化户型功能、数量、尺寸表

户型功能	类型数量	尺寸(mm)
厨房	2	1 950×3 350,1 950×3 500
公共卫生间	3	1 500×2 900,1 500×3 500,1 600×3 800
主卫	2	2 400×2 400,2 200×2 900
主卧	3	3 400×3 700,3 600×4 000,3 800×4 800
次卧	2	开间 2 900,开间 3 300
客厅	2	开间 3 700,开间 4 000
餐厅	2	进深 3 600,进深 3 800
阳台	2	3 900×1 700,4 200×1 700
楼梯间	1	2 500×5 600
飘窗(开洞)	2	2 100×800,1 800×800

7)标准化部品应用情况

装配式建筑标准化部品部件设计应考虑其全生命周期,根据部品部件在建筑物所处功

能和要求的不同,遵循受力合理、连接简单、施工方便、重复使用率高、易维护和更换的原则。标准化部品以实现集成化功能为特征,进行成套供应,如预制整体厨卫等。

据优化后的建筑方案,设计了以下预制方案:主要预制构件包括预制叠合楼板、预制楼梯、预制外墙、预制内剪力墙、预制叠合阳台、凸窗、女儿墙等;标准层除卫生间等降板区外,采用预制叠合楼板;标准层采用预制楼梯;地上 3 层及以上采用预制剪力墙。具体采用的预制构件种类,见表 12.5。

表 12.5　预制构件种类

<table>
<tr><th colspan="3">技术配置选项</th><th>项目实施情况</th></tr>
<tr><td rowspan="14">主体结构和外围护结构预制构件 Z1</td><td colspan="2">预制外剪力墙板</td><td></td></tr>
<tr><td colspan="2">预制夹芯保温外墙板</td><td>√</td></tr>
<tr><td colspan="2">预制双层叠合剪力墙板</td><td></td></tr>
<tr><td colspan="2">预制内剪力墙板</td><td>√</td></tr>
<tr><td colspan="2">预制梁</td><td></td></tr>
<tr><td colspan="2">预制叠合板</td><td>√</td></tr>
<tr><td colspan="2">预制楼梯板</td><td>√</td></tr>
<tr><td colspan="2">预制阳台板</td><td>√</td></tr>
<tr><td colspan="2">预制空调板</td><td></td></tr>
<tr><td colspan="2">PCF 混凝土外墙模板</td><td></td></tr>
<tr><td colspan="2">混凝土外挂墙板</td><td></td></tr>
<tr><td colspan="2">预制混凝土飘窗墙板</td><td>√</td></tr>
<tr><td colspan="2">预制女儿墙板</td><td>√</td></tr>
<tr><td rowspan="4">装配式内外围护构件 Z2</td><td colspan="2">蒸压轻质加气混凝土外墙系统</td><td></td></tr>
<tr><td colspan="2">轻钢龙骨石膏板隔墙</td><td></td></tr>
<tr><td colspan="2">蒸压轻质加气混凝土墙板</td><td>√</td></tr>
<tr><td colspan="2">钢筋陶粒混凝土轻质墙板</td><td>√</td></tr>
<tr><td rowspan="9">内部建筑部品 Z3</td><td colspan="2">集成式厨房</td><td></td></tr>
<tr><td colspan="2">集成式卫生间</td><td></td></tr>
<tr><td colspan="2">装配式吊顶</td><td>√</td></tr>
<tr><td colspan="2">楼地面干式铺装</td><td>√</td></tr>
<tr><td colspan="2">装配式墙板(带饰面)</td><td></td></tr>
<tr><td colspan="2">装配式栏杆</td><td>√</td></tr>
<tr><td rowspan="2">标准化、模块化、集约化设计</td><td>标准化门窗</td><td>√</td></tr>
<tr><td>设备管线与结构相分离</td><td></td></tr>
<tr><td>绿色建筑技术集成应用</td><td>绿色建筑二星</td><td>√</td></tr>
</table>

续表

<table>
<tr><th colspan="3">技术配置选项</th><th>项目实施情况</th></tr>
<tr><td rowspan="4">内部建筑部品 Z3</td><td>绿色建筑技术集成应用</td><td>绿色建筑三星</td><td></td></tr>
<tr><td colspan="2">被动式超低能耗技术集成应用</td><td></td></tr>
<tr><td colspan="2">隔震减震技术集成应用</td><td></td></tr>
<tr><td colspan="2">以 BIM 为核心的信息化技术集成应用</td><td>√</td></tr>
<tr><td rowspan="3">创新加分项</td><td rowspan="3">工业化施工技术集成应用</td><td>装配式铝合金组合模板</td><td>√</td></tr>
<tr><td>组合成型钢筋制品</td><td></td></tr>
<tr><td>工地预制围墙(道路板)</td><td>√</td></tr>
<tr><td colspan="3">预制装配率</td><td>≥50%</td></tr>
</table>

8)标准化部品库应用情况

标准化部品库是采用建筑信息模型 BIM 手段对标准化部品部件数字化表示的模型集合。课题组通过使用部品部件分类与设计标准,建立标准化的部品部件库,包括部品部件的规格、制造商、编号以及在设计和使用过程中的所有相关信息,通过参数化查找和设计,基于排列组合,以大数据作为支撑,实现装配式建筑的标准化设计。

该项目采用的标准化部品库中的预制部品部件包括预制内外剪力墙、预制钢筋桁架叠合板、预制阳台、预制楼梯、预制女儿墙等。各种构件类型数量及尺寸,见表 12.6 。

表 12.6　标准化部品件

构件种类	类型数量	尺寸(mm)
预制剪力墙	2	2 840,2 780
预制叠合楼板	1	60
预制凸窗	2	2 600×2 840,2 900×2 840
预制阳台	2	4 400×1 800,4 100×1 800
预制楼梯梯段板	1	双跑楼梯
预制女儿墙	1	120×1 200

9)标准化部品库模型实例

该项目采用了大量标准化部品库中的模型,主要有:

①预制叠合板采用标准化钢筋桁架叠合板,BIM 图如图 12.7 所示。

②预制内剪力墙标准化部品 BIM 图如图 12.8 所示。

③带门框及窗框的预制外剪力墙标准化部品 BIM 图如图 12.9 所示。

④预制飘窗标准化部品 BIM 图如图 12.10 所示。

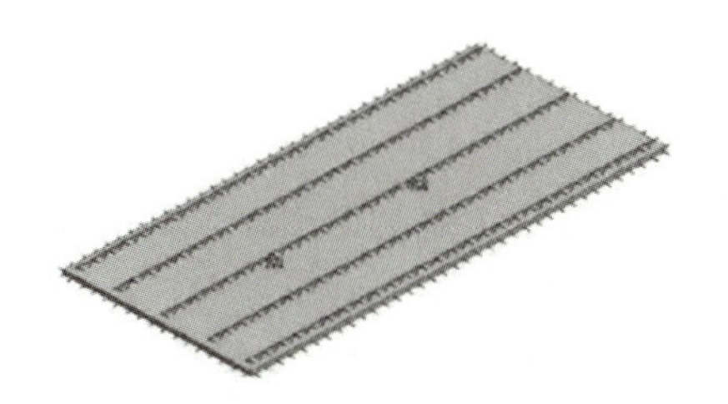

（a）标准化预制叠合板BIM图

（b）预制叠合板真实图

图 12.7　标准化预制叠合板

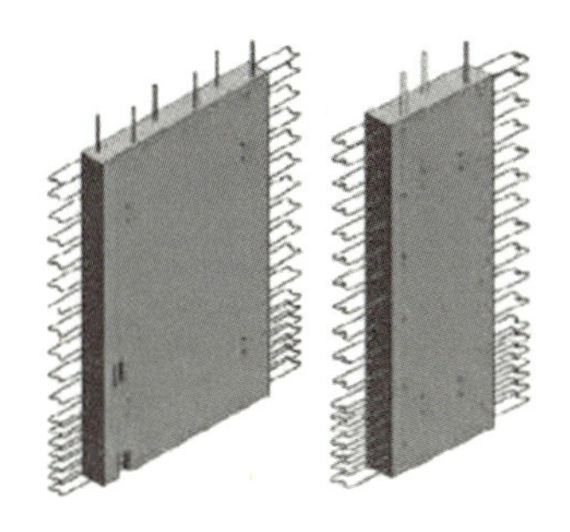

图 12.8　标准化预制内剪力墙

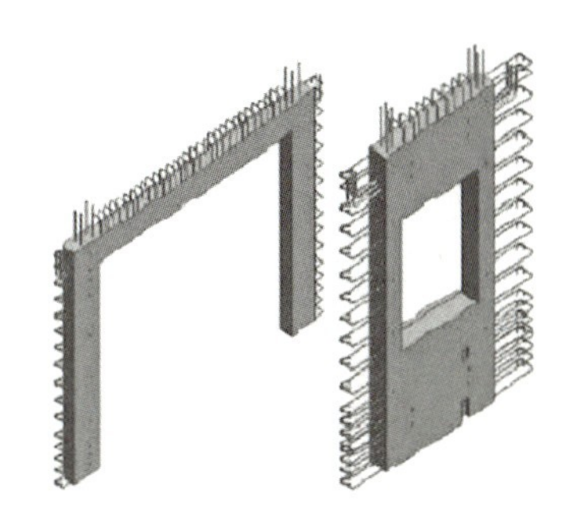

图 12.9　标准化预制外剪力墙

图 12.10　标准化预制飘窗

本项目预制阳台采用预制叠合阳台板，阳台板连同周围翻边一同预制，现场连同预制阳台隔板共同拼装成阳台整体，标准化部品 BIM 图如图 12.11 所示；标准层楼梯采用预制混凝土梯段板如图 12.12 所示，预制楼梯安装时，梯段直接搁置在楼梯梁挑耳上，一端铰接一端滑动连接，预制楼梯在工厂制作，采用清水混凝土而无须再做饰面。

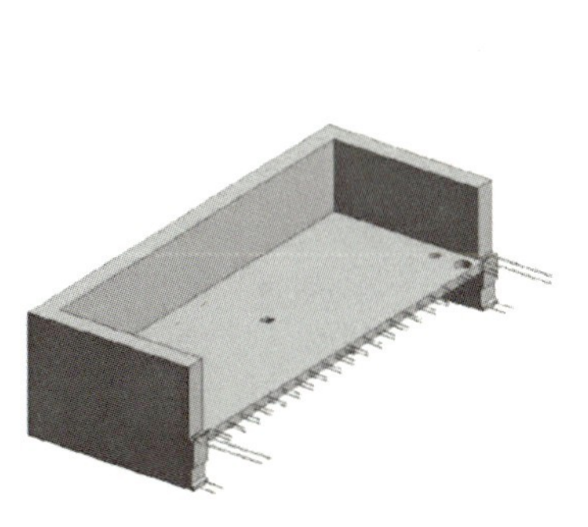

图 12.11　标准化预制阳台

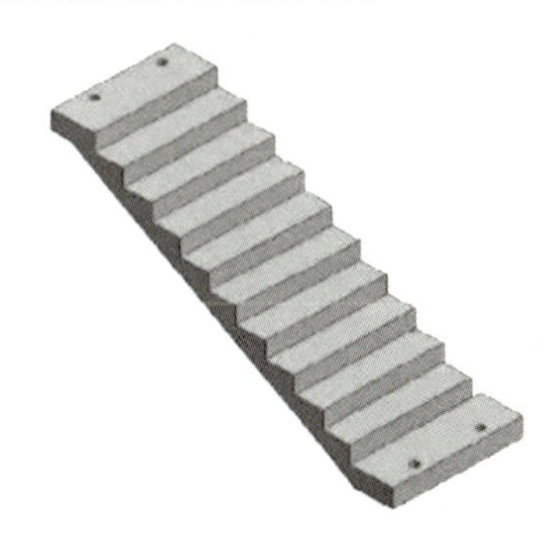

图 12.12　标准化预制楼梯

课后思考题

1.简述装配式建筑项目管理标准化与标准化管理的区别与联系。

2.简述装配式建筑项目管理标准化对新型建筑工业化及智慧建造的意义。

3.装配式建筑项目管理标准化如何促进项目管理效率？

延伸阅读

[1]李福和,等.工程项目管理标准化[M].北京:中国建筑工业出版社,2013.
[2]GB/T 13306—2011.标牌[S].北京:中国标准出版社,2011.
[3]住房和城乡建设部.工业化建筑评价标准[M].北京:中国建筑工业出版社,2015.
[4]住房和城乡建设部.住宅建筑模数协调标准[M].北京:中国建筑工业出版社,2001.

参考文献

[1] 庞业涛.装配式建筑项目管理[M].成都:西南交通大学出版社,2020.
[2] 李正风,丛杭青,王前,等.工程伦理[M].北京:清华大学出版社,2016.
[3] 陈群,蔡彬清,林平.装配式建筑概论[M].北京:中国建筑工业出版社,2018.
[4] 丁世昭.工程项目管理[M].北京:高等教育出版社,2017.
[5] 李忠富.建筑工业化概论[M].北京:机械工业出版社,2020.
[6] 彭靖.BIM 技术在建筑施工管理中的应用研究[M].长春:东北师范大学出版社,2017.
[7] 张怡,隋良.建筑产业现代化概论[M].天津:天津大学出版社,2019.
[8] 熊付刚,陈伟.装配式建筑工程安全监督管理体系[M].武汉:武汉理工大学出版社,2019.